EUL VERLAG

Dr. Jens Winkel

Institutionenökonomische Analyse des fair value von Investment Properties

EUL VERLAG

Bibliografische Information der Deutschen Nationalbibliothek

Die Deutsche Nationalbibliothek verzeichnet diese Publikation in der Deutschen Nationalbibliografie; detaillierte bibliografische Daten sind im Internet über <http://dnb.d-nb.de> abrufbar.

Dissertation, Bergische Universität Wuppertal, 2012

ISBN 978-3-8441-0234-5
1. Auflage März 2013

JOSEF EUL VERLAG GmbH
Brandsberg 6
53797 Lohmar
Tel.: 0 22 05 / 90 10 6-6
Fax: 0 22 05 / 90 10 6-88
E-Mail: info@eul-verlag.de
http://www.eul-verlag.de

Bei der Herstellung unserer Bücher möchten wir die Umwelt schonen. Dieses Buch ist daher auf säurefreiem, 100% chlorfrei gebleichtem, alterungsbeständigem Papier nach DIN 6738 gedruckt.

Vorwort

Die vorliegende Schrift wurde von der Fakultät für Wirtschaftswissenschaft – Schumpeter School of Business and Economics – der Bergischen Universität Wuppertal im Dezember 2012 als Dissertation angenommen. Ich möchte an dieser Stelle meinen Dank an alle diejenigen adressieren, deren Unterstützung wesentlich zum Gelingen dieser Arbeit beigetragen hat.

Besonderen Dank schulde ich Herrn Prof. Dr. Hans Frambach für die Betreuung meiner Dissertation. Seine wertvollen Anregungen und jederzeitige Diskussionsbereitschaft, seine offene und engagierte Art sowie seine stets zeitnahe Auseinandersetzung mit den verschiedenen Abschnitten meiner Dissertationsschrift haben mir die permanente Weiterentwicklung selbiger ermöglicht und damit maßgeblich zu deren erfolgreichen Abschluss beigetragen.

Mein Dank gilt ebenso Herrn Prof. Dr. Stefan Thiele für die Co-Betreuung meiner Dissertation und die Erstellung des Zweitgutachtens sowie Herrn Prof. Dr. André Betzer, Herrn Prof. Dr. Ulrich Braukmann und Herrn Prof. Dr. Nils Crasselt für ihre Mitgliedschaft in der Prüfungskommission.

Danke sagen möchte ich auch Frau Diplom-Ökonomin Monika Bajon, M. A. für das kritische Korrekturlesen meiner Arbeit.

Meinen, inzwischen auch zum Doktorat gelangten, ehemaligen Kommilitonen Marco Kreutzer und Jens Kugel gebührt an dieser Stelle Dank für viele anregende fachliche und verfahrensbezogene Diskussionen, ihre guten Ratschläge und ihre aufmunternden Worte.

Für die große und vielfältige Unterstützung während meiner gesamten Ausbildungs- und Studienzeit danke ich meiner ganzen Familie und dabei insbesondere meinen Eltern. Sie haben meinen Weg stets mit großem Interesse begleitet und mich dabei jederzeit uneingeschränkt gefördert. Meinen Eltern sei diese Arbeit gewidmet.

Haiger, im Februar 2013 Jens Winkel

Inhaltsverzeichnis

Abbildungsverzeichnis

Abkürzungsverzeichnis

ABl.	Das Amtsblatt der europäischen Union
a.F.	alte Fassung
Abs.	Absatz
ADHGB	Allgemeine Deutsches Handelsgesetzbuch
AEUV	Vertrag über die Arbeitsweise der Europäischen Union
AG(s)	Aktiengesellschaft(en)
BB	Betriebs-Berater
AktG	Aktiengesetz
aktual.	aktualisiert
Art.	Artikel
Aufl.	Auflage
B	Paragraph *on* „Basis for Conclusions on IASs/IFRSs"
BauGB	Baugesetzbuch
BC	Basis for Conclutions on IASs/IFRSs
BFuP	Betriebswirtschaftliche Forschung und Praxis
BGBl.	Bundesgesetzblatt
BGH	Bundesgerichtshof
BilMoG	Bilanzrechtsmodernisierungsgesetz
BilReG	Bilanzrechtsreformgesetz
BiRiLiG	Bilanzrichtliniengesetz
bzgl.	bezüglich
bzw.	beziehungsweise
c.p.	ceteris paribus
CAPM	Capital Asset Pricing Model
DCF	Discounted Cash-Flow
ders.	derselbe
dies.	dieselben
Diss.	Dissertation
durchges.	durchgesehen(e)

e.V.	eingetragener Verein
ED	Exporsure Draft
Ed.	Edition
EG	Europäische Gemeinschaft
EG-Vertrag	Vertrag zur Gründung der Europäischen Gemeinschaft
ehem.	ehemals, ehemalige (r)
EL	Ergänzungslieferung
EPRA	European Public Real Estate Association
erg.	ergänzt(e)
erw.	erweitert(e)
EStG	Einkommensteuergesetz
EU	Europäische Union
EUR	Euro
evtl.	eventuell , eventuelle
EWG	Europäische Wirtschaftsgemeinschaft
F.	Framework
SFAF	Statement of Financial Accounting Standards
FAS	Financial Accounting Standards
FASB	Financial Accounting Standards Board
FAZ	Frankfurter Allgemeine Zeitung
FN	Fußnote
gif	Gesellschaft für Immobilienwirtschaftliche Forschung e.V.
GN	Guidance Note (s)
GoB	Grundsätze ordnungsgemäßer Buchführung
GPR	Global Property Research
G-REIT(s)	German Real Estate Investment Trust(s)
grundl.	grundlegend (e)
GuV	Gewinn und Verlustrechnung
HABU	highest and best use
Hervorheb.	Hervorhebung(en)
i.V.m.	in Verbindung mit
IAS	International Accounting Standards

IASB	International Accounting Standards Board
IASCF	International Standards Committee Foundation
IDW	Institut der Wirtschaftsprüfer
Ifo	Institut für Wirtschaftsforschung
umgearb.	umgearbeitete
IFRS	International Financial Reporting Standards
ImmoWertV	Immobilienwertermittlungsverordnung
IRR	internal rate of return
IVA	International Valuation Applications
IVS	International Valuation Standards
IVSC	International Valuation Standards Committee
KapAEG	Kapitalaufnahmeerleichterungsgesetz
lt.	laut
m.W.v.	mit Wirkung vom
n.F.	neue Fassung
Nachdr.	Nachdruck
NAREIT	National Association of Real Estate Investment Trusts
NAV	Net Asset Value
n.F.	neue Fassung
No.	Nummer
Nr.	Nummer
Para.	Paragraph
PiR	Praxis der internationalen Rechnungslegung
PwC	PricewaterhouseCoopers
Q	Quartal
REITG	Gesetz über deutsche Immobilien-Aktiengesellschaften mit börsennotierten Anteilen
RGBl.	Reichsgesetzblatt
RICS	Royal Institution of Chartered Surveyors
Rn.	Randnummer
ROHG	Reichsoberhandelsgericht
Rz.	Randziffer

S.	Seite
SFAF	Statement of Financial Accounting Standards
Tz.	Textziffer
u.	und
u.ä.	und ähnliche(s)
u.a.	unter anderem, unter anderen
überarb.	überarbeitet
Univ.	Universität
unwesentl.	unwesentlich
USA	United States of America
US-GAAP	United States Generally Accepted Accounting Principles
usw.	und so weiter
v.	von, vom
veränd.	verändert (e)
verb.	verbesserte
Verf.	Verfasser
vgl.	vergleiche
VGR	Volkswirtschaftliche Gesamtrechnung
Vol.	Volume
vollst.	vollständig (e)
WertV	Wertermittlungsverordnung
WoEigG	Wohnungseigentumsgesetz
WpHG	Wertpapierhandelsgesetz
zugl.	zugleich
zzgl.	Zuzüglich

1 Einführung

Es reden und träumen die Menschen viel
Von besseren künftigen Tagen,
Nach einem glücklichen gold'nen Ziel
Sieht man sie rennen und jagen,
Die Welt wird alt und wieder jung,
Doch der Mensch hofft immer Verbesserung.

Friedrich Schiller – Hoffnung

1. Strophe

1.1 Problemstellung

Im Dezember 2008 führte das Institut der Wirtschaftsprüfer (IDW) aus: *„Eine besondere Herausforderung besteht darin, unter den gegebenen Marktbedingungen verlässliche Informationen über die zum Zeitwert anzusetzenden Vermögenswerte und Schulden ... zu erlangen. Von der Art und der Verlässlichkeit der erhältlichen Informationen hängt der Grad der Schätzunsicherheit in Bezug auf den Zeitwert ab."*[1]

Exemplarisch steht diese Erklärung des IDW für die besonderen Schwierigkeiten, denen die Rechnungslegungskreise während der jüngsten Wirtschafts- und Finanzmarktkrise bei der Bilanzierung mit Zeitwerten begegnet sind.

Allerdings sind die mit der Zeitwertbilanzierung verbundenen Schwierigkeiten nicht nur temporärer Natur, wie es das Zitat suggeriert. Die Wirtschafts- und Finanzmarktkrise hat vielmehr nur dazu beigetragen, diese offenbarer zu machen und die Diskussion um die Zeitwertbilanzierung nochmals „aufkochen" lassen. So ist das Thema der Zeitwertbilanzierung und die damit verbundenen Probleme schon seit Bekanntwerden der Pflicht aller in der EU ansässigen kapitalmarktorientierten Unternehmen zur Aufstellung des Jahresabschlusses nach International Financial Reporting Standards (IFRS) in der einschlägigen Literatur offensichtlich dauerhaft „warm".

Ursächlich für dieses scheinbar so ausgeprägte Interesse ist der mit der internationalen Rechnungslegung einhergehende Zeitwertansatz von Vermögenswerten und Schulden:

---

1 IDW (2008), S. 10 f., Rz 25. (Hervorheb. im Original).

der *fair value*. Als *„Flaggschiff, Hoffnungsträger und Markenzeichen"*[2] im Jahre 2005 angetreten, soll der *fair value* insbesondere denjenigen Ansprüchen genügen, die die IFRS im Allgemeinen für sich reklamieren und der Vermittlung entscheidungsrelevanter Informationen dienen.

Die Fähigkeit des *fair value* allerdings, diesen Ansprüchen gerecht werden zu können, wurde schon lange vor den Problemen der jüngsten Vergangenheit im Schrifttum und in den Kreisen der Rechnungslegungsprofession meist kritisch gesehen, überwiegend aber abgelehnt und mitunter im Rückgriff auf Erfahrungen, die in der Phase bzw. Nachphase der Gründerzeit mit der Zeitwertbilanzierung gemacht wurden, auf dessen einstige wirtschaftliche Dysfunktionen verwiesen – Erfahrungen, die die deutschen Bilanzierungsnormen bis heute prägen und die die mit der Wirtschafts- und Finanzmarktkrise verbundenen Fragen über die Bilanzierung des *fair value* als Déjà-vu erscheinen lassen und nicht zuletzt das Interesse an Forschungsfragen über die Zeitwertbilanzierung nochmals verstärkt haben.

Im Fokus der wissenschaftlichen Aufmerksamkeit um den Zeitwertansatz *fair value* standen und stehen auch die Anwendung und die Auswirkungen des IAS 40 Investment Property; desjenigen Standards der IFRS, der als erstes den Ansatz nicht finanzieller Anlagen zum *fair value* beinhaltete.[3]

So ist insbesondere die Ermittlung des *fair value* von Investment Properties problembehaftet, wodurch seine Verlässlichkeit und darüber die Entscheidungsrelevanz zweifelhaft wird. Daneben trägt der *fair value* durch marktliche Veränderungen Volatilitäten in die IFRS-Bilanzen, die selbst wiederum ökonomische Dysfunktionen auslösen können. Die wissenschaftliche Fragestellung um den *fair value* von Investment Properties bezieht sich insofern nicht nur auf die Fähigkeit der zutreffenden Antizipation der Markterwartungen. Immobilienmärkte sind zyklische Märkte, der *fair value* von Investment Properties trägt diese Eigenschaft in die IFRS-Bilanz.

---

2 Küting/Lauer (2009), S. 547.

3 Vgl. IAS 40 BC (2000), B 47, S. 2236.

Obschon der vielen Kritikpunkte und der damit zusammenhängenden Probleme scheint der *fair value* von Investment Properties seiner institutionellen Daseinsberechtigung zu genügen.

Der bilanzielle Wertansatz *fair value* ist, trotz des existierenden Ansatzwahlrechtes, bei den europäischen Immobilienaktiengesellschaften schon längst zur Regel geworden.[4] Darüber hinaus sind seit dem Jahre 2007 die Vorschriften des IAS 40 auch für German Real Estate Investment Trusts (G-REITs) einschlägig. Zuvorderst aber stellt der IAS 40 die Bilanzierungs- und Bewertungsgrundlage der Investment Properties aller Unternehmen dar, die von den IFRS betroffen sind.[5] Deren Anzahl wird auf ca. 7.000 geschätzt.[6]

In der vorliegenden Arbeit wird versucht, auf Grundlage der Neuen Institutionenökonomik und unter Einbeziehung immobilienmarktlicher Aspekte, den Vorgaben der IFRS und des IAS 40, auf den aufgeworfenen Fragenkomplex Antworten zu finden.

Dafür ist zunächst die Klärung der Bedeutung des Frameworks für die Vermittlung entscheidungsrelevanter Informationen durch die IFRS, ebenso wie die des Zusammenhanges zwischen der Entscheidungsrelevanz des *fair value* und dem Forschungsgebiet der Neuen Institutionenökonomik, wesentlich. Anhand dessen ergeben sich Antworten zur institutionellen Funktion des *fair value* und zu Problemen, die bei der Erfüllung dieser Funktion auftreten oder diese sogar konterkarieren können. Aufklärung erfolgt dabei auch über die Ursachen und Auswirkungen der Wandels von Bilanzierungsprinzipien. Hiermit wird das theoretische Fundament der folgenden Untersuchung zur Entscheidungsrelevanz des *fair value* von Investment Properties gelegt.

Anschließend werden Fragen zur und Probleme bei der Bilanzierung und Bewertung von Investment Properties nach IAS 40 erörternd dargestellt und diese hinsichtlich des Kriteriums der Entscheidungsrelevanz unter Hinzuziehung empirischer Ergebnisse dis-

---

4 Vgl. KoR (2008)a, S. 18 ff. zum Überblick über die Bilanzierungspraxis deutscher und europäischer Immobilien-AGs zum Geschäftsjahr 2007 und zur Definition einer Immobilien-AG Kapitel 4.1.

5 Allerdings ist die Eigenbesitzquote der betrieblich genutzten Immobilien von 73 Prozent – im Vergleich zum europäischen Durchschnitt von 32 Prozent und dem in den USA von 24 Prozent – in Deutschland hoch. Vgl. DZ Bank (2006), S. 7.

6 Vgl. Henselmann (2010), S. 23.

kutiert. Verbindendes Element ist auch dabei die Neue Institutionenökonomik, die jedoch um immobilienmarktliche Spezifitäten und Faktoren ergänzt bzw. in Verbindung zu diesen gesetzt wird. Dies gibt Aufschluss über die Preisbildung sowie die Zyklizität der Immobilienmärkte und wird zur Grundlage einer weiteren Erörterung hinsichtlich der Entscheidungsrelevanz des *fair value* von Investment Properties. Daraus erwachsen Antworten bezüglich der gegenwärtigen Erfüllung der institutionellen Funktion des *fair value* von Investment Properties; dies ermöglicht ebenso einen Ausblick auf die zukünftige Erfüllung seiner institutionellen Funktion.

Durch die Bearbeitung des im Vorangegangenen beschriebenen Fragenkomplexes sowie den mit der Untersuchung verbundenen Einzelfragestellungen, beabsichtigt die Arbeit sowohl einen normativen als auch einen positiven Beitrag zur Wirtschaftswissenschaft zu leisten.

1.2 Zielsetzung und Gang der Arbeit

Ausgehend von einem Abriss der Entwicklungen, die zur neuerlichen Anwendung des Zeitwertansatzes in Deutschland geführt haben, und unter Einblendung der Erfahrungen während bzw. nach der Gründerzeit mit der Zeitwertbilanzierung – womit die Funktionserklärung des HGB einhergeht –, wird im zweiten Kapitel die Informationsfunktion der IFRS im Allgemeinen und anschließend die des *fair value* im Speziellen dargestellt. Dabei wird grundlegend erarbeitet, welche Ansprüche und Aufgaben der Standardsetter dem *fair value* beigemessen hat, ob oder inwiefern das Framework dazu geeignet ist, diese sicherzustellen. Darüber hinaus werden in diesem Kapitel die marktlichen Veränderungen hinsichtlich ihrer Auswirkungen auf die Bilanzierung zum *fair value* skizziert.

Das dritte Kapitel greift die problematisierten Erkenntnisse des zweiten Kapitels auf und verortet die IFRS sowie den *fair value* institutionenökonomisch. Daneben hat das Kapitel drei zum Ziel, die verlässlichkeitsbestimmenden Faktoren des *fair value* anhand des Williamsonschen Transaktionskostenansatzes grundlegend darzustellen. Hierdurch wird beabsichtigt, ein theoretisches Fundament für die nachfolgenden interdisziplinären Zusammenhänge zu legen, die vor dem Hintergrund der *fair value* Bilanzierung von Investment Properties aufgezeigt werden sollen.

Zunächst aber hat Kapitel vier die Darstellung wesentlicher Ansatz- und Bewertungsfragen von Investment Properties nach IAS 40 zum Inhalt; Kapitel fünf stellt, hierauf aufbauend, die für die Ermittlung des *fair value* in Frage kommenden Bewertungskonzepte problematisierend, insbesondere vor dem Hintergrund der Vermittlung entscheidungsrelevanter Informationen, vor.

Die Darstellung der Ursachen und Auswirkungen zyklischer Prozesse auf Immobilienmärkten ist Inhalt des sechsten Kapitels. Kapitel sechs verknüpft dafür die Ausführungen des vierten Kapitels – bezüglich der Verlässlichkeit des *fair values* – mit zyklischen Prozessen auf den Immobilienmärkten und stellt Interdependenzen und bilanzielle Auswirkungen dar. Untermauert werden die Erörterungen zum Immobilienzyklus durch Zeitreihendarstellungen.

Kapitel 7 dient der thesenförmigen Zusammenfassung der gewonnen Erkenntnisse und einem resümierenden Ausblick hinsichtlich der Ergebnisse dieser Arbeit.

1.3 Thematische Einordnung der Arbeit

Die Auseinandersetzung mit dem *fair value*, in Form von Monografien und Zeitschriftenartikeln, sind in dem vergangenen Jahrzehnt in der Wissenschaft verstärkt und mit unterschiedlichen Akzentuierungen hinsichtlich der Konzeption, Entscheidungsrelevanz, Zweckmäßigkeit und Anreizwirkungen vorgenommen worden.[7]

Auch die Fragen zu Ansatz und Bewertung von Immobilien nach IAS 40 finden sich in der einschlägigen Literatur, darunter eine Vielzahl von nationalen und internationalen Zeitschriftenartikel, schon weitgehend problematisierend dargestellt. Als grundlegende monografische Analyse kann hierbei die Arbeit von Zülch (2003) angesehen werden. Dohrn (2004) geht der Frage der Entscheidungsrelevanz des *fair value* von IAS 39 und IAS 40 nach. Ranker (2006) stellt praxisbezogen die Bewertung von Immobilien

---

7 Vgl. bspw. Bieker (2005), Blaufus (2005), Hitz (2005), Moitzi (2007).

nach HGB und IFRS hinsichtlich Auslegung, Konzeption und Einzelfragen dar. Huschke (2007) legt den Fokus auf die Untersuchung über die Vorziehenswürdigkeit alternativer Heuristiken hinsichtlich der *fair value*-Ermittlung von Investment Properties. Lenz (2009) untersucht die Bilanzierung nach IAS 40 vor dem Hintergrund des Gesetzes über deutsche Immobilien-Aktiengesellschaften mit börsennotierten Anteilen (REITG).

Diese Arbeit versteht sich als interdisziplinär und versucht insbesondere auf die durch den *fair value* eröffnete Forschungslücke zwischen der Mikroökonomik und der Rechnungslegung aufmerksam zu machen und zu deren Schließung beizutragen. Der *fair value* in Form eines Marktwertes legt eine wesentliche Schnittstelle zwischen diesen beiden wirtschaftswissenschaftlichen Disziplinen. So soll die „Benchmark" des *fair value* der neoklassische Marktwert sein, ein mikroökonomisches Ideal. Dieses allerdings existiert nur auf vollkommenen Märkten. Reale Märkte aber sind, durch die in der neoklassischen Theorie wegdefinierten positiven Transaktionskosten, generell versagende Märkte. Ein Umstand, der Preisbildungsprozesse verzerrt, der den *fair value* zum unverlässlichen Marktwertsurrogat degradiert. Ein Umstand, der insofern die Entscheidungsrelevanz des *fair value* bezweifeln lässt, der Bilanzpolitik ermöglicht und durch den bilanzielle und wirtschaftliche Dysfunktionen ausgelöst werden können. Ein Faktum allerdings, das Fragen nach der institutionellen Funktion der IFRS im Allgemeinen sowie nach der des *fair value* im Besonderen erst eröffnet und eine interdisziplinäre Untersuchung, vor allem mit Bezug auf alternative Bilanzierungs- und Bewertungsmethoden, so wie sie das HGB ausschließlich vorsieht, zu rechtfertigen scheint.

Paradebeispielhaft eignet sich für eine institutionelle Untersuchung daher auch der *fair value* von Investment Properties. Durch die physischen und die daraus resultierenden ökonomischen Faktoren von Immobilien gelten die Immobilienmärkte als besonders transaktionskostenintensiv. Da Williamson die ökonomischen Faktoren, die die Immobilienmärkte transaktionskostenintensiv machen, in seinen Transaktionskostenansatz unter dem Terminus Umweltbedingungen integriert, erscheint auch sein Ansatz geeignet, dazu beizutragen, Antworten auf die hier aufgeworfenen Fragen zu finden. Der Williamsonsche Transaktionskostenansatz bildet insofern eine wesentliche Grundlage der folgenden Diskussionen.

Aber auch die zuweilen bilanzielle Wesentlichkeit prädestiniert offenbar den Bilanzposten der Investment Properties für eine institutionelle Analyse des *fair value*. Angesichts der hohen Anteile, die Investment Properties an der Bilanzsumme umfassen können, zeigt sich die bilanzielle Wesentlichkeit vor allem in der Höhe der stillen Reserven, die durch den *fair value* von Investment Properties aufgedeckt werden sowie durch das mit der Veränderung der *fair values* möglicherweise einhergehende immense Ausmaß der Bilanzvolatilitäten und der daraus resultierenden Umstände.

Wie eklatant die Differenzen zwischen den zum *fair value (fair value model)* und den zu (fortgeführten) Anschaffungs-/Herstellungskosten *(cost model)*[8] angesetzten Investment Properties sein können, erweist sich exemplarisch aus der *fair value*-Umstellung der Konzernbilanz der *Deutsche Wohnen* zum 31.12.2006.[9] Danach bezifferte sich die Höhe der zum *fair value* bewerteten Investment Properties der *Deutsche Wohnen* auf 1.341,6 Mio. EUR. – zu Anschaffungs-/Herstellungskosten *(cost model)* angesetzt auf 956,6 Mio. EUR. Daraus ergab sich eine Wertdifferenz zwischen diesen beiden bilanziellen Ansätzen von mithin 385,0 Mio. EUR.[10]

---

8 Vgl. zu den bilanziellen Ansatzmöglichkeiten von Investment Properties Kapitel 4.4.

9 Die *Deutsche Wohnen* zählt sich zu den führenden Wohnungsunternehmen in Deutschland. Mit gegenwärtig 81,84 Mio. Aktien ist die *Deutsche Wohnen* im MDAX gelistet und wird in den Indizes EPRA/NAREIT und GPR 250 geführt. Vgl. *Deutsche Wohnen* (2011). http://www.deutsche-wohnen.com/html/profil.php

10 Vgl. *Deutsche Wohnen* - Geschäftsbericht (2007), S. 117 und hinsichtlich der zugrundeliegenden Bewertungsmethoden und Anpassungen der *fair values* der *Deutsche Wohnen*, S. 112 ff. http://www.ir.deutsche-wohnen.com/websites/deuwo/German/4100/geschaeftsberichte.html

2 Die Informationsfunktion der Zeitwertbilanzierung – Konzeptionelle Grundlagen

2.1 Vorbemerkungen

2.1.1 Rückblick – Die Wiederkehr der Zeitwertbilanzierung in die deutsche Rechnungslegungspraxis

Das Zusammenwachsen internationaler Finanz-, Dienstleistungs- und Kapitalmärkte, das Entstehen multinationaler Unternehmen, die engere wirtschaftliche und soziale Verflechtung von Staaten mit dem Ergebnis der Schaffung übernationaler Wirtschaftsräume – die sogenannte Globalisierung – hat direkten Einfluss auf die Rechnungslegung. Für einen funktionsfähigen internationalen Kapitalmarkt, der auf dem Wettbewerb als grundlegendes Element aufbaut, ist die Harmonisierung der Rechnungslegung zur Existenzbedingung geworden.[11] Sie ist dabei besonders als Ausdruck des Wunsches von international tätigen Unternehmen aufzufassen, sich weltweit Kapitalmärkte erschließen zu können.[12] Seit Anfang der 1990er Jahre wurde der Ruf nach Erlass international einheitlicher Bilanzrechtsnormen immer lauter.[13]

Eingang in die deutsche Rechnungslegung fand dieser Ruf aber erst am 24. April 1998, als das Kapitalaufnahmeerleichterungsgesetztes (KapAEG) in Kraft trat, infolgedessen das HGB um die Bilanzierungsvorschriften § 292a HGB a.F. ergänzt wurde. Der § 292a HGB a.F. befreite die Unternehmen unter bestimmten Bedingungen von der Erstellung eines Konzernabschlusses nach HGB, sofern alternativ ein Abschluss *„... nach international anerkannten Rechnungslegungsstandards...“* aufgestellt wurde. Welche Rechnungslegungswerke damit letztlich gemeint waren, ließ der Gesetzgeber offen. Jedoch wurde die Ansicht, dass damit IAS/IFRS sowie die US-GAAP gemeint waren, in Rech-

---

11 Eine umfangreiche Darstellung der Globalisierungsprozesse und deren Auswirkungen auf die Rechnungslegung in der jüngeren Vergangenheit findet sich bspw. bei Glaum/Mandler (1996).

12 Vgl. Coenenberg (2005), S. 20, Bieg et. al. (2006), S. 1 ff.

13 Das bekamen in der jüngeren Vergangenheit besonders die internationalen und auf den Kapitalmärkten ausgerichteten deutschen Unternehmen zu spüren, wenn sie – um bspw. in den USA verständlich zu sein – neben ihrer HGB-Bilanz auch eine Bilanz nach den US-amerikanischen Regelungsstandards, den US-GAAP, zu erstellen hatten. Vgl. zur Problematik einer parallelen bzw. dualen Rechnungslegung, statt vieler, Pellens et. al. (2008)a, S. 46 f., sowie Coenenberg (2005), S. 21.

nungslegungskreisen geteilt. Das Wahlrecht eines befreienden Konzernabschlusses nach § 292a HGB a.F. erlosch zum 31. Dezember 2004.[14]

Seit 1. Januar 2005 sind durch EU-Verordnung alle kapitalmarktorientierten EU-Unternehmen verpflichtet, ihren Jahresabschluss nach IFRS aufzustellen.[15] Am 19. Juli 2002 hatte das Europäische Parlament die Verordnung (EG) Nr. 1606/2002 „betreffend die Anwendung internationaler Rechnungslegungsstandards" erlassen, deren Inkrafttreten am 14. September 2002 durch Veröffentlichung im Amtsblatt der europäischen Gemeinschaften erfolgt ist. Die Verordnung (EG) Nr. 1606/2002, auch IAS Verordnung genannt, räumte mit Art. 5 den Mitgliedsstaaten allerdings auch Wahlrechte ein, darunter die Möglichkeit, Einzelabschlüsse kapitalmarktorientierter Unternehmen sowie Konzern- und Einzelabschlüsse nicht kapitalmarktorientierter Unternehmen zur Rechnungslegung nach IAS/IFRS vorzuschreiben oder zu erlauben.[16]

Der deutsche Gesetzgeber machte mit dem Bilanzrechtsreformgesetz (BilReG) 2004 von diesem Wahlrecht Gebrauch und verpflichtete durch Erlass des § 315a Abs. 1 HGB n.F. die nach § 290-293 HGB zur Konzernabschlusserstellung gezwungenen Unternehmen zur Anwendung der IAS/IFRS, womit deren allgemeine Entpflichtung zur Bilanzierung nach den Vorschriften des HGB einherging.[17] Durch § 315a Abs. 2 HGB n.F. sind auch solche Unternehmen zur Anwendung der IFRS verpflichtet, die am betreffenden Bilanzstichtag die Zulassung zum Handel von Wertpapieren im Sinne von § 2 Abs. 1 WpHG und § 2 Abs. 5 WpHG erst beantragt hatten. Für alle anderen Mutterunternehmen ermöglichte der Gesetzgeber mit § 315a Abs. 3 HGB n.F. eine freiwillige Aufstellung des Jahresabschluss nach IAS/IFRS.[18] Darüber hinaus wurde im Zuge des BilReG der § 325 HGB um die Absätze 2a und 2b erweitert. Danach ist es, unter bestimmten

---

[14] Vgl. hierzu weiterführend Pellens et. al. (2008)a, S. 47, auch Bieg et.al. (2006), S. 4, 23 ff., sowie Coenenberg (2005), S. 12.

[15] Die EU-Verordnung umfasst alle Unternehmen, die unter das Recht eines der Mitgliedstaaten fallen und deren Wertpapiere in den EU-Mitgliedstaaten geregeltem Handel unterliegen. EU-Verordnungen sind unmittelbar rechtlich bindungswirksam und bedürfen – im Gegensatz zu einer Richtlinie – keiner Umsetzung in nationales Recht. Vgl. ehem. Art. 248 EG-Vertrag, aufgrund des Lissabonvertrages seit 01.12.2009 normiert in Art. 288 AEUV.

[16] Vgl. Pellens et. al. (2008)a, S. 49.

[17] Vgl. zur Konzernabschlussaufstellungspflicht Heuser/Theile (2007), S. 27, Rn. 102 f.

[18] Vgl. Bieg et. al. (2006), S. 5 f.

Voraussetzungen, für alle Unternehmen erlaubt, einen Jahresabschluss nach den IAS/IFRS aufzustellen. Allerdings werden diese in § 325 HGB nicht entpflichtet, weiterhin einen Abschluss nach HGB zu erstellen. Optional ist lediglich deren Veröffentlichung.[19] Schließlich endete 2007 die in Art. 9 der Verordnung (EG) Nr. 1606/2002 gewährte Übergangsfrist für alle diejenigen europäischen Unternehmen, die ausschließlich zum Handel mit Schuldtiteln in einem geregelten Markt zugelassen waren oder ihre Konzernabschlüsse nach internationalen Standards, also US-GAAP, bilanzierten.

Seit spätestens diesem Zeitpunkt sind die IFRS ein wesentlicher Baustein des deutschen Rechnungslegungsrechts geworden und haben sich als vorrangiges europäisches Regelwerk etablieren können. Nationalstaatliche Regelungswerke wurden oder werden durch die IFRS sukzessive verdrängt oder durch Harmonisierungsprozesse angepasst.[20] Obschon in Deutschland gegenwärtig nur die Konzernabschlüsse kapitalmarktorientierter Unternehmen durch die IAS/IFRS geprägt und alle anderen Unternehmen weiterhin zwingend dazu verpflichtet sind, einen handelsrechtlichen Einzelabschluss aufzustellen, ist davon auszugehen, dass der 1998 in Deutschland begonnene Weg zur Rechtsangleichung der Rechnungslegungsnormen konsequent weitergegangen wird. In Zukunft werden daher mutmaßlich nicht mehr nur kapitalmarktorientierte Unternehmen von internationalen Rechnungslegungsstandards betroffen sein. Dies zeigt auch der neuerliche Anstoß des deutschen Gesetzgebers, der – trotz harscher Kritik – mit dem Bilanzmodernisierungsgesetz (BilMoG), eine weitere Angleichung der nationalen an internationale Rechnungslegungsregeln anstrebt.[21] Pellens et al. (2008)a konstatieren: *„Da die Rechnungslegung einen elementaren Bestandteil der Kapitalmarktregeln bildet, ist ihre internationale Harmonisierung eine logische Konsequenz.“*[22]

Eine wesentliche Konsequenz der Verordnung (EG) Nr. 1606/2002, betreffend die Anwendung internationaler Rechnungslegungsstandards, war der Bruch mit einer kontinental-europäischen Bilanzrechtstradition. Durch diese EU-Verordnung sollte mit dem

---

19 Vgl. zum Bilanzrechtsreformgesetz (BilReG), statt vieler, Pellens et. al. (2008), S. 49 ff., sowie Coenenberg (2005), S. 22 f.

20 Vgl. Dohrn (2004), S. 91, sowie Heuser/Theile (2007), S. 7, Rn 16, und Baetge/Zülch (2001), S. 543.

21 Vgl. Kußmaul/Weiler (2009)b, S. 215 f., sowie Bieg et. al (2006), S. 34.

22 Pellens et. al. (2008)a, S. 52.

fair value[23] die Zeitwertbilanzierung in die deutsche Rechnungslegungspraxis zurückkehren und das, obwohl die Bilanzierung zu Zeitwerten sich in Deutschland schon mehrfach nicht dauerhaft etablieren konnte.[24]

So fand sich die Zeitwertbilanzierung erstmals in dem 1861 erlassenen Allgemeinen Deutschen Handelsgesetzbuch (ADHGB)[25], das mit Art. 31 den zwingenden Ansatz formulierte, wonach *„... sämmtliche Vermögensstücke und Forderungen mit dem Werthe anzusetzen [sind], welcher ihnen zur Zeit der Aufnahme beizulegen ist."*[26]

Die undeutliche Bewertungsvorschrift des ADHGB führte zu zahlreichen Diskussionen und Missverständnissen. Sie erschwerte eine Konkretisierung des damit gemeinten Wertmaßstabes, in dessen Folge eine unterschiedliche Interpretation im zeitgenössischen Schrifttum stattfand. Es bestand Unklarheit, wie dieser Wert vom Unternehmen und auch vom Zweck der Bilanzierung abhing und insofern sachgerecht bilanziert werden sollte.[27]

Das Reichsoberhandelsgericht (ROHG) bestätigte in seinem berühmt gewordenen Urteil von 1873[28] schließlich, dass der beizulegende Zeitwert ein Einzelveräußerungspreis am Bilanzstichtag sei. Damit unterstellte das ROHG sinngemäß eine „Zerschlagungsstatik", also den Wert eines Vermögensgegenstands unter fiktiver Annahme der Unter-

---

23 In dieser Arbeit wird der offiziellen EU-Übersetzung des Begriffs *fair value* als beizulegender Zeitwert gefolgt. Insofern werden auch die Begriff *fair value* und beizulegender Zeitwert synonym verwendet und beziehen sich, sofern nicht explizit angegeben, ausschließlich auf die Begriffsdefinition der IFRS.

24 Nicht deckungsgleich mit dem Begriff des *fair value* in den IFRS ist der Begriff des beizulegenden Wertes nach § 253 Abs. 3 HGB. Der beizulegende Wert des HGB wird hauptsächlich zum bilanziellen Ausweis von Stichtagvermögensminderungen herangezogen, wogegen der *fair value* auch zur bilanziellen Abbildung von Stichtagvermögensmehrungen dient. Vgl. hierzu weiterführend Küting/Trappmann/Ranker (2007).

25 Am 1. Januar 1870 wurde das ADHGB zum Gesetz des Norddeutschen Bundes und nach Reichsgründung, 1871, Reichsgesetz. Vgl. Horn (1995) S. 70, Rz. 24.

26 Die Annahme des ADHGB war für die Staaten des deutschen Bundes freiwillig. Trotzdem erfolgte die Annahme durch die überwiegende Zahl der Bundesstaaten. Das Interesse an einem einheitlichen Handelsrecht war, obschon der in den Jahren 1857-1861 vorangegangen Auseinandersetzungen über divergierende Ansichten der Bilanzierungs- und Bewertungsverfahren seitens der einzelnen Bundesstaaten, hoch. Vgl. Spindler (2004), S. 106 f.

27 Vgl. Großfeld/Diekmann (1988), S. 424 f., Kümmel (2002), S. 4 und weiterführend Spindler (2004), S. 129 f.

28 Entscheidung des Reichsoberhandelsgericht (ROHG) vom 03.12.1873, Rep. 934/73, ROHGE Bd. 12 (1874), S. 15-23.

nehmensliquidation, wodurch positive oder negative Wertveränderungen der einzelnen Vermögensgegenstände bilanziell ausgewiesen werden mussten.[29] Mit dem Urteil schloss sich das ROHG der bis dahin vorherrschenden Meinung an und es diente künftig als Grundlage einer statischen Bilanzauffassung.[30] [31]

Im Jahre 1870 wurde der Art. 31 des ADHGB in den Art. 239a der aktienrechtlichen Bestimmungen übernommen. Nachdem eine Vielzahl von Aktiengesellschaften mit unzureichender Kapitalausstattung Konkurs gegangen waren, führte 1884 massive Kritik an der Zeitwertbewertung[32] zu einer Novellierung des Aktienrechts und mündete mit Art. 185a. i.V.m. Art.239b des ADHGB in einer neuen Bewertungsvorschrift.[33] Nach Art. 185a des ADHGB durften bei Aktiengesellschaften Vermögensgegenstände nur noch zu historischen Anschaffungs-/Herstellungskosten bewertet werden sowie nach dem Niederstwertprinzip Zeitwerte, sofern sie sich unterhalb der historischen Anschaffungs-/ Herstellungskosten befanden. Damit setzten die aktienrechtlichen Bestimmungen den Zeitwertansatz aus.[34] [35]

---

29 Vgl. Blaufus (2005), S. 45, Kümmel (2002), S. 4, sowie Spindler (2004) S. 131.

30 Vgl. Blaufus (2005), S. 46, Großfeld/Diekmann (1988), S. 425, sowie Spindler (2004), S. 132.

31 Vgl. zur statischen (Vermögens-) Bilanztheorie und in diesem Zusammenhang die von Moxter geprägten Begriffe der „Zerschlagungsstatik" und der „Fortführungsstatik" (*going-concern*-Prinzip), Moxter (1984), S. 6 ff., sowie Baetge/Kirsch/Thiele (2007), S. 12 ff., auch Coenenberg (2005), S. 1184 ff.

32 Die verstärkte Kritik resultierte insbesondere aus der Frage, wie Anlagen des Bahnverkehrs bilanziell anzusetzen seien, da diese keinem Handel unterlägen und sich insofern auch kein objektiv geprägter Marktpreis dieser Anlagen ermitteln ließe. Vgl. Kümmel (2002), S. 4, Großfeld/Diekmann (1988), S. 425. und weiterführend zu dieser Problematik, Spindler (2004), S. 136 ff.

33 So kann die Übernahme der Zeitwertbilanzierung in das Aktiengesetz als Mitverursacher am der „Gründerzeit" folgenden „Gründungsschwindel" betrachtet werden. Und zwar insofern, als die Bilanzierung zu Zeitwerten den Aktiengesellschaften die Möglichkeit bot, Ermessensspielräume zum Vorteil des bilanzierenden Unternehmens auszunutzen, dadurch Marktmanipulationen zu betreiben, die dazu geeignet waren, den Kurs von börsennotierten Wertpapieren zu steigern. Besonderer Anreiz dazu ergab sich zusätzlich durch die damaligen Gewinnverteilungsregeln, die den gesamten Gewinn einer Aktiengesellschaft als verteilungsfähig betrachteten. Ausdruck fand der Missbrauch des Art. 239a des ADHGB im Konkurs oder in der Liquidation eines beträchtlichen Anteils der seit 1870 neu gegründeten Aktiengesellschaften, die vielerorts in „Gründungsprozessen" mündeten. Die Aktionärsverluste wurden auf über einen halbe Milliarde Mark geschätzt. Vgl. Blaufus (2005), S. 65 ff., Spindler (2004), S. 114 ff.

34 Vgl. Großfeld Diekmann (1988) S. 426, Spindler (2004), S. 122 f., 251.

35 Die durch Notverordnung umgesetzte Aktienrechtsnovelle vom 19. September 1937, *"Die aktienrechlichen Vorschriften der Verordnung des Reichspräsidenten über Aktienrecht, Bankenaufsicht und über eine Steueramnestie"*, welche im neu geschaffenen Aktiengesetz (AktG) von 1937 verankert wurden, übernahm die Bewertungsvorschrift des Art. 185a ADHGB von 1884 in den § 133 AktG 1937. So auch das Aktiengesetz in seiner Neufassung von 1965 mit den §§ 153-156 AktG 1965,

Trotzdem übernahm das HGB von 1900 – erweitert um die Bewertung von Schulden – in § 40 Abs. 2 die Vorschriften des Art. 31 des ADHGB von 1861. Die Auseinandersetzung über die Auslegung der undeutlichen Bewertungsvorschrift schwelte deshalb im Schrifttum weiter, da sich das Anschaffungskostenprinzip aus § 40 Abs. 2 als Bewertungsobergrenze nicht explizit ableiten ließ.[36] Insofern existierte noch bis zum Inkrafttreten des Bilanzrichtliniengesetzes (BiRiLiG) am 1. Januar 1986[37] in Deutschland eine formelle Zeitwertbilanzierung, obwohl bis zu diesem Zeitpunkt, also während der Gültigkeitsdauer des § 40 Abs. 2 HGB, in Kreisen der Rechnungslegung zunehmend Konsens über die Anwendung des Anschaffungs-/Herstellungskostenprinzips hergestellt und die Zeitwertbilanzierung faktisch nicht mehr angewendet wurde.[38]

Erst mit dem Erlass des Bilanzrichtliniengesetz 1986, welches das Anschaffungs-/Herstellungskostenprinzip mit Berücksichtigung von Niederstwertvorschriften in § 253 HGB 1986 als Höchstmaß für Vermögensgegenstände gesetzlich vorschrieb, kehrte der Gesetzgeber nunmehr vollends auf das schon 1793 kodierte und 1794 erlassene *Allgemeines Landrecht für Preußische Staaten* zurück.[39] Deutschland verwehrte sich sogar – im Gegensatz zu anderen EG-Staaten – auch dem in Art. 33 Abs. 1 der vierten EG-Richtlinie bestehenden Wahlrecht für eine Zeitwertbilanzierung, indem dieses nicht in das Bilanzrichtliniengesetz von 1986 aufgenommen wurde.[40]

1861 mit dem ADHGB, 1870 mit dem Aktiengesetz und 1900 mit dem HGB war damit die Bewertung zu Zeitwerten, hauptsächlich aus Gründen mangelhafter gesetzlicher Normierung und besonderer Schwierigkeiten, die aus der Ermittlung bzw. praktischen Anwendung von Zeitwerten resultierten, gescheitert.[41]

---

die – aus Aktionärsschutzgedanken – allerdings Vorschriften über den Ansatz von niedrigeren Zeitwerten bei bestimmten Vermögensgütern enthielten, um die Bildung von stillen Reserven zu erschweren. Vgl. Kümmel (2002), S. 4 f., Böcking/Lopatta/Rausch (2005), S. 90 f., und weiterführend Spindler (2004), S. 149.

36 Vgl. Kümmel (2002), S. 5.

37 Vgl. zum Bilanzrichtliniengesetz weiterführend Baetge/Kirsch/Thiele (2007), S. 26 f.

38 Vgl. Spindler (2004), S. 252, und weiterführend Blaufus (2005), S. 49 ff.

39 Vgl. Kümmel (2002), S. 7.

40 Vgl. Pellens et. al. (2008)a, S. 46, Spindler (2005), S. 150, Blaufus (2005), S. 79.

41 Vgl. Kümmel (2002), S. 7.

Die neuerliche Anwendung einer Zeitwertbilanzierung in Form des *fair value* war insofern ein Paradigmenwechsel[42], der schon lange vor der rechtlichen Verpflichtung zur Aufstellung von Abschlüssen nach den IFRS in den Kreisen der Rechnungslegung einen intensiven und leidenschaftlichen Diskussionsprozess über Zeitwertbewertung von Vermögensgegenständen bzw. Vermögenswerten[43] und Schulden beginnen lies.[44] Er bedeutete eine grundlegende Konterkarierung des Gläubigerschutzes als vorherrschendes Gestaltungsprinzip der kontinental-europäischen Bilanzierungsusancen. Vor dem Hintergrund globaler Prozesse allerdings, stellten die Harmoniebestrebungen der Rechnungslegung letztlich nur einen Sachzwang dar. Born (2007) führt aus: *„Die Verteidiger der 'bewährten deutschen Bilanzierungsprinzipien' müssen jetzt umdenken, da die Beschützten (d.h. die Unternehmen) den Beschützern (Verbandsfunktionäre sowie Professoren der Betriebswirtschaftslehre und Wirtschaftsprüfer, die aus Bequemlichkeit oder Egoismus den alten unbefriedigten Zustand beibehalten wollen) weglaufen."*[45]

2.1.2 Zeitwertbewertung und die Funktionen der handelsrechtlichen Rechnungslegung

Obwohl im HGB nicht explizit normiert, werden als Zwecke des handelsrechtlichen Jahresabschlusses, neben bzw. auf Grundlage der Dokumentationsaufgabe, die Rechenschaft und die Kapitalerhaltung als zentrale und gleichwertige Zwecke aus den Generalnormen abgeleitet.[46] [47] Aus diesen Zwecken lassen sich auch die zwei Hauptfunktio-

---

42 Vgl. Baetge/Zülch/Matena (2002)a, S. 365.

43 Die IFRS sprechen – gegensätzlich zum HGB – nicht von Vermögensgegenständen, sondern von Vermögenswerten. Vgl. zur Definition und Bilanzierungsfähigkeit von Vermögensgegenständen nach HGB, Baetge/Kirsch/Thiele (2007), S. 131, 160 ff., zur Definition von Vermögenswerten nach IFRS F. 49 (a) und weiterführend zu deren bilanzieller Ansatzkonzeption und deren Definitionskriterien, Baetge/Kirsch/Thiele (2007), S. 183 ff.

44 Vgl. bspw. Blaufus (2005), S. 1 ff. oder Streim/Bieker/Esser (2003), S. 457 f.

45 Born (2007), S. 37.

46 Als handelsrechtliche Generalnormen gelten der § 238 Abs. 1 HGB (Generalnorm für die Buchführung), der § 243 Abs. 1 HGB (Generalnorm für den Jahresabschluss) und der § 264 Abs. 2 HGB als zusätzliche Generalnorm für den Jahresabschluss von Kapitalgesellschaften und haftungsbeschränkten Personenhandelsgesellschaften. Vgl. weiterführend Baetge/Kirsch/Thiele (2007), S. 93 f.

47 Vgl. Leffson (1987), S. 105, sowie Baetge/Zülch (2001), S. 549, und weiterführend zu den Zwecken des handelsrechtlichen Jahresabschlusses, Leffson (1987), S. 63 ff.

nen des Jahresabschluss nach HGB ableiten: die Informationsfunktion und die Ausschüttungsbemessungsfunktion.[48]

Im Fokus der Informationsfunktion des handelsrechtlichen Jahresabschluss stehen dabei die Schutzbedürfnisse aller Unternehmerinteressenten, sprich der Anteilseigner, der Gläubiger, der Arbeitnehmer, der Kunden und – weitgefasst – der Öffentlichkeit.[49] Diesen Interessengruppen beabsichtigt der handelsrechtliche Jahresabschluss Informationen zur Verfügung zu stellen, anhand derer sie Prognosen über die Zahlungsfähigkeit des Unternehmens ableiten und dadurch Entscheidungen über die Gewährung, die Prolongation oder die Aufkündigung von Krediten treffen oder, allgemeiner ausgedrückt, „*...eine Abschätzung von Ausmaß und Sicherheitsgrad der zu erwartenden Zielrealisation ihrer Beteiligung am Unternehmen...*"[50] vornehmen können.

Die zweite Funktion des handelsrechtlichen Jahresabschlusses, die Ausschüttungsbemessungsfunktion, dient dazu, den Periodenerfolg zu ermitteln und bildet damit die Grundlage zur Bestimmung der ergebnisdeterminierten Zahlflüsse an die Unternehmenseigner als auch zur Festlegung von Steuerzahlungen aufgrund des Maßgeblichkeitsprinzips nach § 5 Abs. 1 EStG.[51] Allerdings erfolgt auch bei Vorliegen eines handelsrechtlichen Konzernabschlusses die Ausschüttungsbemessung auf Basis der Einzelabschlüsse, der rechtlich selbständigen Unternehmen; der handelsrechtliche Konzernabschluss ist insofern auf die Informationsfunktion beschränkt.[52]

Gesetzliche Grundlage der Informations- und Ausschüttungsbemessungsfunktion des handelsrechtlichen Jahresabschlusses von Kapitalgesellschaften bildet die Generalnorm des § 264 Abs. 2 HGB. Danach verfolgt der Jahresabschluss einer Kapitalgesellschaft das Ziel, „*...unter Beachtung der Grundsätze ordnungsgemäßer Buchführung ein den tatsächlichen Verhältnissen entsprechendes Bild der Vermögens-, Finanz-, und Er-*

---

48 Vgl. Coenenberg (2005), S. 14 f.

49 Vgl. Baetge/Kirsch/Thiele (2007), S. 104 f. und Coenenberg (2005), S. 9, 14.

50 Coenenberg (2005), S. 14.

51 Vgl. zu den Internationalisierungsprozessen der Rechnungslegung und deren Einfluss auf die steuerliche Gewinnermittlung, Bieg et. al. (2006), S. 29 ff., Herzig (2004), S. 173 ff.

52 Vgl. Coenenberg (2005), S. 14, 552 ff.

tragslage der Kapitalgesellschaft zu vermitteln."[53] Zur Erfüllung der Funktionen besteht der Jahresabschluss einer Kapitalgesellschaft nach § 242 Abs. 3 HGB aus einer Bilanz, einer GuV und muss gemäß § 264 Abs. 1 HGB durch einen Anhang sowie nach Maßgabe des § 289 HGB um einen Lagebericht ergänzt werden.[54]

Die Beachtung der Grundsätze ordnungsgemäßer Buchführung (GoB) ist nach § 243 Abs. 1 das Fundament der Erstellung eines handelsrechtlichen Jahresabschlusses und Bestandteil der Generalnorm des § 264 Abs. 2 HGB. Die GoB selbst setzen sich aus formellen (Dokumentationsgrundsätze) und materiellen Grundsätzen (Bilanzierungsgrundsätze) sowie kodifizierten und informellen Einzelnormen zusammen. Als Ausfluss des Kapitalerhaltungszweckes im handelsrechtlichen Jahresabschluss ist das Vorsichtsprinzip normierter Bestandteil der GoB und wird durch das in § 252 Abs. 1 Nr. 4 HGB kodifizierte Realisations- und Imparitätsprinzips konkretisiert.[55]

Gemäß dem Realisationsprinzip dürfen am Abschlussstichtag in der Bilanz nur Gewinne ausgewiesen werden, die bis dato auch tatsächlich realisiert wurden. Bis zum Zeitpunkt der Realisation sind Vermögensgegenstände, gemäß dem Anschaffungswertprinzip nach § 253 Abs. 1 HGB, maximal zu ihren Anschaffungs-/Herstellungskosten bilanziell anzusetzen. Umgekehrt verlangt das Imparitätsprinzip die bilanzielle Berücksichtigung potentieller Verluste aus vorhersehbaren Risiken. Das Imparitätsprinzip wird durch die Niederstwertvorschriften in § 253 Abs. 3 HGB für das Anlagevermögen und in § 253 Abs. 4 HGB für das Umlaufvermögen nochmals dahingehend konkretisiert, dass Vermögensgegenstände, die einer Wertminderung unterliegen, auch erfolgsmindernd Rechnung getragen werden muss.[56]

---

53 Vgl. weiterführend Baetge/Kirsch/Thiele (2007), S. 102.

54 Der Inhalt und die Form eines Konzernabschlusses nach HGB wird durch die §§ 297-299 HGB bestimmt. Durch § 297 Abs. 1 HGB weist der Konzernabschluss – zusätzlich zum Einzelabschluss einer Kapitalgesellschaft – zwingend einen Eigenkapitalspiegel aus. Darüber hinaus erlaubt § 297 Abs. 1 HGB beim Konzernabschluss die Hinzufügung einer Segmentberichterstattung.

55 Vgl. Baetge/Kirsch/Thiele (2007), S. 101, 132 ff.

56 Vgl. Baetge/Kirsch/Thiele (2007), S. 101, 132 ff.

Mit diesen, auf der dynamischen Bilanztheorie basierenden[57], Prinzipien sollen im handelsrechtlichen Jahresabschluss alle vorhersehbaren Risiken und Verluste zum Schutze der Gläubiger antizipiert werden. Sie eröffnen die Möglichkeit zur Bildung stiller Reserven, sofern Vermögensgegenstände Zeitwerte besitzen, die über den ursprünglichen Anschaffungs-/Herstellungskosten liegen und/oder der Gegenwartswert einer Schuld sich unterhalb des historischen Ansatzwertes befindet. Durch den imparitätischen Ansatz von Vermögen und Schulden wird bei Kapitalgesellschaften der ausschüttbare Gewinn im Sinne des Gläubigerschutzes gemindert und das Haftungskapital erhöht.[58] § 252 Abs. 1 Nr. 4 HGB macht insofern den Gläubigerschutz zum vorherrschenden Gestaltungsprinzip der handelsrechtlichen Rechnungslegung, obschon in der Neufassung des HGB 1986, durch Kodifizierung des *going-concern*-Prinzips (Fortführungsstatik) in § 252 Abs. 1 Nr. 2 HGB, der Rechenschaftsgedanke und damit die Informationsfunktion des handelsrechtlichen Jahresabschlusses dahingehend gestärkt wurde, dass nicht mehr, wie vor Neufassung des Gesetzes, übervorsichtig ermittelte Werte, sondern Fortführungswerte bilanziellen Ansatz finden müssen.[59] [60]

Der Ausweis von tendenziell „zu niedrigen" Gewinnen kann jedoch Investoren von der Bereitstellung von Kapital abhalten, wodurch Kapitalerhöhungen verhindert oder zumindest erschwert werden. Vielmehr ist durch den Nichtausweis unrealisierter, jedoch

---

57 Die dynamische Bilanztheorie, von *Eugen Schmalenbach* Anfang des 20. Jahrhunderts entwickelt bzw. begründet, postuliert, gegensätzlich zur statischen Vermögensbilanz, die periodenbezogene und vergleichbare betriebswirtschaftliche Erfolgsrechnung. So ist für *Schmalenbach* der Jahresabschluss ein Rechenschaftsinstrument zum Zwecke betrieblicher Steuerung; dieser soll allerdings auch externen Aufgaben als Handels- und Steuerbilanz genügen. Hinsichtlich der Unmöglichkeit, das wirkliche Fortführungsvermögen (den Unternehmenswert bzw. den Ertragswert eines Unternehmens) durch die statische Bilanz ermitteln zu können, akzeptiert *Schmalenbach*, zum Zwecke aussagefähigerer Gewinnermittlung, eine durch das Vorsichtsprinzip verzerrte Vermögensdarstellung in der dynamischen Bilanz. Vgl. weiterführend Moxter (1984), S. 29 ff., Coenenberg (2005), S. 1190 ff., Baetge/Kirsch/Thiele (2007), S. 17 ff., und die dort angegebene Primärliteratur. Hinsichtlich der teilweisen Verwurzelung der dynamischen Bilanztheorie von *Schmalenbach* in den Bewertungsprinzipien des HGB, vgl. Coenenberg (2005), S. 1192 f., und Baetge/Kirsch/Thiele (2007), S. 23.

58 Vgl. bspw. Coenenberg (2005), S. 45 f.

59 Durch § 252 Abs. 1 Nr. 2 des HGB von 1986 wurde erstmalig das *going-concern-Prinzips* im HGB kodifiziert. Bis dahin fiel das *going-concern*-Prinzip unter die GoB. Vgl. Ranker (2006), S. 99.

60 Hinsichtlich der Abwesenheit einer expliziten gesetzlichen Normierung können die beiden zentralen Zwecke der Rechenschaft und der Kapitalerhaltung als gleichgestellt betrachtet werden. Im Gesamtbild lässt sich im HGB ein Vorherrschen der Informationsfunktion oder der Ausschüttungsbemessungsfunktion auch nicht feststellen. Der Gesetzgeber beabsichtigt dadurch die Interessen bzw. die Schutzbedürfnisse der unterschiedlichen Jahresabschlussadressaten zu relativieren bzw. auszugleichen. Vgl. Baetge/Kirsch/Thiele (2007), S. 105 und weiterführend Leffson (1987), S. 104 ff.

ökonomischer Gewinne, sogar eine generelle Informationsasymmetrie zum Nachteil der Investoren anzunehmen, aus der eine Investitionshemmung resultieren kann.[61]

Die umfassende Erfüllung der Generalnorm des § 264 Abs. 2 HGB kann, vor dem Hintergrund des Vorsichtsprinzips, insofern bezweifelt werden. Und das nicht nur, weil, dem Gläubigerschutzgedanken entsprechend, tendenziell zu niedrige Gewinne ausgewiesen werden, die regelmäßig zu einer verzerrten Abbildung der wirtschaftlichen Gegebenheiten eines Unternehmens führen. Vielmehr kann auch die Auflösung stiller Reserven in folgenden Perioden Gewinne in Höhe der Differenzen zwischen Buch- und Zeitwerten produzieren, die eine irreführende Abbildung der in § 264 Abs. 2 HGB geforderten Abbildung tatsächlicher Verhältnisse nach sich ziehen.[62] [63]

Trotz des weitest gehenden Interessenausgleichs durch das HGB 1986, lassen die aus § 252 Abs. 1 Nr. 4 HGB zwingend resultierenden Informationsasymmetrien die GoB, zumindest teilweise, als unbrauchbar zur Informationsvermittlung und damit als nutzlos für einen externen Adressatenkreis, die Investoren, erscheinen.[64] [65] Obschon gleichberechtigt, führt die Funktionsdualität zwischen Ausschüttungsbemessung und Informationsvermittlung zwangsläufig zum Spannungsverhältnis. Investoren und Steuerämter fordern hohe Gewinnausweise. Gläubiger demgegenüber sind am Erhalt des Haftungskapitals interessiert.[66] Vollmer (2008) hält, unter Rückgriff auf Streim (1995), für eine Auflösung dieses Spannungsverhältnisses in den handelsrechtlichen Jahresabschlüssen allerdings zwei Möglichkeiten für gangbar: Entweder einen Bruch mit den gegenwärtigen Ansatz- und Bewertungsvorschriften des HGB, mit denen jedoch dessen Ausschüttungsbemessungsfunktion obsolet wird, oder – um der Ausschüttungsbemessung wei-

---

61 Vgl. Spindler (2004), S. 40 f., Kley (2001), S. 2257.

62 Vgl. Born (2007), S. 36, sowie Spindler (2004), S. 40 f.

63 Born (2007) führt aus, dass: *„... das Vorsichtsprinzip als Stütze des Gläubigerschutzes ... deutsche Rechnungswesenfachleute dazu verführt hat, auf die 'vorsichtige' deutsche Rechnungslegung eingebildet und stolz zu sein."* Der Stolz auf das Vorsichtsprinzip sei hinsichtlich der handelsrechtlichen Möglichkeit in Verlustjahren stille Reserven aufzulösen und dadurch Gewinne auszuweisen völlig ungerechtfertigt und insofern das Gegenteil des Gläubigerschutzes. Born fährt fort: *„Es wird in Deutschland völlig verdrängt, daß das Vorsichtsprinzip als Vorwand für eine heuchlerische Bilanzierung benutzt wird."* Born (2007), S. 36.

64 Vgl. Spindler (2004), S. 41.

65 So weist Coenenberg (2005), S. 46, darauf hin, dass stille Reserven wegen der Informationsverzerrung weder im Gläubiger- noch im Gesellschafterinteresse sind.

66 Vgl. Schierenbeck (2005), S. 332 f.

terhin zu genügen – die Informationsvermittlung durch die sonstigen Instrumente des Jahresabschlusses, also durch den Anhang und den Lagebericht, massiv zu steigern.[67]

Demgegenüber ist der Spagat zwischen Informationsvermittlung und Ausschüttungsbemessung in den IFRS nicht vorhanden. Die Funktion der IFRS besteht einzig und allein in der Informationsvermittlung. Ob und inwiefern sie dieser allerdings durch ihr Zeitwertkonzept *fair value* im Allgemeinen sowie dem von Investment Properties nach IAS 40 im Speziellen gerecht werden kann, wird – auf Grundlage der bisherigen Ausführungen – nunmehr erarbeitet werden. Zunächst werden die Ziele und die Rechnungslegungsprinzipien der IFRS dargestellt und darauf aufbauend die Informationsvermittlungsfunktion des *fair value* diskutiert.

2.2 Die Informationsfunktion der IFRS

2.2.1 Entwicklung und Grundkonzeption der IFRS

Seit Anfang des Jahres 2001 werden die IFRS vom International Accounting Standards Board (IASB) in London erstellt. Überwacht und delegiert werden die Arbeiten des IASB durch die International Standards Committee Foundation (IASCF), einer Stiftung privaten Rechts mit Sitz im US-Bundesstaat Delaware. Bis 2001 fiel diese Aufgabe der Vorgängerorganisation, dem 1973 in London gegründeten International Valuation Standards Committee (IVSC), zu.[68] Im Zuge der Neuausrichtung und Reorganisation 2001 änderte das IASB die bis dahin für die IVSC-Verlautbarungen geltende Bezeichnung „International Accounting Standards" (IAS) in „International Financial Reporting Standards" (IFRS) um. Die bereits verabschiedeten IAS behielten ihre Gültigkeit, werden aber seitdem gemeinhin unter dem Oberbegriff IFRS gefasst.[69]

Als privater Standardsetter besitzt das IASB keine legislativen Kompetenzen und die IFRS dadurch keine rechtliche Verbindlichkeit. Vor der Umsetzung einzelner IFRS in eu-

---

67 Vgl. Vollmer (2008), S. 256 bezieht sich auf Streim (1995), S. 721, der den Lagebericht für das eigentliche Informationsinstrument hält und nur durch ihn der gesetzliche Auftrag – *ein den tatsächlichen Verhältnissen entsprechendes Bild von der wirtschaftlichen Lage der Gesellschaft zu vermitteln* – möglich ist.

68 Vgl. zu der Entwicklung, der Organisation der IASCF und den Zielen des IASB, Pellens et. al. (2008)a, S. 80 ff., sowie Born (2007), S. 43 ff., und Bieg et. al. (2006), S. 41 ff..

69 Vgl. Pellens et. al. (2008)a, S. 85.

ropäisches Recht wird daher die Konformität der IFRS mit den EG-Richtlinien zur Rechnungslegung sowie deren Übereinstimmung mit den europäischen Interessen im Zuge eines formellen Anerkennungsverfahrens, dem Endorsement, durch die EU kontrolliert.[70] Die Verlautbarungen des IASB gelten, sofern sie denn anerkannt (*endorsed*) sind, für alle rechnungslegenden Unternehmen verpflichtend. Sie unterscheiden jedoch weder in Einzel- oder Konzernabschlüsse, noch treffen sie erleichternde Abstufungen hinsichtlich der Größe des Unternehmens oder lassen Sonderbestimmungen[71], mit Ausnahme für öffentliche Unternehmen sowie für bestimmte eigenkapitalfreie Investmentfonds oder Genossenschaften u.ä. zu.[72]

Der Rechnungslegung nach IFRS liegt ein zweistufiges Konzept zugrunde. Der Zweck, die Ziele und die Prinzipien der IFRS-Rechnungslegung, der so genannte theoretische Unterbau, sind im sogenannten Framework und im IAS 1 bestimmt. Einzelfragen der Rechnungslegung werden in Standards geregelt. Die einzelnen Standards befassen sich dabei mehr oder minder konkret mit bestimmten Aspekten der Rechnungslegung und unterliegen keiner einheitlichen Systematik. Vielmehr erfolgt deren Betrachtung kasuistisch, entsprechend der Tradition des angelsächsischen *case-law,* aus der sie auch entsprungen sind.[73]

Das Framework[74] selbst ist gemäß F.2 jedoch kein Standard, sondern bestimmt erstens die Ziele der Jahresabschlüsse und zweitens die qualitativen Charakteristika der IFRS. Das Framework definiert drittens Abschlusspositionen, nach deren Ansatz, (Bilanzierung dem Grunde nach) sowie deren Bewertung (Bilanzierung der Höhe nach), und viertens die Konzepte der Kapitalerhaltung.[75] Die vier wesentlichen Regelungsbereiche des Frameworks dienen in erster Linie als Deduktionsgrundlage für die Erstellung neuer wie für die Überarbeitung alter IFRS und sollen darüber hinaus dem bilan-

---

70 Vgl. zum Prozess des Endorsement der IFRS in der EU Pellens et. al. (2008)a, S. 96 ff., sowie Coenenberg (2005), S. 23, ebenfalls Heuser/Theile (2007), S. 18 ff., Rz. 55 ff., sowie Bieg et. al. (2006), S. 57 ff.

71 Vgl. IAS 1.8.

72 Vgl. IAS 1.5. und IAS 1.6.

73 Vgl. zum Einfluss der Rechtssysteme auf die Ausgestaltung der Rechnungslegung, Pellens et. al. (2008)a, S. 34 ff., sowie Bieg et. al. (2006), S. 36.

74 Zitationsweise des Framework im Folgenden F. Nummer.

75 Vgl. F. 5.

zierenden Unternehmen als Leitfaden für Sachverhaltsdarstellungen geben, deren Regelung die IFRS nicht oder noch nicht umfassen.[76] [77] Da das Framework durch seine subsidiäre Natur nicht verpflichtend ist[78], finden sich im IAS 1 *(presentation of financial statements)* wesentliche Inhalte des Frameworks wieder, wodurch sie für das rechnungslegende Unternehmen zwingend werden.[79] [80]

2.2.2 Zielsetzung der IFRS-Abschlüsse

Die Verordnung (EG) Nr. 1606/2002 führt in ihrem Vorwort 18 Gründe aus, nach deren Abwägung diese erlassen wurde. Darunter wird in Absatz 4 erklärt, dass der Erlass der Verordnung von der Absicht getragen ist, einen Anteil zur effizienten und kostengünstigen Funktion der Kapitalmärkte beizutragen, den freien Kapitalverkehr im Binnenmarkt zu unterstützen und es den Unternehmen zu ermöglichen, sowohl auf EU-gemeinschaftlichen als auch auf weltweiten Kapitalmärkten unter Wettbewerbsgleichheit um Finanzmittel zu konkurrieren.

Mit der Absicht, als Metazweck[81], zur Effizienzsteigerung des Kapitalmarktes beizutragen, erklärt sich auch das vorrangige Ziel des IASCF, und zwar mit Hilfe des IASB, ein qualitativ hochwertiges, verständliches Rechnungslegungssystem zu entwickeln und zu konstituieren, welches den Bilanzadressaten an den weltweiten Kapitalmärkten Hilfestellung beim Treffen wirtschaftlicher Entscheidungen gibt.[82] [83] Die weltweite

---

76 Vgl. F. 1.

77 Insofern soll das Framework für das bilanzierende Unternehmen einerseits eine Auslegungs- und andererseits eine Lückenfüllungsfunktion einnehmen. Vgl. Heuser/Theile (2007),S. 42, Rz. 251.

78 Vgl. F. 3.

79 Vgl. zu den konzeptionellen Grundlagen des Framework Lüdenbach/Hoffmann (2009), S. 28 f., Rz. 1 ff., sowie Pellens et. al. (2008)a, S. 107 ff., auch Born (2007), S. 65 ff., sowie Baetge/Kirsch/Thiele (2007), S. 145 ff., und Bieg et. al. (2006), S. 65 ff.

80 Ausgelöst durch vielseitige Kritik am Framework, läuft gegenwärtig ein Konvergenzprojekt zwischen IASB und FASB zur Erstellung eines einheitlichen Rahmenkonzepts. Dieses soll bestehende Inkonsistenzen abbauen und zukünftig beiden Standardsettern als Grundlage der Rechnungslegungsnormen dienen. Vgl. weiterführend Pellens et. al. (2008)a, S. 128 ff.

81 Vgl. Bieker (2005) S. 29 definiert den Metazweck jeglicher Rechnungslegung in der Absicht zur Steigerung der Allokationseffizienz. Pellens et. al. (2008)a, S. 3 sehen denselben in der Verringerung der Informationsasymmetrie zwischen Rechnungsleger und Rechnungslegungsadressaten. Inhaltlich sind die Aussagen zum Metazweck der Rechnungslegung identisch, da, wie im Kapitel 3 aufgezeigt wird, die Steigerung der Allokationseffizienz die Verringerung Informationsasymmetrie bedingt bzw. verlangt.

82 Vgl. IASB (2010) http://www.iasb.org/The+organisation/IASCF+and+IASB.htm;

Durchsetzung und Anwendung derselben sowie das Bestreben, die begonnenen internationalen Harmonisierungsprozesse der Rechnungslegung voranzubringen, sind weitere Ziele, die das IASCF durch das IASB verfolgt.[84]

Indessen lässt sich die Zielsetzung der IFRS aus dem wesentlichen Ziel des IASB ableiten und wird in F. 12 und IAS 1.7 mit: "*... to provide information about the financial position, performance and changes in financial position of an enterprise that is useful to a wide range of users in making economic decision",* auch entsprechend formuliert.

Der in F. 12 angesprochene Adressatenkreis wird in F. 9 näher bestimmt und umfasst Investoren, Arbeitnehmer, Kreditgeber, Lieferanten und andere Gläubiger, Kunden, Regierungen und die Öffentlichkeit. Das IASB geht in F. 10 jedoch explizit davon aus, dass der Informationsbedarf von Investoren – hinsichtlich deren Risikokapitalgeberschaft – mit den Informationsbedürfnissen aller weiter angeführten Bilanzadressaten weitestgehend deckungsgleich ist und mit Befriedigung der Informationsinteressen der Investoren auch den Informationsinteressen aller anderen Bilanzadressaten Genüge getan wird.[85] Diesen Automatismus begründet das IASB allerdings nicht. Insofern stellen Investoren als Risikokapitalgeber[86] den Bilanzadressatenkreis dar, der im primären Fokus der IFRS steht und an den die Jahresabschlussinformationen auch vornehmlich gerichtet sind.

---

83 Im *Preface to IFRSs* definiert das IASB sein vornehmlichstes Ziel noch etwas differenzierter. Dort heißt es in Art. 6a, dass die Aufgaben des IASB von der Absicht getragen werden: *„to develop in the public interest, a single set of high quality, transparent understandable and enforceable global accounting standards that require high quality, transparent and comparable information in financial statements and other financial reporting to help participants in the various capital markets of the world and other users of the information to make economic decisions".*

84 Vgl. IASB (2010) http://www.iasb.org/The+organisation/IASCF+and+IASB.htm;

85 Vgl. zu den Informationsbedürfnissen und den daraus resultierenden Interessenskonflikten der verschiedenen Jahresabschlussadressaten der IFRS Pellens et. al. (2008)a, S. 111 f. sowie Bieg et. al. (2006), S. 12 ff.

86 Obschon das IASB den Kreditgeber gesondert und nur nachrangig nennt, ist die Beschreibung als Investor auch für diesen zutreffend, und zwar dann, wenn man die Überlassung von Risikokapital durch den Kreditgeber ebenfalls unter das begriffsbestimmte Charakteristikum einer Investition fasst, indem von den – zweifellos unterschiedlichen Ausfallrisiken beider Kapitalgeber – abstrahiert wird. Ausfallbedroht sein können letztlich die Ansprüche des Eigenkapitalgebers ebenso wie die des Fremdkapitalgebers. Vgl. Vollmer (2008), S. 171.

Aus den Zielen des IFRS ergibt sich auch der Zweck der IFRS-Informationen: gemäß F.15 sollen entscheidungsrelevante Informationen *(decision usefullness)* die Investoren als primären Adressatenkreis nämlich in die Lage versetzen „... *an evaluation of the ability of an enterprise to generate cash and cash equivalents and of the timing and certainty of their generation"*, treffen zu können.[87] [88] Diese Informationen entsprechen nach F.9a den Bedürfnissen von Investoren, da diese sich, nach Annahme des IASB, mit den Risiken und Erträgen ihrer Anlagen befassen und Informationen benötigen, die ihnen bei der Entscheidungsfindung hinsichtlich des Kaufens, des Haltens oder des Abstoßens ihrer Investitionen dienlich sind.

Die definierte Zielsetzung der IFRS erfüllt nach dem Konzept der *true and fair view bzw. der fair presentation*[89] die Funktion eines *overriding principle,* eines obersten Bilanzierungsgrundsatzes, weshalb sie ein Abweichen von einzelnen Bestimmungen auch immer dann als notwendig erklären, wenn dadurch die Zielsetzung der IFRS verletzt würde. Das jedoch stellt nach IAS 1.17 einen Ausnahmecharakter dar, der nur in „*extremely rare circumstances"* zu erwarten ist. Vielmehr unterstellt IAS 1.13, dass die Anwendung der IFRS – wenn erforderlich, um zusätzliche Angaben ergänzt – dazu führen, dass die Abschlüsse „...*present fairly the financial position, financial performance and cash flows of an entity"*. Damit korrespondierend untersagt IAS 1.14, dass Abschlüsse nur im Falle der Erfüllung sämtlicher Anforderungen der IFRS als IFRS

---

87 Ähnlich formuliert ist IAS 1.7

88 In F. 14 wird als weitere Zielsetzung der IFRS genannt, dass der Abschluss die Bilanzadressaten in die Lage versetzen soll, das Management eines Unternehmens hinsichtlich dessen Führung, Leistung, Qualität und Effizienz beurteilen zu können, um anhand dieser Informationen wirtschaftliche Entscheidungen bspw. in Form von „... *whether to hold or sell their investment in the enterprise or wheater to reappoint or replace the management"* treffen zu können. Insofern berührt die Zielsetzung der IFRS auch das Konzept der Rechenschaft (*stewardship*), indem – gemäß F. 14 - die Abschlüsse dem Investor Aufschluss über die Ergebnisse der Tätigkeiten der Unternehmensführung und deren Verantwortlichkeit für das überlassene Kapital ermöglichen. Das IASB beabsichtigt jedoch, das Konzept der Rechenschaft nicht mehr namentlich aufzuführen, da es sich implizit aus dem eigentlichen Ziel der IFRS erschließe. Vgl. Pellens et. al. (2008), S. 113, sowie Ballwieser (2009), S. 12 f.

89 Der Begriff des „*true and fair view"* ist lediglich Bestandteil des Framework. F. 46 führt aus: *"Financial statements are frequently described as showing a true and fair view of, or presenting fairly, the financial position, performance and changes in financial position of an enterprise."* Über den verpflichtenden IAS 1.19 wird jedoch das Prinzip der „*fair presentation"* zur Generalnorm der IFRS erhoben, indem die IAS 1.20 bis IAS 1.24 eine Abweichung von einzelnen Standards ermöglichen, sofern nur dadurch eine „*fair presentation"* erreicht werden kann. Vgl. weiterführend Pellens et. al. (2008), S. 119, sowie Baetge/Kirsch/Thiele (2007), S. 150.

konform deklariert werden dürfen.[90] [91] Diese Anforderungen umfassen nach IAS 1.8 eine Bilanz, eine GuV, eine Eigenkapitalveränderungs- und eine Kapitalflussrechnung sowie einen Anhang.

2.2.3 Rechnungslegungsprinzipien der IFRS

Da die unzweifelhafte Kodifizierung von Rechnungslegungsnormen nicht möglich ist, bedürfen diese Rechnungslegungsprinzipien Auslegungs- und Orientierungshilfen. Diese sind in den IFRS Bestandteil des Frameworks und im Falle von Auslegungsfragen oder Regelungslücken der einzelnen Standards als Deduktionsgrundlage heranzuziehen. Fußt der Jahresabschluss auf diesen Prinzipien, entspricht er den Ansprüchen der IFRS und erfüllt, nach Ansicht des IASB, normativ den durch ihn beabsichtigten Zweck.[92]

Die Rechnungslegungsprinzipien der IFRS unterteilen sich in Basisannahmen, Primärforderungen, Sekundärforderungen und Nebenbedingungen und werden zur theoretischen Fundierung der weiteren Diskussion in ihren wesentlichen Zügen dargestellt.

2.2.3.1 Basisannahmen

Die Basisannahmen *(underlying assumptions)* der IFRS sind die Annahme der Periodenabgrenzung *(accrual principle)* und die der Unternehmensfortführung *(going concern*

---

90 Vgl. zur Zielsetzung der IFRS weiterführend Heuser/Theile (2007), S. 43 ff., Rz. 260 ff.

91 Lüdenbach/Hoffmann (2009), S. 53 ff., Rz. 71 ff. weisen der Argumentation hinsichtlich des *„true and fair view bzw. der fair presentation"* der IFRS die normative Funktion einer vorreformatorischen Katechismusregel zu. Die Vorteilhaftigkeit dessen, also von Normen die auf Katechismusregeln basieren, liege in der höheren Uniformität (öffentlichen) Agierens. Negativ an einer Einzelfallregelung – hier im Hinblick auf das *case-law* – sei, dass diese nur zur formellen Regelbeachtung anhielten, wodurch ein abweichendes, umgehendes Verhalten oder auch die Nutzung von Regelungslücken usw. gefördert werde. Demgegenüber unterstreiche das reformatorische Gegenmodell die Erfordernis und den Vorrang von materieller Normtreue sowie die Relevanz eigener Urteilsbildung. Jedoch, bedinge das, hinsichtlich des Stützens auf Prinzip und eigene Urteilsbildung, eine Tendenz zur Unordnung. Deshalb scheinen nach Ansicht von Hoffmann/Lüdenbach viele Gründe die Existenz von einer Katechismusregel im Zusammenhang mit den IFRS zur rechtfertigen. Allerdings könne die Erfüllung der *„true and fair view bzw. der fair presentation"* nicht in der imperativen Form verstanden werden. So bedinge die Beachtung der IFRS nicht nachweislich die Darstellung tatsächlicher Verhältnisse. Lüdenbach/Hoffmann (2009), S. 56, Rz. 73. führen daher aus: *„Als wirklichkeitsgetreue Abbildung ist per Definition anzuerkennen, was in Befolgung der IFRS-Regeln zustande gebracht wird. Diese normative und definitorische Aussage entzieht sich wie jeder derartige Satz einer Widerlegung durch empirische Beobachtung."*

92 Vgl. F. 46. und weiterführend Baetge/Kirsch/Thiele (2007), S. 149 f.

principle[93]). Das Konzept der Periodenabgrenzung findet sich im F. 22 und im IAS 1.27. Danach sind alle Geschäftsvorfälle zum Zeitpunkt ihres Eintritts, unter sachlichen und chronologischen Prämissen des betrieblichen Ablaufs, in der Rechnungsperiode und nicht erst bei erfolgtem Zahlungsfluss zu erfassen. Hiervon ausgenommen ist die Kapitalflussrechnung, deren Aufgabe die Abbildung des tatsächlichen betrieblichen Zahlungsflusses ist. Dem Konzept der Unternehmensfortführung unterliegt der Jahresabschluss gemäß F. 13 und IAS 1.23, bis die Unternehmensleitung die Unternehmenstätigkeit einstellt oder einstellen muss.[94]

2.2.3.2 Qualitative Jahresabschlussanforderungen der IFRS

Neben den genannten Basisannahmen stellt das Framework vier Primärgrundsätze an die Qualität des Jahresabschlusses (*qualitative characteristics).*[95] Darunter fallen nach F. 24: die Verständlichkeit (*understandability*), die Relevanz (*relevance*), die Verlässlichkeit (*reliability*) und die Vergleichbarkeit (*comparability*). Allerdings werden die Primärgrundsätze der Relevanz und Verlässlichkeit angesichts ihrer Maßgeblichkeit für die Entscheidungsrelevanz von Informationen durch Sekundärgrundsätze weitergehend konkretisiert.[96] Der Sekundärgrundsatz der Stetigkeit (*consistency*) aber leitet sich aus dem Primärgrundsatz der Vergleichbarkeit (*comparability*) ab.[97]

Nachfolgend die Primär- und Sekundärforderungen[98] der IFRS-Rechnungslegung im Einzelnen:

---

93 In dieser Arbeit als *going-concern*-Prinzip bezeichnet.

94 Sofern ein Abschluss nicht auf der Annahme der Unternehmensfortführung basiert, so sind die Gründe hierfür anzugeben. Vgl. IAS 1.23.

95 F. 24 definiert: *Qualitative characteristics are the attributes that make the information provided in financial statements useful to users"*

96 Hinsichtlich der Subsidiarität des Frameworks sind auch die Primärforderungen – gegenüber den im IAS 1 normierten Basisannahmen – nachrangig.

97 Vgl. Ruhnke (2008), S. 229 f.

98 Die Primär- und Sekundärgrundsätze werden in der einschlägigen Literatur auch als Primär- bzw. Sekundärforderungen bezeichnet.

- **Primärgrundsatz der Verständlichkeit (*understandability*)**

Gemäß des Primärgrundsatzes der Verständlichkeit nach F. 25 ist die Verständlichkeit einer Abschlussinformationen für deren Qualität wesentlich bzw. maßgebend. Durch F. 25 soll gewährleistet werden, dass der Bilanzadressat sich binnen einer angemessenen Frist einen Überblick über die Vermögens-, Finanz- und Ertragslage eines Unternehmens verschaffen kann. Da das IASB unterstellt, dass der typische Bilanzadressat sachkundig ist und über Rechnungslegungs- und ökonomische Kenntnisse verfügt, müssen auch schwierige oder komplexe Sachverhalte, sofern sie dessen Entscheidungsfindung dienlich und daher relevant sind, zwingend dargelegt werden. Die Berufung auf die vermeintliche Unverständlichkeit komplexer bzw. schwieriger Abschlussinformationen ist insofern auch nicht statthaft. Der Verzicht auf die Angabe komplexer Abschlussinformationen steht vielmehr dem Ziel der IFRS entgegen und verletzt das Sekundärprinzip der Vollständigkeit:

- **Primärgrundsatz der Relevanz (*relevance*)**

Die Primärgrundsatz der Relevanz korrespondiert eng mit der Zielsetzung der IFRS, der Vermittlung entscheidungsrelevanter Informationen. In F. 26 definiert das IASB die Relevanz von Rechnungslegungsinformationen als dann gegeben, sofern *„... it influences the economic decisions of users by helping them evaluate past, present or future events or confirming, or correcting, their past evaluations."*[99] Aufbauend auf F. 26 erklärt F. 27 die Relevanz von Informationen als gegeben, wenn sie entweder einen Vorhersagewert (*predictive value)* oder einen Bestätigungswert (*feedback value)* haben, sie es also dem Bilanzadressaten ermöglichen, zukünftige Ereignisse genauer einschätzen zu können respektive seine früheren Erwartungen bestätigen oder revidieren kön-

[99] Ballwieser (2009), S. 13, bemängelt richtigerweise die verwirrenden Ausführungen und unzureichenden begrifflichen Trennungen des F. 26 hinsichtlich der Relevanz und der Nützlichkeit einer Information. F. 26 definiert nämlich zunächst: *„To be useful, information must be relevant to the decision-making needs of users."* Ballwieser merkt deshalb auch an: *"Relevanz ist das Fremdwort für Wichtigkeit oder Erheblichkeit, damit Nützlichkeit. Umgekehrt ist nach allgemeinem Sprachgebrauch Nützliches erheblich oder wichtig. Ist etwas nützlich, aber irrelevant oder etwas irrelevant, aber nützlich?"* Der in dieser Arbeit benutzte Begriff der Entscheidungsrelevanz einer Information impliziert daher auch deren Entscheidungsnützlichkeit und vice versa. Vgl. jedoch für die Differenzierung zwischen den Begriffen Entscheidungsrelevanz und Entscheidungsnützlichkeit einer Information, Ruhnke (2008), S 38 f.

nen.[100] Überwiegend vereinen relevante Informationen beide Eigenschaften in sich, was sich nach Annahme des IASB in F. 28 dahingehend auswirkt, dass dem Investor durch die Vermittlung relevanter Informationen die Fähigkeit verliehen wird, eine Überprüfung und Optimierung seines rationalen Entscheidungs- bzw. Prognosemodells vorzunehmen. Hinsichtlich der Menge der Informationen, die eine konsequente Anwendung des F. 26 für das bilanzierende Unternehmen sowie für den Bilanzadressaten bedeuten würde (d.h. die weitestgehende Angabe aller verfügbaren Informationen), wird die zu veröffentlichende Menge an Informationen durch den Sekundärgrundsatz der Wesentlichkeit (*materiality*) abgemildert.

Die Wesentlichkeit von Informationen unterteilt sich gemäß F. 29 und F. 30 in zwei Dimensionen: die qualitative und quantitative Wesentlichkeit. Informationen sind für den Bilanzadressaten qualitativ wesentlich, wenn sie aufgrund ihrer Art einen Wert besitzen; dies allein reicht aus, Relevanz zu begründen.[101] Für die Relevanz von Rechnungslegungsinformationen ist die qualitative Dimension gemäß F. 29 somit zwingend notwendig. Demgegenüber ist die quantitative Dimension der Wesentlichkeit von Rechnungslegungsinformationen eher als hinreichende Bedingung aufzufassen, weshalb F. 30 eine relativierende Konkretisierung der Primärforderung Relevanz vornimmt, indem sie diese wie folgt definiert: *„Information is material if its omission or misstatement could influence the economic decisions of users taken on the basis of the financial statements."*[102] Grundsätzlich müssen Informationen, um Relevanz zu erlangen, noch die Primärforderung der Verlässlichkeit erfüllen. Erst wenn eine Information verlässlich ist, kann sie auch entscheidungsrelevant sein.

- **Primärgrundsatz der Verlässlichkeit (*reliability*)**

Eng verkoppelt mit der Primärforderung der Relevanz, und dadurch mit der Zielsetzung der IFRS, ist die Primärforderung der Verlässlichkeit. Damit Informationen relevant sind, sie also einen *predictive value* oder einen *feedback value* für den Bilanz-

[100] Der Begriff *feedback value* ist aus den US-GAAP entlehnt. Vgl. Ruhnke (2008), S. 38.
[101] Vgl. IAS 1.11.
[102] In F. 30 wird ergänzend dazu ausgeführt, dass die Wesentlichkeit einer Information eher als Schwelle oder Grenzwert und weniger als qualitative Anforderung aufzufassen ist.

adressaten besitzen, müssen sie, wie bereits erwähnt, der Primärforderung der Verlässlichkeit genügen, denn erst wenn Informationen verlässlich sind, können sie auch relevant zur Entscheidungsfindung sein. So definiert F. 31: *„To be useful, information must also be reliable".* Insofern wirkt der Primärgrundsatz der Verlässlichkeit auch einschränkend auf den Primärgrundsatz der Relevanz.

Das IASB erklärt in F. 31 Informationen dann als verlässlich, sofern sie *„...free from material error and bias..."* sind und sie *„... represent faithfully that which it either purports to represent...".* Allerdings versteht das IASB jedoch nicht den gänzlichen Ausschluss und die Nichtexistenz von Ermessensspielräumen,[103] sondern eher eine „relative" Verlässlichkeit.

Die „uneingeschränkte" Objektivität im Sinne von Willkürfreiheit bzw. Manipulationsfreiheit, wie sie Baetge (1970) als Jahresabschlusskriterium formuliert und wonach die Informationen des Jahresabschluss intersubjektiv überprüfbar zu sein haben, kann daher nicht gewährleistet werden.[104] Streim/Bieker/Esser (2003) verstehen, im Kontext der Verlässlichkeit von *fair values,* unter einer verlässlichen Information insofern auch, dass diese *„...erstens möglichst objektiv und zweitens möglichst (treff-) genau ist."*[105] Objektive Rechnungslegungsregeln gewähren in dem Zusammenhang höchstens geringe Ermessensspielräume und kaum Freiräume zu handeln;[106] Objektivität bedeutet dann eine möglichst intersubjektive Überprüfbarkeit.

In F. 33 bis F. 38 konkretisiert das IASB den Primärgrundsatz der Verlässlichkeit durch fünf Sekundärgrundsätze, welche kumulativ erfüllt werden müssen. Dazu zählen im Einzelnen die Sekundärgrundsätze der glaubwürdigen Darstellung *(faithful representation),* der wirtschaftlichen Betrachtungsweise *(substance over form),* der Neutralität *(neutrality),* der Vorsicht *(prudence)* sowie der Vollständigkeit *(completeness).*

Der Sekundärgrundsatz der glaubwürdigen Darstellung *(faithful representation)* verlangt, alle Geschäftsvorfälle und andere Ereignisse den tatsächlichen Verhältnissen

---

103 Vgl. Huschke (2007), S. 87 f.
104 Vgl. Baetge (1970), S. 16 f.
105 Streim/Bieker/Esser (2003), S. 472 f., dies. auch (2005), S. 102.
106 Vgl. Streim/Bieker/Esser (2003), S. 472 f., dies. auch (2005), S. 102.

gemäß abzubilden. Ist dies für das Management eines Unternehmens problembehaftet, weil die Einschätzung von Sachverhalten bei bestem Wissen nur sehr unsicher sein kann, so kann es mitunter sachgerecht sein, die Informationen, allerdings unter zwingender Angabe des Fehlerrisikos, trotzdem zu veröffentlichen.[107] [108]

Nach dem Sekundärgrundsatz der wirtschaftlichen Betrachtungsweise *(substance over form)* ist das bilanzierende Unternehmen gehalten, Sachverhalte nicht nur rechtlichen Prämissen entsprechend darzustellen. Vielmehr sind die wirtschaftlichen Zusammenhänge und Verhältnisse beachtenswert und daher vornehmlich in der Bilanz bzw. im Jahresabschluss abzubilden.

Informationen sind neutral und damit unverzerrt in der Bilanz anzugeben. Dies ist nach Ansicht des IASB dann der Fall, wenn sie nicht beabsichtigen, die Entscheidungsfindung des Adressaten in eine bestimmte Richtung zu steuern. Insofern greift der Sekundärgrundsatz der Neutralität *(neutrality)*, wenn bspw. versucht wird, durch zu optimistische Schätzungen oder Sachverhaltsdarstellungen Bilanzpolitik zu betreiben.

Beim Sekundärgrundsatz der Vorsicht *(prudence)* handelt es sich in erster Linie um eine Auslegungsregel,[109] die darauf abzielt, überhöhte Gewinnausweise beim Vorliegen von Ermessensspielräumen durch die Überbewertung von Vermögensgütern bzw. die Unterbewertung von Schulden zu verhindern. Das IASB formuliert in F.37: *„Prudence is the inclusion of a degree of caution in the exercise of the judgements"*. Bei Unmöglichkeit exakter Wertermittlungen sind daher Werteinschätzungen unter der Maßgabe der Vorsicht vorzunehmen. Die Bildung stiller Reserven, resultierend aus der Unterbewertung von Vermögensgütern oder der Überbewertung von Schulden, sowie eine überhöhte Bewertung von Rückstellungen, schließt F. 37 vor dem Hintergrund der Verletzung des Sekundärgrundsatzes der Neutralität und der Primärforderung der Verläss-

---

[107] Vgl. F. 34.

[108] Im Zuge des Neuentwurfs des Frameworks wird darüber diskutiert, ob der Sekundärgrundsatz der glaubwürdigen Darstellung (*faithful representation*) den Primärgrundsatz der Verlässlichkeit ablösen soll. Vgl. weiterführend Pellens et. al. (2008)a, S. 129 f., sowie Lorson/Gattung (2007).

[109] Vgl. Vollmer (2008), S. 174.

lichkeit deshalb auch explizit aus. Das Vorsichtsprinzip findet sich insofern auch in den IFRS, allerdings nicht mit der Intention wie im HGB.[110]

Abschließend wird der Primärgrundsatz der Verlässlichkeit durch den Sekundärgrundsatz der Vollständigkeit *(completeness)* konkretisiert. Nach F. 38 können Informationen nur unter der Prämisse der Vollständigkeit auch verlässlich sein. Folglich ist ein Weglassen von Informationen nicht statthaft, da hierdurch ein Abschluss falsch oder zumindest irreführend und damit unzuverlässig werden kann. Einschränkend auf den Sekundärgrundsatz der Vollständigkeit wirkt, neben Kosten-Nutzen-Aspekten, allerdings die Primärforderung der Relevanz mit den Sekundärgrundsätzen der Wesentlichkeit.

- **Primärgrundsatz der Vergleichbarkeit (*comparability*)**

Der Primärgrundsatz der Vergleichbarkeit findet sich in F. 39. Danach müssen Rechnungslegungsinformationen der Forderung genügen sowohl interperiodisch als auch zwischenbetrieblich vergleichbar zu sein. Damit soll dem Bilanzadressaten ermöglicht werden, die Tendenzen des Unternehmens hinsichtlich der Entwicklung der Vermögens-, Finanz-, und Ertragslage sowohl im internen als auch im unternehmensexternen Vergleich erkennen zu können.

Das bedingt jedoch eine formelle und eine materielle Stetigkeit *(consistency)*. Die Änderung der Bilanzierungs- und Bewertungsmethoden und die Auswirkungen derer müssen deshalb gemäß F. 40 offengelegt werden. Der Stetigkeitsgrundsatz soll jedoch immer dann durchbrochen werden, wenn eine abweichende Darstellung oder ein abweichender Ausweis eine zuverlässigere und damit relevantere Informationsabbildung erwarten lässt. Angesichts der Nachrangigkeit des Grundsatzes der Stetigkeit, ist die Primärforderung der Vergleichbarkeit daher auch immer dann zu vernachlässigen, wenn diese die Erfüllung der Primärforderungen der Zuverlässigkeit oder der Relevanz beeinträchtigt.[111] [112]

---

110 Vgl. Baetge/Kirsch/Thiele (2007), S. 149, sowie Heuser/Theile (2007), S. 49, Rz. 271.

111 Vgl. F. 41 und IAS 8.14 (b)

112 Aus dem Primärgrundsatz der Vergleichbarkeit ergeben sich die Stetigkeitsprinzipien. Die formelle Stetigkeit erfordert die Beibehaltung der Darstellung und des Ausweises im Jahresabschluss und ist

2.2.3.3 Nebenbedingungen

Die Primärgrundsätze der Relevanz und der Verlässlichkeit werden im Framework um relativierende Nebenbedingungen (Sekundärgrundsätze) erweitert. Darunter fallen nach F. 43 die Nebenbedingung der Zeitnähe *(timeliness),* nach F. 44 die Nebenbedingung der Abwägung von Nutzen und Kosten *(balance between benefit and cost)* sowie gemäß F. 45 die Nebenbedingung der Abwägung der qualitativen Anforderungen an den Abschluss *(balance between qualitative characteristics).*

Für die Relevanz von Informationen ist deren Zeitnähe elementar. Insofern ist das bilanzierende Unternehmen nach F. 43 grundsätzlich gehalten, möglichst zeitnah zu berichten, um den Informationsbedürfnissen der Investoren gerecht zu werden. Da am Bilanzstichtag vielfach noch nicht alle Einzelheiten von Geschäftsvorfällen hinreichend bekannt sind, kann das bilanzierende Unternehmen bei einer zeitnahen Berichterstattung Gefahr laufen, der Primärforderung der Verlässlichkeit nicht in vollem Umfang entsprechen zu können. Bei diesen Gegebenheiten ist das bilanzierende Unternehmen daher gezwungen, um *„...achieving a balance between relevance and reability..."* sicherzustellen, zwischen den beiden „Polen" abzuwägen.

Die Nebenbedingung der Abwägung von Nutzen und Kosten nach F. 44 ist weniger ein qualitatives Charakteristikum, sondern stellt in erster Linie einen Sachzwang dar, der verlangt, dass der Informationsnutzen höher sein muss als die damit verbundenen Informationsbeschaffungskosten. F. 44 erkennt jedoch die Probleme bei der Operationalisierbarkeit von „Kosten und Nutzen" hinsichtlich vorherrschender Ermessenspielräume explizit an. F. 45 schließlich mahnt, entsprechend der vorgegebenen Anforderungsgewichtung, zwischen den einzelnen Charakteristika des Abschlusses Ausgewogenheit an. Insbesondere die Primärforderungen der Relevanz und der Verlässlichkeit können dabei in einem Spannungsverhältnis, dem sogenannten *trade-off,*

---

die Bedingung für den interperiodischen und zwischenbetrieblichen Vergleich. Materielle Stetigkeit im Jahresabschluss liegt dann vor, wenn in aufeinanderfolgenden Jahresabschlüssen die gleichen Bewertungs- bzw. Ansatzmethoden zugrunde gelegt wurden. Vgl. weiterführend Ruhnke (2008), S. 229 ff., sowie Huschke (2007), S. 83 f.

stehen, was zum Zweifel an der Entscheidungsrelevanz einer Jahresabschlussinformation für den Investor führen kann.[113]

Nachfolgend ein Schaubild zum Überblick über die Prinzipien und Ziele der IFRS:[114] [115]

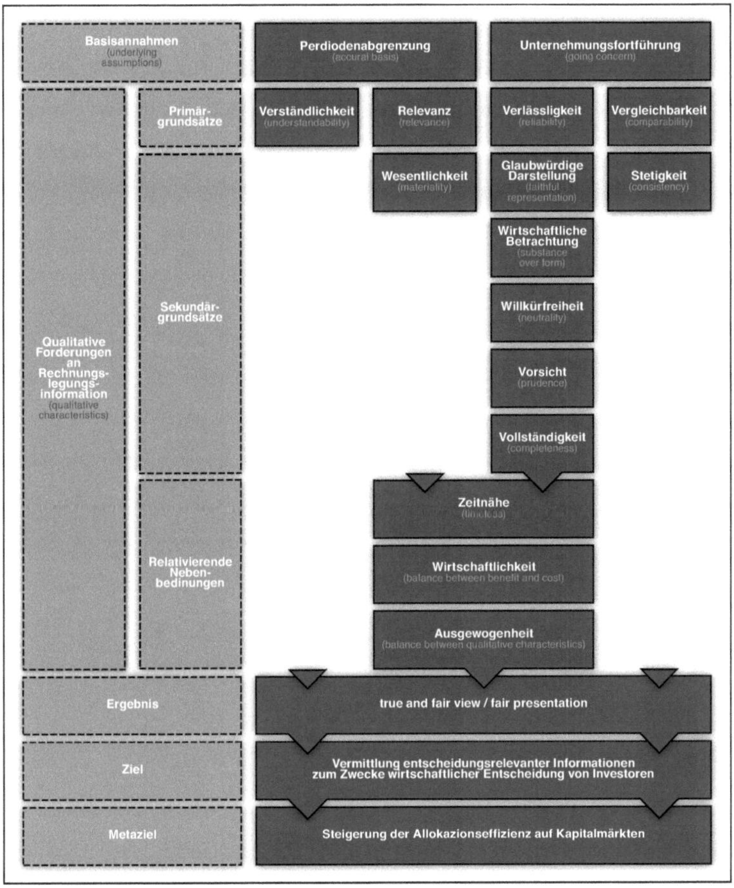

Abbildung 1: Grundsätze und Ziele der Rechnungslegung nach IFRS
Quelle: In Anlehnung an Ruhnke (2008), S. 220.

[113] Vgl. statt vieler: Pellens et. al. (2008)a, S. 118, sowie Kapitel 2.3.2.

[114] Abbildung in Anlehnung an Ruhnke (2008), S. 220.

[115] Vgl. zu den Basisannahmen, den Primärgrundsätzen und den dazugehörigen Nebenbedingungen (Sekundärgrundsätzen) des Frameworks weiterführend, Pellens et. al. (2008)a, S. 113 ff., Ruhnke (2008), S. 219 ff., und Baetge/Kirsch/Thiele (2007), S. 147 ff., sowie Coenenberg (2005), S. 58 ff.

2.3 Die Informationsfunktion fair value

Mit dem Zweck, den Interessen von Investoren zu genügen, besitzen die IFRS ausschließlich eine Informationsfunktion *(decision usefulness)*.[116] [117] Vor diesem Hintergrund wird auch die bewusste Bildung stiller Reserven durch F. 37 nicht gestattet. Das handelsrechtliche Vorsichtsprinzip zum Zwecke der Kapitalerhaltung steht der primären Zielsetzung der IFRS entgegen.[118] Vielmehr bestimmt der Fokus auf Investoren und deren Interessen das dominierende Gestaltungsprinzip der IFRS. Konträr zur handelsrechtlichen Rechnungslegung ist deshalb mit dem *fair value*, der als besonderer Ausdruck der Informationsfunktion der IFRS verstanden wird, die Antizipation zukünftigen ökonomischen Nutzens von Vermögensgegenständen oder Schulden durch die Bilanzierung jenseits „historischer" Anschaffungs-/Herstellungskosten zu Marktpreisen auch zwingend bzw. zulässig.[119]

Durch die bilanzielle Abbildung des Marktpreises eines Vermögenswertes oder einer Schuld beabsichtigt der *fair value* dahingehenden Informationsnutzen zu stiften, da er dem Investor eine Auskunft über die tatsächliche wirtschaftliche Leistungskraft des Unternehmens gibt, indem er die finanzielle Lage, die Ertragskraft sowie die Substanz möglichst objektiv abbildet. Hierdurch soll der *fair value* dem Investor eine Prognose darüber ermöglichen, welche zukünftigen Zahlungsströme bzw. Wertsteigerungen er aus seinem investierten oder noch zu investierenden Kapital erwarten darf.[120] Dies entspricht, so formulieren sinngemäß F.15 und IAS 1.7 unisono, den Interessen der Investoren deshalb, weil es ihnen hilft, *„rational"* wirtschaftliche Entscheidungen (*economic decisions*) zu treffen.

Mit der Offenlegung von stillen Reserven durch den *fair value* wird so eine Steigerung der Rating-Kategorien erwartet, als darin auch die Gelegenheit gesehen wird, die

[116] Vgl. bspw. Bieg et. al. (2006), S. 79, oder Coenenberg (2005), S. 19.

[117] Mit diesem Bezug fällt der IFRS-Abschluss auch als Ausschüttungsbemessungsgrundlage oder zur steuerlichen Gewinnermittlung weg, da die Ausschüttungs- und die Besteuerungsbemessung auf Grundlage unrealisierter Gewinne den einschlägigen Vorschriften des Handelsrechts entgegensteht. Vgl. weiterführend Bieg et. al. (2006), S. 5, 29 ff.

[118] Vgl. Schierenbeck (2005), S. 334 f., und Kußmaul/Weiler (2009)a, S. 165.

[119] Vgl. zur grundlegenden Diskussion der unterschiedlichen Ausgestaltung der Rechnungslegungssysteme nach HGB und IFRS, Theile (2007), S. 4 ff., Rz. 10 ff.

[120] Vgl. Heuser/Theile (2007), S. 3, Rz. 7, Streim/Bieker/Esser (2003), S. 470.

Chancen zukünftiger Produktentwicklungen aufgrund der Aktivierungserlaubnis von Investitionen effektiver darzustellen.[121] Auch wird im *fair value* die Möglichkeit gesehen, das Management eines Unternehmens dahingehend zu beurteilen, ob es Marktchancen wahrgenommen oder verpasst hat. Mit diesem Aspekt kann der *fair value* auch als Ausdruck eines Rechenschaftsgedanken im Sinne eines *„investor protection"* aufgefasst werden, weil er den Investoren als Schutzfunktion vor einem eigennützig handelnden Management dienen kann.[122] Die Erfassung von Marktschwankungen mittels des *fair value* erlaubt somit Rückschlüsse auf die Qualität des strategischen Risikomanagements eines Unternehmens.[123] Insofern werden durch den *fair value* „theoretisch" Informationsasymmetrien zwischen dem bilanzierenden Unternehmen und den Investoren aufgehoben.

2.3.1 Definition, Ausprägung und Anwendung des Zeitwertmaßstabes *fair value* in den IFRS

- **Definition des *fair value***

Aktuell gibt es in den IFRS noch keinen übergreifenden und gesonderten Standard, der eine einheitliche Konzeption und Ermittlungsvorschrift für den *fair value* beinhaltet.[124] Insofern findet sich gegenwärtig, der Tradition des angelsächsisch und kasuistisch geprägten Rechtsverständnisses folgend, die Definition des *fair value* als: *„The amount for which an asset could be exchanged, or a liability settled, between knowable, willing parties in an arm´s length transaction.",*[125] auch noch wortgleich in allen relevanten Standards.

---

121 Vgl. Spindler (2004), S. 41.

122 Vgl. F. 14 und FN 88.

123 Vgl. Streim/Bieker/Esser (2003), S. 458, Moitzi (2007), S. 29, und weiterführend über eine grundlegende Diskussion der Zeitwertbewertung, Spindler (2004), S. 82 ff.

124 Allerdings hat das IASB im Mai 2009 mit dem *„fair value* Measurement" einen alles übergreifenden und gesonderten Standardentwurf *„Exposure Draft"*, der eine einheitliche Konzeption und Ermittlungsvorschrift für den *fair value* beinhaltet, vorgelegt. Mit dem Standardentwurf sollen formale Redundanzen und mögliche Widersprüche in der Ermittlung des *fair value* beseitigt werden. Vgl. weiterführend Bieker (2007)a und Bieker (2007)b.

125 Vgl. bspw. IAS 40.5.

Übereinstimmend ist jedoch nicht, welchen Wertmaßstab die IFRS der Definition des *fair value* in den einzelnen IFRS unterlegen.[126] Der Wertmaßstab *fair value* wird in den Standards fallweise näher konkretisiert, weshalb die Definition des *fair value* vielmehr als eine Bezeichnung für verschiedene Wertkonglomerate aufzufassen ist, als dass sie einen feststehenden Wertbegriff der IFRS darstellt. Ebenso wie der Wertmaßstab *fair value* in den einzelnen Standards konkretisiert wird, trifft das auch für die Bewertungsvorschriften zu. Diese finden sich über die IFRS „verstreut".[127]

In der grundsätzlichen Vorstellung des IASB entspricht der *fair value* dem neoklassischen Ideal.[128] [129] Er wird kapitalmarkttheoretisch als Marktwert bzw. als Preisnotierung auf einem aktiven Markt aufgefasst, der aufgrund einer hypothetischen (einer fiktiven) Transaktion auf vollkommenen Märkten, also markttransaktionskostenfrei, an einem bestimmten (Bilanz-) Stichtag zustande gekommen ist.[130] [131] Der *fair value* stellt in seinem Ideal insofern einen Gleichgewichtspreis dar. Vor diesem Hintergrund weist Blaufus (2005) darauf hin, dass in der finanzwirtschaftlichen Literatur als Synonym für den Gleichgewichtspreis auch der Begriff *fair value* benutzt wird und mutmaßt: *„Als ‚fair' könnte dieser Preis deswegen bezeichnet werden, da er Vermögenszuwächse auf Kosten anderer unmöglich macht."*[132]

Angesichts der Abwesenheit vollkommener Märkte wird jedoch, abhängig von der Art des Vermögenswertes bzw. der Schuld, der *fair value* in den Standards dahingehend sachlich konkretisiert, dass dessen Bestimmung die individuellen Marktumstände und

---

126 Vgl. grundlegend zur Definition, Konzeption und den Ausprägungen des *fair value* in den IFRS, Hitz (2005), S. 57 ff., 81 ff., Coenenberg (2005), S. 104 f., 107 f., und Ballwieser/Küting/Schildbach (2004), S. 531 ff., sowie Spindler (2004), S. 51 ff.

127 Vgl. weiterführend zur gegenwärtigen Systematik der *fair value* Ermittlung in den IFRS, Theile (2007), S. 3 ff., sowie Heuser/Theile (2007), S. 71 ff., Rz. 470 ff., und Olbricht/Brösel (2007), S. 1444 f.

128 Ballwieser/Küting/Schildbach (2004), S. 532, bezeichnen diesen Wert als Benchmark des *fair value*.

129 Vgl. zur Definition und den zugrundeliegenden Prämissen des neoklassischen Ideals eines vollkommenen Marktes und den damit verbundenen Gleichgewichtsbedingungen im Allgemeinen, Frambach (2009) S. 16 f., sowie Picot/Dietl/Franck (2008), S. 35 ff., und Erlei/Leschke/Sauerland (2007), S. 43 ff., für den Kapitalmarkt im Speziellen, Schmidt/Terberger (1997), S. 91 ff.

130 So bspw. IAS 40.38: *„The fair value of investment property shall reflect market conditions at the balance sheet date."* Das Stichtagsprinzip wird in den IFRS jedoch nicht explizit genannt. Vgl. Baetge/Kirsch/Thiele (2007), S. 151 f.

131 Vgl. Olbricht/Brösel (2007), S. 1444, 1448, Blaufus (2005), S. 34, und Ballwieser/Küting/Schildbach (2004), S. 532, 535.

132 Blaufus (2005), S. 18.

den damit einhergehenden Informationsgrundlagen des betreffenden Bewertungsgegenstands Rechnung tragen kann.[133]

Der Wertmaßstab *fair value* stellt daher ein, in den betreffenden Standards der IFRS konkretisiertes, Marktwertsurrogat dar und ist folglich auch nicht als Synonym oder Äquivalent des Marktwertes aufzufassen.[134] Vielmehr ist der Begriff des Marktwertes kapitalmarkttheoretisch besetzt und definiert. Er bildet sich unter Annahme neoklassischer Modellannahmen im Kapitalmarktgleichgewicht als Datum. Der *fair value* jedoch ist das Ergebnis der tatsächlich vorliegenden Marktpreise auf unvollkommenen, also versagenden, Märkten.[135] [136] [137] Mit dem Umstand unvollkommener Märkte sind deshalb auch grundsätzlich drei verschiedene Marktwertsurrogate für den *fair value* denkbar: als *entry price, exit price oder value in use*.[138]

Obschon denkbar, allerdings nicht zulässig unter den angeführten Ausprägung des *fair value*, ist der *value in use*. Dieser stellt den unternehmensindividuellen Nutzungswert eines Vermögenswertes respektive den unternehmensindividuellen Auszahlungsbarwert einer Schuld dar und integriert insofern Elemente des originären Firmenwertes sowie Synergieeffekte, die aus der spezifischen Zusammensetzung der Vermögenswerte und/oder der Schulden resultieren.[139]

---

133 Vgl. Ballwieser/Küting/Schildbach (2004), S. 531 f.

134 Vgl. Bieker (2005), S. 11.

135 Schon beim Wegfall von nur einer Prämisse des vollkommenen Marktes liegt definitorisch Marktversagen vor – Marktgleichgewichte können nicht mehr erreicht werden. Vgl. Frambach (2009), S. 184.

136 Vgl. Bieker (2005), S. 11.

137 Vgl. für eine weiterführende Diskussion um den *fair value* als Marktpreis außerhalb der neoklassischen Modellwelt, insb. Blaufus (2005), S. 7 ff.

138 Vgl. weiterführend zu den möglichen Ausprägungen des *fair value* aufgrund unvollkommener Märkte, Hitz (2005), S. 59 ff., Dohrn (2004), S. 117 ff., 132, Zülch (2003), S. 8 f.

139 Vgl. Hitz (2005), S. 82 f., Dohrn (2004), S. 119 f., Zülch (2003), S. 9 f.

- **Ausprägung des *fair value* in den IFRS**

Welches Marktwertsurrogat bilanziell als *fair value* angesetzt wird, hängt im Allgemeinen davon ab, ob für die zu bewertenden Vermögenswerte oder Schulden eine Zugangs- oder Folgebewertung vorgenommen wird.[140]

Im Zuge des bilanziellen Erstansatzes erklären die Standards überwiegend den tatsächlichen beschaffungsmarktorientierten Preis eines Vermögenswertes oder den Aufnahmebetrag einer Schuld – den *„entry price"* – zum *fair value*. In der Folgebewertung lassen sie gezwungenermaßen zweit- oder ggf. drittbeste, auf den Absatzmarkt ausgerichteten Marktpreisapproximationen durch Schätzung (Vergleichswertverfahren), Barwert- respektive Ertragswertsimulation oder fortgeführte Wiederbeschaffungskosten in Form eines hypothetischen, fiktiven *exit price* als *fair value* zu.[141] [142] Hinsichtlich des *going-concern-Prinzips* der IRFS stellt der *exit-price* den Einzelveräußerungspreis eines Vermögenswertes oder den Einzelablösebetrag einer Schuld unter Annahme der Unternehmensfortführung (Fortführungsstatik) dar.[143]

Die Ermittlung des *fair value* erfolgt anhand eines Stufenkonzeptes, der so genannten *fair value*-Hierarchie.[144] Ausgehend vom neoklassischen Ideal der Marktwertbildung, das per definitionem alle gegenwärtigen und zukünftigen Markterwartungen antizipiert hat, tritt dabei mit jeder zu beschreitenden Stufe, durch die Zuhilfenahme von

---

[140] So können bspw. Investment Properties seit 1. Januar 2009 auch direkt zum *fair value* bilanziert werden, sofern sie vom bilanzierenden Unternehmen selbst hergestellt werden. Vgl. hierzu Kapitel 4.3

[141] Zwar definiert das IASB den *fair value* nicht explizit als *exit price*, trotzdem erschließe sich, nach Ansicht des IASB, diese Interpretation angesichts der Konsistenz mit dem Framework, welches in F. 49 (a) Vermögenswerte als zukünftige wirtschaftliche Nutzenzuflüsse und in F. 49 (b) Schulden als zukünftige wirtschaftliche Nutzenabflüsse bezeichnet. Demgegenüber ist in den US-GAAP der *fair value* nach FAS 157.7 ausschließlich als *exit price* zu interpretieren. Vgl. Heuser/Theile (2007), S. 67, Rz. 451. Barth/Landsman (1995), S. 99, begründen den *fair value* in den US-GAAP in Form eines *exit price* durch das FASB mit: *„Because the FASB is concerned with financial reporting of a firm´s assets in place and no assets to acquired, their definition of fair value should be interpreted from the perspective of a seller. Thus, their fair value concept is exit value."*

[142] Die Bestimmung des *entry price* und des *exit price* basiert dabei auf dem Grundsatz der Einzelbewertung. Vgl. Dohrn (2004), S. 118, Kümmel (2002), S. 49, Zülch (2003), S. 9.

[143] Vgl. Zülch (2003), S. 10, und hinsichtlich einer Diskussion um die Geeignetheit des Einzelansatzes von Vermögenswerten und Schulden zum *fair value* vor dem Hintergrund des *going-concern-Prinzips*, Blaufus (2005), S. 149, 209 ff.

[144] Vgl. zu den unterschiedlichen Ausprägungen und Inkonsistenzen der *fair value*-Hierarchie in den IFRS, insb. Olbricht/Brösel (2007), S. 1445 f.

Näherungslösungen, gezwungenermaßen eine weitere Entfernung vom neoklassischen Leitbild des Marktwerts ein.[145] Im theoretischen Falle vollkommener Märkte, was Äquivalenz von Marktwert, Marktpreis und Barwert bzw. Ertragswert bedingen würde, wäre allerdings die Art der Ermittlung gleichgültig und damit die *fair value*-Hierarchie obsolet.[146] Sollte die Preisbestimmung auf mehreren Märkten durchführbar sein, so ist dafür der liquideste Markt von Unternehmen zu wählen. Existiert kein liquider Markt, so ist die Preisbestimmung auf dem für das bilanzierende Unternehmen vorteilhaftesten Markt vorzunehmen.[147]

Obschon im Framework nicht explizit aufgeführt, kann aufgrund F. 100 unterstellt werden, dass im Zuge der Folgebewertung, als Marktwertapproximationen, nachfolgende Wertmaßstäbe Einzelfall bezogen zur Bestimmung des *fair value* zulässig sind:

- Wiederbeschaffungs- bzw. Abwicklungswert (*current/replacement cost*)

Darunter ist der Betrag definiert, der zur Wiederbeschaffung eines identischen oder ähnlichen Vermögenswertes am Bilanzstichtag aufgewendet werden müsste. Für die Schulden ist dies ein undiskontierter Betrag, der zur Begleichung bzw. zur deren Ablösung am Bilanzstichtag erforderlich wäre.

- Veräußerungs- bzw. Erfüllungswert (*realisable/settlement value*)

Das ist der Betrag, der bei der Veräußerung eines Vermögenswertes voraussichtlich am Bilanzstichtag realisiert werden könnte oder bei der Begleichung einer Schuld am Bilanzstichtag undiskontiert aufzuwenden wäre.

---

145 Vgl. Ballwieser/Küting/Schildbach (2004), S. 534, sowie Spindler (2004), S. 85.

146 Vgl. hierzu grundlegend Blaufus (2005), S. 11 ff.

147 Gegenwärtig existiert in den IFRS allerdings keine übergreifende Normierung, ob vom bilanzierenden Unternehmen der *fair value* auf dem liquidesten Markt oder dem vorteilhaftesten Markt vorzunehmen ist. Indes, der Standard US-GAAP FAS 157.8 sieht diese Rangfolge vor. Es wird daher davon ausgegangen, dass – im Zuge des Konvergenzprojekt des „*fair value* Measurement" – das IASB künftig auch dem Primat des liquidesten Marktes folgen wird. Vgl Heuser/Theile (2007), S. 68 ff., Rz. 455 ff., und FN 124, sowie die dort angegebene Literatur.

- Barwert (present Value)

Der Barwert ist Betrag der diskontierten Nettoeinzahlungsüberschüsse, die aus der zukünftigen Nutzung des Vermögenswertes voraussichtlich erzielt werden können. Für Schulden stellt der Barwert den Betrag der diskontierten Nettoauszahlungsüberschüsse dar, der sich durch deren Tilgung ergeben würde.[148]

- **Anwendung des *fair value***

Obschon in den IFRS gegenwärtig die Bewertung aller Vermögenswerte zum *fair value* noch nicht vorgesehen ist, ist in jüngerer Zeit eine tendenzielle Abkehr des Standardsetters vom sogenannten *„Mixed fair value-Konzept"* zum *„Full fair value-Konzept"*[149] festzustellen. Ob am Ende des Prozesses die reine Vermögensbilanz (Ertragswertbilanz) steht, indem nicht nur viele, sondern alle Bilanzpositionen von der *fair value*-Bewertung berührt werden, bleibt offen. Der Standardsetter ist durch sukzessiven Ausbau der *fair value*-Bewertung in den Standards offensichtlich auf dem Weg dorthin.[150] [151]

Zur Zeit findet der *fair value* als verpflichtender Zugangswert gemäß IFRS 3.36 (*business combinations*) bei Vermögenswerten, Schulden, Eventualschulden aus Unternehmenszusammenschlüssen, nach IAS 39.43 bei Finanzinstrumenten *(financial instruments)* und durch IAS 41.12 bei biologischen Vermögenswerten und landwirtschaftlichen Erzeugnissen *(agriculture)* Anwendung.

Zwingend ist der Ansatz und die Folgebewertung nach IAS 39.43 für Finanzinstrumente *(financial instruments),* sofern sie nicht durch IAS 39.46 explizit ausgeschlossen werden

---

148 Vgl. Bieker (2005), S. 9, Dohrn (2004), S. 122 ff., Streim/Bieker/Esser (2003), S. 460.

149 Vgl. Baetge/Zülch/Matena (2002)a, S. 367, Zülch (2003), S. 11.

150 Obermaier (2009), S. 545 merkt hierzu an: *„Einige Fachvertreter glauben einen Trend auszumachen, wonach das IASB die fair value-Bilanzierung sukzessive ausbaue und eine Art „full fair value accountig" anstrebe, was eine nicht erst seit der aktuellen Krise an den internationalen Finanz- und Kapitalmärkten mehr befürchtete als befürwortete Entwicklung sei."*

151 Vgl. zur sukzessiven Hinwendung des IASB zum *fair value*, Ballwieser (2009), S. 25 ff., sowie Ballwieser/Küting/Schildbach (2004), S. 544, zum Ziel eines *„Full fair value-Konzepts"* , Baetge/Zülch (2001), S. 545 ff.; und weiterführend zur grundlegenden Diskussion über das *„Full fair value-Konzept",* Blaufus (2005), S. 153 ff.

– und gemäß IAS 41.12 für biologische Vermögenswerte und landwirtschaftliche Produkte *(agriculture)*.[152]

Eine optionale Folgebewertung zum *fair value* ist im Rahmen des Neubewertungsmodells für Sachanlagen *(property, plant and equipment)* nach IAS 16.31 und bei langfristigen Immateriellen Vermögenswerten *(intangible assets)*, aufgrund IAS 38.75 zulässig. Wahlweise dürfen ebenso als Finanzinvestition gehaltene Immobilien *(investment property)* gemäß IAS 40.33 und ab 1. Januar 2009 der IAS 40 auch Immobilien im Bau zum *fair value* bilanziert werden.[153]

Unter anderem wird der *fair value* als Wertmaßstab verwendet für: aktienbasierte Vergütungen *(share-based payment)* im IFRS 2, bei der Bewertung von Leasingobjekten *(leases)* gemäß IAS 17, bei der Veräußerung von langfristigen Vermögenswerten *(non-current assets held for sale and discontinued operations)* im IFRS 5, bei der Bewertung von Erlösen *(Revenue)* nach Maßgabe des IAS 18, bei der Feststellung des Planvermögens von Pensionsrückstellungen *(employee benefits)* gemäß IAS 19.7 sowie als Ansatzmaß bei börsenmäßig gehandelten Metallen *(inventories)* gemäß IAS 2 als auch zur Bewertung von Zuwendungen der öffentlichen Hand *(accounting for goverment grants and disclosure of goverment assistance)* im IAS 20 verwendet. Darüber hinaus findet der *fair value* als Wertmaßstab bei dem Werthaltigkeitstest *(impairment of assets)* gemäß IAS 36 Anwendung – hier allerdings mit der Intention zur Ermittlung einer Wertminderung.[154]

2.3.2 Der *trade-off* zwischen Relevanz und Verlässlichkeit des *fair value*

Richtigerweise verbindet F.31 i.V.m. F. 32 expressis verbis die Voraussetzung für die Relevanz von Informationen damit, dass sie verlässlich sind. Zweifellos können Informationen für den Bilanzadressaten nur dann entscheidungsrelevant sein, wenn sie die

---

152 Wertänderungen sind gemäß IAS 39. 45 (a) i.V.m. IAS 39.57 (a) *bei financial assets or liabilities at fair value through profit or loss* erfolgswirksam oder nach IAS 39.45 (b) i.V.m. IAS 39.57 (b) bei *available- for- sale financial assets* erfolgsneutral zu erfassen. Letzteres gilt jedoch gemäß IAS 39.57 (b) nicht für Wertberichtigungen oder Währungskursdifferenzen im Falle monetärer Vermögenswerte und Schulden.

153 Vgl. Kapitel 4.3

154 Diese Aufzählung erhebt nicht den Anspruch der Vollständigkeit.

Primärforderungen der Relevanz und Verlässlichkeit nebst den dazugehörigen Sekundärforderungen und den Nebenbedingungen gleichzeitig und zumindest zu einem gewissen Maße erfüllen und insofern den Ansprüchen des Frameworks Genüge tun.[155] [156]

Vor diesem Hintergrund kann auch die Entscheidungsrelevanz von Rechnungslegungsinformationen an die (Nicht-) Erfüllung der Primärforderungen Relevanz und Verlässlichkeit geknüpft und damit operationalisiert werden.[157] [158]

Zunächst kann jedoch zweifellos konstatiert werden, dass ein Vorenthalten einer Rechnungslegungsinformation, die relevant und zuverlässig ist, einen ökonomischen Nachteil für den Investor bedeuten kann; einen Nachteil deswegen, weil ihm dadurch *„zweckorientiertes Wissen"* fehlt – das was in der wirtschaftswissenschaftlichen Literatur, in Rückgriff auf Wittmann (1959),[159] vielfach als Synonym für den Begriff „Information" bezeichnet wird sowie das, was der Investor letztlich für seine rationale (Des-) Investmententscheidung benötigt.[160] Allerdings erkennt die strenge Definition des Begriffs „Information" diese nur als solche an, wenn sie die Eigenschaft hat, die Erwartungen und daraus resultierend das Verhalten des Adressaten zu ändern, wenn sie rechtzeitig eintreffen.[161]

Die Informationsvermittlung durch die Rechnungslegung kann, schon angesichts ihrer Vergangenheitsbezogenheit, allerdings nicht an strengen informationsökonomischen Prämissen festgemacht werden, demzufolge eine Information nur dann entscheidungs-

---

155 Im Sinne der *„true and fair view"* bzw. der *„fair presentation"* nach F. 46.

156 Thiele (2007), S. 633 führt hierzu aus: *"Relevanz und Verlässlichkeit stehen bis zu einem gewissen Grad in einem Austauschverhältnis zueinander: Je relevanter eine Information für den Jahresabschluss ist, desto mehr mangelt es ihr bereits an Verlässlichkeit."*

157 So führen Baetge/Zülch (2001), S. 545 aus: *Eine entscheidungsrelevante aber unzuverlässige Informationen, die zu Fehldeutungen der Investoren führt, darf ... nicht über die Bewertung von Vermögenswerten und Schulden Eingang in die Bilanz finden."*

158 Vgl. Wagenhofer/Ewert (2007), S. 105.

159 Vgl. Wittmann (1959), S. 14.

160 Die Informationsökonomie differenziert zwischen dem Wert und dem Gehalt von Informationen. So liegt Informationsgehalt dann vor, wenn der Informationsadressat aufgrund der neuen Information eine andere Entscheidung trifft als ohne sie. Ein Informationswert ergibt sich indessen erst dann, sofern der Nutzen, den die neue Information für den Adressaten generiert, höher ist, als die aus deren Beschaffung resultierenden Kosten. Vgl. Ruhnke (2008), S. 37.

161 Vgl. Ruhnke (2008), S. 37, Ballwieser (2009), S. 13 f.

relevant ist, wenn mit ihr die Auslösung einer Erwartungsänderung des Investors einhergehen muss.[162] So ist bei Annahme strenger Informationseffizienz, die vollkommene Märkte bedingt, die Rechnungslegung per definitionem nutzlos, weil ihre Informationsfunktion erlischt.

Im Falle schwacher und mittelstrenger Informationseffizienz sind vor dem Hintergrund des dann wieder auftretenden *trade-offs* zwischen Relevanz und Verlässlichkeit, keine abschließenden Aussagen hinsichtlich ihrer Entscheidungsrelevanz am Kapitalmarkt zu erwarten.[163]

Insofern können anhand des Konzeptes der Informationseffizienz im Zusammenhang mit der Rechnungslegung nur Aussagen über die Geschwindigkeit der Informationsverarbeitung am Kapitalmarkt getroffen werden, nicht aber Aussagen über die qualitative Natur von Informationen.[164] Darüber hinaus ist die Entscheidungsrelevanz einer Rechnungslegungsinformation – im informationsökonomischen Sinne – generell nur *ex-ante* feststellbar, sofern die individuelle Entscheidungsproblematik des Investors bekannt ist.[165] [166]

Wird der Informationsbegriff hingegen weit ausgelegt, wie es überwiegend in der ökonomischen Literatur vorkommt,[167] so liegt begriffsbestimmt schon dann eine Information vor, wenn ihre Eigenschaft nur darin besteht, die Erwartungen des Adressaten zu bestätigen. Deshalb definiert das IASB in F. 26 Informationen als entscheidungsrelevant, wenn sie einen *predictive value* oder einen *feedback value* für den Investor besitzen, und löst sich damit explizit von informationsökonomischen Prämissen, indem es

---

162 Vgl. weiterführend für die Definition, die Konzepte und die Konkretisierung (schwach, mittelstreng, streng) des informationsökonomischen Begriffs der „Informationseffizienz" mit Bezug auf die Informationsvermittlung durch die Rechnungslegung nach IFRS, Lindemann (2004), sowie Vollmer (2008).

163 Vgl. Vollmer (2008), S. 113 ff.

164 Vgl. Vollmer (2008), S. 113.

165 Vgl. Ruhnke (2008), S. 39, Ballwieser (2009), S. 15 f.

166 Vgl. weiterführend eine problematisierende Darstellung der informationsökonomischen Entscheidungsrelevanz von Rechnungslegungsinformationen im Kapitalmarktkontext Wagenhofer/Ewert (2007), S. 88 ff., Ruhnke (2008), S 37 ff., und Ballwieser (2009), S. 12 ff., auch Bieker (2005), S. 65 ff., und Hitz (2005), S. 175 ff.

167 Vgl. Huschke (2007), S. 17.

die Entscheidungsrelevanz von Informationen auch auf Grundlage qualitativer Komponenten erklärt.

Übergreifend bleibt jedoch, ob die Informationsvermittlung durch die Rechnungslegung informationsökonomisch, abgesehen von dem Fall strenger Informationseffizienz, oder unter qualitativen Perspektiven betrachtet wird, die Verlässlichkeit einer Information notwendiges Kriterium, um Entscheidungsrelevanz zu begründen.[168]

Das Kriterium der Verlässlichkeit selbst, determiniert allerdings die Entscheidungsrelevanz einer Information auch dahingehend, dass folgender duokausaler Zusammenhang angenommen werden kann: Erfolgt der Zugang einer Information zu spät, so ist ein Abnehmen der Entscheidungsrelevanz zu erwarten; erfolgt er zu schnell, kann der Investor eine mangelnde Verlässlichkeit der Information vermuten[169] – diese Annahme gilt unter informationsökonomischen, aber auch unter qualitativen Prämissen. Es gilt aber ebenso, dass ein Mehr an Verlässlichkeit nicht zwangsweise die Entscheidungsrelevanz erhöht, im Umkehrschluss bedingt ein Weniger an Verlässlichkeit allerdings zwingend ein Weniger an Entscheidungsrelevanz.[170]

Indessen tritt das Problem des *trade-offs* besonders eklatant beim *fair value* auf,[171] was dafür sorgt, dass sich die Rechnungslegungskreise hinsichtlich der Informationsfunktion des *fair value* in Befürworter und Kritiker zweiteilen.

Während die Befürworter den *fair value* als besonders relevant betrachten, weil er als Antizipation des künftigen ökonomischen Nutzens das überlegene Wertkonzept darstellt und insofern direkt mit den Zielgrößen der Investoren korrespondiert[172], reklamieren Kritiker die mangelnde Verlässlichkeit des *fair value*,[173] da dessen: „*... praktische Ermittlung jedoch oftmals mit exzessiven Bewertungsspielräumen und daher auch mit großer Unsicherheit oder im Extremfall sogar mit willkürlichen Ansatzmög-*

168 Vgl. Ruhnke (2008), S. 38 f.
169 Vgl. Ruhnke (2008), S. 38 f., sowie Heuser/Theile (2007), S. 50, Rz. 277.
170 Vgl. Obermaier (2009), S. 545.
171 Vgl. bspw. Wagenhofer/Ewert (2007), S. 159.
172 Vgl. Streim/Bieker/Esser (2005), S. 88, sowie Bieker (2005), S. 20 f.
173 Vgl. bspw. Ballwieser/Küting/Schildbach (2009).

lichkeiten verbunden [ist].“[174] Angesichts dieser Umstände wird im einschlägigen Schrifttum sogar die Möglichkeit der Existenz eines *fair value*, im Zusammenhang mit der eigentlichen Begriffskonnotation[175], abgestritten.[176]

Vor dem Hintergrund, dass durch den *fair value* Buchgewinne aufgedeckt und (zumindest teilweise) nicht realisierte und deshalb zweifelhafte Gewinne bzw. Verluste den Weg in das Periodenergebnis finden, steht nach Ansicht von Kußmaul/Weiler (2009) vielmehr: *„Dem Vorsichtsprinzip des HGB .. in der internationalen Rechnungslegung gewissermaßen ein 'Unvorsichtsprinzip' gegenüber.“*[177]

Zweifellos ist die Kritik am *fair value* so berechtigt wie schwerwiegend. Die aus der Unverlässlichkeit der *fair value* resultierenden Ermessensspielräume können unbestreitbar zur Verzerrung des Gewinnausweises und damit zur Täuschung der Investoren führen und das Ziel der IFRS konterkarieren. Sollte die durch den *fair value* generierte Information zumindest nicht „relativ“ verlässlich sein, so besitzt der *fair value* für den Investor keine Entscheidungsrelevanz, anhand derer er das Risiko seines Investments beurteilen und steuern kann. Im Gegenteil ist davon auszugehen, dass die Unverlässlichkeit des *fair values* eine Irreführung des Investors mit dem Ergebnis von Fehlinvestitionen erwarten lässt. Der *fair value* ist in diesen Fällen für den Investor nicht nur entscheidungsirrelevant, sondern kann für ihn wirtschaftlich verhängnisvoll sein, wenn er seine Investitionsentscheidungen, zumindest ausschließlich, darauf stützt.[178] Hier kann Schildbach (2009)a beigepflichtet werden, der anmerkt: *„Wenn – wie der Volksmund sagt – Gelegenheit Diebe macht, darf ein Mißbrauch derartiger Ermessensspielräume keine Verwunderung auslösen.“*[179] [180] Insofern ist auch unzweifel-

---

174 Spindler (2004), S. 92.

175 Vgl. zur Begriffskonnotation weiterführend, Pfaff/Kukule (2006), S. 543. Dieselben betonen hier insbesondere, dass der sprachliche Umgang mit dem *fair value* stets darunter leide, dass er seine eigene Rechtfertigung in sich zu tragen habe.

176 Vgl. Ballwieser/Küting/Schildbach (2004), S. 534.

177 Kußmaul/Weiler (2009)a, S. 166. (Hervorh. im Original), im Rückgriff auf Wagenhofer (2008), S. 187.

178 Vgl. Pfaff/Kukule (2006), S. 548, sowie Thiele (2007), S. 633.

179 Schildbach (2009)a, S, 377.

180 Streim/Bieker/Esser (2005), S. 103 führen aus: *„Es wäre naiv anzunehmen, ein Rechnungslegungspflichtiger würde die Schätz- und Ermessensspielräume nicht systematisch zu seinem Vorteil ausnutzen. Vor allem in Zeiten schlechter wirtschaftlicher Lage dürften die fair values zu hoch ausgewiesen werden.“*

haft, dass insbesondere der *fair value* informativ umso wertloser für den Adressaten sein muss, je weniger er von seiner Verlässlichkeit ausgehen kann bzw. darf.[181]

2.3.3 Zur Entscheidungsrelevanz des *fair value*

Grundsätzlich lässt sich vor dem Hintergrund der Eigenschaften, die die Primärforderung Verlässlichkeit gemäß Framework erfüllen muss, keine Entscheidungsrelevanz im Sinne eines *predictive value* oder *feedback value* für den Investor herleiten. Selbst wenn die durch den *fair value* generierten Informationen formal frei von wesentlichen Fehlern und Verzerrungen sind und den im Framework formulierten Sekundärforderungen genügen, ist ein daraus folgender Automatismus, diese als entscheidungsrelevant zu deklarieren, abzulehnen.

Die Forderungen, die das IASB an Rechnungslegungsinformationen stellt, sind bewusst weit ausgelegt und folgen insofern einer holistischen Betrachtungsweise.[182] Das macht sie allerdings auch für einen Reduktionismus hinsichtlich der Entscheidungsrelevanz eines konkreten *fair values* für eine bestimmte Bilanzposition ungeeignet.[183] Eine Deduktion anhand der formalen qualitativen Kriterien des Frameworks scheint deshalb auch nur bedingt zielführend, um der Frage nachzugehen, ob oder wann eine Entscheidungsrelevanz eines *fair value* besteht und sie insofern dazu beiträgt, das erklärte Ziel des IASB zu erreichen.

Zwar kann IAS 8.7 i.V.m. IAS 8.10; IAS 8.11 und IAS 8.12 dahingehend interpretiert werden, dass über den einzelnen Standard hinausgehend für die Bestimmung des *fair value* alle weiteren relevanten Interpretationen und Umsetzungsrichtlinien heranzuziehen sind; für Fragen deren Antwort jedoch jenseits von Interpretationsmöglichkeiten und Umsetzungsrichtlinien liegen, erscheint die weitere Betrachtung von gesetzlichen Vorgaben und anderen rechnungslegungsspezifischen Erkenntnisquellen jedoch

---

181 Vgl. Spindler (2004), S. 39, sowie Dawo (2004), S. 74.

182 Vgl. Huschke (2007), S. 160.

183 Ballwieser (2009), S. 19 führt aus: *„Ein Prinzip ist eine allgemeine Richtschnur des Handelns, die den Vorteil hat, auch nicht explizit erwähnte Sachverhalte generalklauselhaft zu regeln, was mit dem Nachteil gewisser Unbestimmtheit einhergeht."*

nur bedingt zielführend.[184] Vor diesem Hintergrund darf ebenso vermutet werden, dass die sich mit IAS 8.12 eröffnende Möglichkeit, Verlautbarungen anderer Standardsetter heranzuziehen, sofern sie denn ein ähnliches Framework aufweisen, nur wenig hilfreich ist. Auch von anderen rechnungslegungsspezifischen Erkenntnisquellen, wie bspw. Discussion Papers, die sich vielfach mit Grundsatzfragen auseinandersetzen oder sich auf praxisorientierte Anwendungsschwierigkeiten beziehen, ist nicht zu erwarten, dass sie letztlich Aufschluss darüber geben können, inwiefern die Entscheidungsrelevanz des *fair value* tatsächlich oder vermeintlich ist.

Allerdings ist die Bilanzierung zum *fair value* auch konsequent und folgerichtig, wenn das erklärte Ziel des Rechnungslegungssystems die Vermittlung entscheidungsrelevanter Informationen ist oder sein soll. Unbestreitbar kann dem *fair value (fair value model)* bezüglich der Informationsvermittlung mehr Informationswert attestiert werden, als es die Bilanzierung zu (fortgeführten) Anschaffungs-/Herstellungskosten *(cost model)*, vermag, und zweifellos scheint der *fair value* bei Zugrundelegen dieses Anspruchs das überlegene Wertkonzept.[185]

Deshalb ist der *fair value* auch dann selbsterklärend, wenn man sich vergegenwärtigt, dass dessen Daseinsberechtigung eben in der Abwesenheit vollkommener Märkte begründet liegt. Unbefriedigend ist es daher auch, dem *fair value* pauschal Entscheidungsrelevanz abzusprechen, weil diese per se nicht gewährleistet werden kann, da die ersatzweise bemühten Marktwertsurrogate zwangsläufig Ermessensspielräume eröffnen, die letztlich so „unverlässlich“ sein müssen, wie es die realen Märkte und deren Akteure selbst sind.[186]

Dem Umstand, dass außerhalb der neoklassischen Modellwelt generell kein objektiver Marktwert existiert, wird durch die *fair value*-Hierarchie entsprechend Rechnung getragen. Zwar ist der *fair value*, durch das Beschreiten der *fair-value*-Hierarchie, sukzes-

184 Vgl. weiterführend Lüdenbach/Hoffmann (2009), S. 49 f., Rz. 62 f., und dies. S. 79 ff., Rz. 62 ff.

185 Vgl. zur höheren Entscheidungsrelevanz des *fair value (fair value model)* im Vergleich zu der Bewertung zu (fortgeführten) Anschaffungs-/Herstellungskosten *(cost model)*, Dohrn (2004), S. 124, Bieker (2005), S. 20, auch Streim/Bieker/Esser (2003), S. 472, und Baetge/Zülch (2001), S. 544.

186 So bspw. Ballwieser/Küting/Schildbach (2009).

sive entobjektiviert[187], was sich insbesondere bei der *mark-to-model-Bewertung*, also bei der Bar- bzw. Ertragswertermittlung durch die regelmäßige Eröffnung immenser Spielräume zeigt.[188] Letztlich entscheidet damit aber das Marktgeschehen über den *trade-off* zwischen Relevanz und Verlässlichkeit und über die Möglichkeit bilanzpolitischer Erwägungen.

Der Investor steht, als vornehmlichster Bilanzadressat der IFRS, nur denjenigen Unverlässlichkeiten gegenüber, denen er in der Realität des Marktes ohnehin ausgesetzt ist und die Ursache des Erfolges oder Misserfolges eines jeden Geschäfts und Investments sind. Ohne Risiko bzw. Unsicherheit[189], oder im Falle der IFRS-Nomenklatur der Unverlässlichkeit, ergibt sich kein Investitionserfolg.

Vollkommene Märkte kennen die vorbezeichneten Begrifflichkeiten ebenso wenig, wie den Begriff der Rechnungslegung, der Arbitrage, des Return on Investment (ROI) oder allgemeiner den eines wie auch immer gearteten Geschäfts. *Blaufus* (2005) weist daher zu Recht darauf hin, dass der Marktpreis kein Gleichgewichtspreis sein dürfe.[190] Mit diesem Hintergrund kann der *fair value* per se nicht intersubjektiv nachprüfbar sein und muss grundsätzlich gegen das „uneingeschränkte" Objektivierungsprinzip, im Sinne intersubjektiver Überprüfbarkeit, verstoßen.

Die Heranziehung der Rechnungslegungsprinzipien des Framework kann daher im Falle des *fair value* insofern nur als flankierende Maßnahme verstanden werden, um den Anspruch der Entscheidungsrelevanz dem Grunde nach sicherzustellen. Die aus der Abwesenheit vollkommener Märkte resultierenden Ermessenspielräume, das eigentliche und vielbeschworene Dilemma zwischen Relevanz und Verlässlichkeit des *fair*

---

187 Vgl. Streim/Bieker/Esser (2003), S. 458, sowie Baetge/Zülch (2001), S. 547.

188 Pfaff/Kukule (2006), S. 546 f. weisen auf mindestens sechs Problemkreise hin, die bei der *mark-to-model-Bewertung* auftreten.

189 Der Begriff des Risikos kann in einen engeren und weiteren Sinn unterteilt werden. Für den Begriff des Risikos im weiteren Sinne steht der Begriff der Ungewissheit. In diesen Fällen können, aufgrund von Unkenntnis, keine Wahrscheinlichkeiten gebildet werden; zukünftige Rahmenbedingungen sind wahrscheinlichkeitstheoretisch nicht quantifizierbar. Risiko im engeren Sinne hingegen ist wahrscheinlichkeitstheoretisch quantifizierbar und steht für Unsicherheiten, für die eine objektive und/oder subjektive Wahrscheinlichkeiten ermittelt werden können. Diese bemessen die Möglichkeit des Abweichens tatsächlicher von den erwarteten Ereignissen. Vgl. Francke (2005), S. 294.

190 Vgl. Blaufus (2005), S. 19.

value, vermögen sie nicht zu lösen und damit den Keim der Diskussion um den *fair value* auch nicht zu ersticken.

Moitzi (2007) resümiert daher richtigerweise: *„Die Diskussionen um das fair value accounting sind vielschichtig und reichen von sehr grundsätzlichen Fragestellungen über die Ausrichtung der Rechnungslegung bis zu stark anwendungsorientieren Problemen. Für die zweite Gruppe ist es wahrscheinlich, dass Lösungen gefunden werden, während für die Grundsatzdiskussionen allgemeine Lösungen definitionsgemäß gar nicht möglich sein können."*[191]

Exemplarisch für das, was *Moitzi* mutmaßlich unter der Grundsatzdiskussion um den *fair value* verstehen wird, und was die entweder-oder-Frage der Rechnungslegung letztlich bedeutet, drückte *Moxter* (1983) treffend metaphorisch aus: *„Wer Objektivierung und den betriebswirtschaftlichen Gewinn in einer (einzigen) Rechnung haben will, ähnelt den Kindern, die Sonne und Sternenpracht zugleich bestaunen möchten, und wer für Kompromisse zwischen Objektivierung und betriebswirtschaftlicher Aussagefähigkeit eintritt, der gleicht demjenigen, der eher die Dämmerung als Sonne oder Sternenkraft schätzt."*[192]

Gleichgültig jedoch, für was *fair value* in diesem Bildnis letztlich stehen mag: als Sonne oder als Sternenpracht – das Himmelszelt bleibt, angesichts der nur „relativen" Verlässlichkeit des *fair value* generell mehr oder minder bewölkt und damit die betriebswirtschaftliche Aussagefähigkeit auch naturgemäß bedingt. Zweifellos allerdings ist dafür nicht nur eine regelmäßige bewusste opportunistische Interpretation der Ermessensspielräume seitens der bilanzierenden Unternehmen ursächlich.

Aus der nur „relativen" Verlässlichkeit und der deshalb nur „bedingten" betriebswirtschaftlichen, ergo „bedingten", entscheidungsrelevanten Aussagefähigkeit des *fair value*, eröffnen sich zwei zentrale Fragestellungen: einerseits was diese „relative" Verlässlichkeit determiniert und andererseits, ob die Bilanzierung eines nur „relativ" verlässlichen *fair value* grundsätzlich sinnvoll ist, wenn diese marktliche Wertschwankun-

191 Moitzi (2007), S. 31.
192 Moxter (1983), S. 134.

gen bzw. Volatilitäten in die Bilanzen tragen, die selbst wiederum entsprechende marktliche Dysfunktionen auslösen bzw. verstärken können.

Insofern geht es bei der Diskussion um den *fair value* nicht nur darum, wie „relativ" zeit- und marktnah der *fair value* selbst ist, er überhaupt sein kann und er dem Investor hilft, ableiten zu können, wie es um die Sicherheit, die Breite und die zeitliche Verteilung der *cash-flows* bestellt ist, die er aus seinem Investment erwarten darf. Wissenschaftlich interessant ist auch, ob der *fair value* als Wertmaßstab dann angezeigt erscheint, wenn er, gemäß seiner Intention, Markterwartungen „halbwegs" zutreffend wiedergibt, diese aber fundamentale Erwartungen längst verlassen haben. Die Antwort auf Ursachen und Wirkung dieser Fragen findet sich im Marktgeschehen, das die einzelne zum *fair value* bilanzierte Bilanzposition letztlich abzubilden gedenkt.

2.3.4 Zur Verlässlichkeit des *fair value*

Angesichts der Abwesenheit vollkommener Märkte wird der Grad der „relativen" Verlässlichkeit durch die Transparenz der Preisbildung des Marktes determiniert, auf dem der zu bilanzierende Vermögenswert oder die zu bilanzierende Schuld gehandelt wird. Deshalb bestimmt die Transparenz der Preisbildung des zugrunde liegenden Marktes auch den *trade-off* des *fair value* für jede Bilanzposition ganz individuell, und letztlich kann nur die Transparenz der Preisbildung darüber Aufschluss geben, ob der *fair value* eine Entscheidungsrelevanz in Form eines *predictive value* oder eines *feedback value* erzeugen kann. Insofern entscheidet auch die Transparenz der Preisbildung auf einem einzelnen Markt, ob der *fair value* eine „überlegende Bewertungskonzeption" sein kann oder nur eine „konjunkturabhängige Bewertungsidee"[193] ist, und zwar isoliert für jede einzelne Bilanzposition, die einer Bewertung zum *fair value* unterliegt.

Die Transparenz der Preisbildung eines einzelnen Marktes bestimmt, welcher Level der *fair value*-Hierarchie vom bilanzierenden Unternehmen zu beschreiten ist, und darin findet sich Antwort, ob der *fair value* ein Marktwertsurrogat ist, der das Marktgesche-

---

193 Küting, Karlheinz (2008) im Handelsblatt. Vgl. Fockenbrock (2008). http://www.handelsblatt.com/professoren-machen-front-gegen-fair-value;2092598, vgl. in diesem Zusammenhang auch, Ballwieser (2009), S. 29.

hen abbildet – es „relativ" verlässlich antizipiert hat und bilanziell reflektiert –, oder ob er mangels Marktinformation selbst zum Signalgeber werden muss. In letzterem Falle nämlich informieren und/oder beeinflussen letztlich bilanzielle Größen die Preisbildung auf den entsprechenden Märkten, was freilich das Gegenteil der eigentlichen Intention des *fair value* darstellt.

Dieser Antinomismus kann, neben der zu erwartenden Fehlinvestition des Investors selbst, gefährliche Dysfunktionen auf den Kapitalmärkten hervorrufen, weil durch den *fair value* unverlässliche Preisinformationen in den Markt getragen werden, die selbst wiederum Verwirrungen stiften, da sie explizit als entscheidungsrelevant proklamiert werden, dadurch bestehende Volatilitäten anheizen und insofern Helfer sind, Marktentwicklungen, bar jeder Grundlage, also ohne fundamentalen Bezug, hoch oder herunter zu schaukeln.[194]

Die Transparenz der Preisbildung bestimmt darüber hinaus auch, inwiefern der *fair value* sinnbildlich eine Gelegenheit darstellt, um Diebe zu machen, da sie erst die Möglichkeit eröffnet, Ermessensspielräume bilanzpolitisch auszunutzen, ihr aber genauso Grenzen setzt.[195] Hierin findet sich auch die Antwort auf den äußerst fraglichen Wertbezug des *fair value*, und zwar deshalb, weil die Transparenz der Preisbildung eines Marktes letztlich bestimmt, inwieweit das Zurückdrängen der gesetzlich gewollten Informationsasymmetrien des Vorsichtsprinzips mit der Fokusverschiebung auf die marktlich bedingten Verlässlichkeitsprobleme und der daraus erwachsenden Gestaltungsspielräume durch den *fair value* als gerechtfertigt betrachtet werden kann.[196] So bestimmt die Transparenz der Preisbildung eines Marktes via Verlässlichkeit letztlich auch die interperiodische und die interbetriebliche Vergleichbarkeit von Bilanzpositionen, ebenso wie es das in F. 14 angesprochene Konzept der Rechenschaft *(stewardship)* berührt.

---

194 Vgl. Ballwieser/Küting/Schildbach (2009).

195 Schildbach (2009)b, S. 597 führt aus: *„Das ‚mark to model' mit seinen zahlreichen und bedeutenden Freiräumen zwingt zur Willkür bei der Wahl der Modelle und Parameter. Und es bedarf großer Einfalt anzunehmen, dies geschehe im Interesse zutreffender Informationsvermittlung."*

196 Vgl. hierzu Kley (2003), S. 842.

Neben dem Problem mangelnder Preissignale und der damit möglicherweise verbundenen Dysfunktionen kann der *fair value* mitunter auch dann nicht als entscheidungsrelevant betrachtet werden, wenn er die Markterwartungen zwar „relativ" verlässlich antizipiert hat, diese aber, aufgrund von Extrapolationen, fundamentale Erwartungen verlassen haben.

So ist insbesondere in Phasen wirtschaftlicher Prosperität zu erwarten, dass die im *fair value* widergespiegelten Markterwartungen überspannt sind. Ausgelöst durch konjunkturelle Belebungen steigt die Nachfrage, Gewinne und Gewinnerwartungen nehmen zu, Investitionsquoten der Unternehmen steigen, wodurch auch die Preise von Vermögenswerten anziehen, was sich dann – via *fair value* – ergebniswirksam und zumeist Eigenkapitalquoten steigernd in der Bilanz auswirkt. Die Spirale des Auftriebs durch Preiszunahmen ist erst dann zu Ende, wenn offensichtlich ist, dass die Marktprognosen weit überzogen sind und damit der *fair value* keine realistischen, sondern auch extrapolierte und deshalb (weit) überzogene Markterwartungen abbildet – Ergebnisausweise und Eigenkapitalquotensteigerungen somit lediglich auf Buchgewinnen aufsetzen.[197]

Ist der preisliche Zenit überschritten und Preisverfall setzt – mitunter nach dem Platzen einer Spekulationsblase verstärkt – ein, findet sich der Abwärtstrend, mittels *fair value*, in den Bilanzen wieder. Die Änderung der Gewinnlage im negativen Sinne erhöht den Druck im Markt selbst und bewirkt wirtschaftliche Restriktionen des Unternehmens, weil dieses das vermeintliche Eigenkapital, durch das Schmelzen vorheriger Buchgewinne, wieder entzieht.[198] Dadurch ist nochmals eine Beschleunigung und Intensivierung der Preisausschläge nach unten zu befürchten. Als Marktwertapproximation muss der *fair value* so marktliche und damit prozyklische Elemente in die IFRS-Bilanzen tragen, die in einer Krise zweifellos verschärfend sein können.[199] [200]

---

197 Vgl. Küting/Lauer (2009), S. 556 f.

198 Vgl. Küting/Lauer (2009), S. 557, sowie Ballwieser (2009), S. 27 f.

199 Vgl. ähnlich zur Verstärkung der konjunkturellen Entwicklung durch die Bilanzierung zum *fair value*, Zimmermann/Schmyczyk (2009), S. 506 ff.

200 So wie durch das Platzen der Immobilienblase in der jüngsten Wirtschafts- und Finanzkrise geschehen. Dadurch verzeichneten die verbrieften und als „strukturierte Produkte" gehandelten

Die Entscheidungsrelevanz des *fair value* wird hinsichtlich seiner konjunkturellen Verknüpfung insofern nicht nur durch die „relative" Verlässlichkeit, im Sinne einer möglichst treffgenauen Abbildung der Markterwartungen, bedingt, sondern auch davon, ob diese letztlich auf ökonomisch fundamentalen Faktoren aufbauen und somit keine extrapolierten Erwartungen in sich tragen.

Ob oder inwiefern demgegenüber eine „objektivierte" Bilanz im Sinne handelsrechtlicher Bewertungsvorschriften den in der jüngsten Wirtschafts- und Finanzkrise aufgetretenen Marktszenarien vorgebeugt, sie abmildert oder sogar verhindert hätte, wird allerdings nicht abschließend zu klären sein.[201] Vermutlich hätte das nur die dazugehörigen (krisenverschärfenden) Bilanzszenarien verhindert und das bilanzierende Unternehmen von den dann „besonderen" Schwierigkeiten bei der Ermittlung eines „verlässlichen" *fair value* befreit.

Dass aber der *fair value* selbst krisenerzeugend ist, weil er zu „unsoliden" Geschäftspraktiken einlädt, indem er beim Management eines Unternehmens erst oder zusätzlich Anreize, sogar „Gier", erzeugt, in spekulative Wachstumsmärkte/Finanzinstrumente, auch und insbesondere mit der Aussicht auf Erfolgspartizipation, zu investieren, kann aber, zumindest so pauschal, bezweifelt werden. De jure sind Abschlüsse nach IFRS nicht Grundlage der Ermittlung des ausschüttungsfähigen Gewinns.

Zwar ist de facto davon auszugehen, dass zwischen Konzernergebnissen und der Ausschüttung bzw. Verwendung von Gewinnen der Mutterunternehmen ein Zusammenhang besteht;[202] inwieweit aus dieser Kausalität jedoch Anreize erwachsen oder sich Motive konstruieren lassen, die den einfachen Schluss zulassen würden, dass der *fair value* selbst ein „Krisenmitverursacher" ist, wird deshalb auch nicht abschließend beantwortet werden können. Mutmaßlich wird dieser Aspekt, in Bezug auf den *fair value* der IFRS, eine untergeordnete Rolle spielen und keine wesentlichen und letztlich kri-

„Subprime-Hypotheken", die nicht ausreichend besichert waren, entsprechenden Werteverfall, was Unsicherheiten an den Märkten hervorrief und Liquiditätsengpässe bei Banken erzeugte. Vgl. Ballwieser (2009), S. 28.

201 Ähnlich Ballwieser (2009), S. 29.

202 Vgl. hierzu weiterführend Hossfeld (2005), S. 160 ff.

senerzeugenden Anreize, wie weiland der Zeitwertansatz des ADHGB in der Gründerzeit, hervorrufen können.[203]

2.4 Zusammenfassung und Überleitung

Die Rechnungslegung erfolgt nicht aus einem Selbstzweck. Die Zwecke der handelsrechtlichen Rechnungslegung – die Dokumentation, die Rechenschaft und die Kapitalerhaltung – sowie die damit verfolgten unterschiedlichen Ziele lassen sich aus den Generalnormen ableiten. Bedingt durch die unterschiedlichen Ziele, besitzt der handelsrechtliche Jahresabschluss Funktionsdualität, da er Informations- und Ausschüttungsgrundlage zugleich sein muss. Zwangsläufig resultiert aus der Funktionsdualität des handelsrechtlichen Jahresabschlusses ein Spannungsverhältnis, welches das HGB allerdings zugunsten der Kapitalerhaltung auflöst, indem es die Bilanzierung von Vermögensgegenständen und Schulden zu Zeitwerten ausschließt.[204] Das gilt auch für den handelsrechtlichen Konzernabschluss, der ausschließlich eine Informationsfunktion besitzt.

Demgegenüber hat das IASB den Zweck der IFRS klar definiert: durch die Vermittlung entscheidungsrelevanter Informationen sollen Investoren in die Lage versetzt werden, *economic decisions* treffen zu können. Die Bilanzierung von Vermögenswerten und Schulden zum *fair value*, der anhand von vorliegenden Marktpreisen oder mittels alternativer Anwendung von Barwertverfahren ermittelt wird, kann dabei als besonderer Ausdruck der Informationsfunktion der IFRS verstanden werden. Bei einigen Bilanzpositionen der IFRS ist der bilanzielle Wertansatz zum *fair value* daher zwingend erforderlich, bei manchen optional möglich.

Getragen wird die Bilanzierung zum *fair value* von der Absicht der IFRS, dem Investor durch den *fair value* Informationen zu verschaffen, die entweder sein Verhalten hin-

---

[203] Vgl. hierzu FN 33.

[204] Ausgenommen hiervon ist freilich der Zeitwertansatz, der sich durch das Imparitätsprinzip aus dem „beizulegenden Wert" in § 253 Abs. 3 HGB für das Anlagevermögen und nach § 253 Abs. 4. HGB für das Umlaufvermögen ergibt und als gemildertes bzw. strenges „Niederstwertprinzip" in der handelsrechtlichen Bilanz Anwendung findet. Diesen Wertansatz bezeichnen Baetge/Zülch (2001), S. 548 auch als „Imparitätische[s] *fair value*-Konzept".

sichtlich seines Investments ändern, indem sie für ihn einen *predictive value* besitzen, oder seine Erwartungen bestätigen und insofern einen *feedback value* haben.

Ob der *fair value* allerdings eine der Eigenschaften ausweisen kann, muss offen bleiben, da er als idealtypischer Marktwert, aufgrund der Abwesenheit vollkommener Märkte, per se nicht bestimmt werden kann. Die anhand der *fair value*-Hierarchie zwangsweise herangezogenen und naturbedingt „unverlässlichen" Markwertsurrogate eröffnen vielmehr Ermessensspielräume, die dem primären Ziel der IFRS entgegenstehen. Sie eröffnen die Möglichkeit für Bilanzpolitik hinsichtlich des bilanziellen Ergebnisausweises und lassen so die Relevanz des *fair value* für Investoren bezweifeln. Ein Dilemma, das immer wieder zu leidenschaftlichen Diskussionen geführt hat und mutmaßlich weiterhin führen wird.

Zwar definiert das IASB im Framework qualitative Kriterien, wonach eine Information für den Investor nur entscheidungsrelevant sein kann, wenn sie auch verlässlich ist, jedoch haben die im Framework aufgeführten Primär- und Sekundärforderungen mehr entlastende Funktion, als dass sie eine Deduktionsgrundlage darstellen, anhand derer die Entscheidungsrelevanz von Informationen im Allgemeinen und dem des *fair value* im Speziellen abgeleitet werden kann.

Die Beachtung der qualitativen Kriterien des Frameworks kann insofern nur dem Grunde nach Entscheidungsrelevanz manifestieren. In Konvergenz zum Framework aber muss festgestellt werden, dass der *fair value* nur dann entscheidungsrelevant sein kann, wenn er das dafür notwendige Kriterium der Verlässlichkeit erfüllt. Freilich wird der *fair value*, bei unvollkommenen Märkten im begriffstheoretischen Sinne, generell unverlässlich bleiben und daher dauerhaft ein *trade-off* zwischen den Kriterien der Relevanz und Verlässlichkeit existieren – ein Umstand, der den *fair value* daher nur „relativ" verlässlich macht und dessen sich das IASB auch wohl bewusst ist.

Allerdings kann der *fair value* mitunter auch dann nicht entscheidungsrelevant sein und dadurch Dysfunktionen nach sich ziehen, wenn er die Markterwartungen „treffsicher", also relativ verlässlich im Sinne des F. 31, in die Bilanzen abbildet. Das kann unterstellt werden, wenn der Markt, dessen Geschehen der *fair value* abbildet, selbst zur

Verzerrung der Bilanzen führt, da er extrapolative Erwartungen aufweist, die nicht oder nicht mehr ökonomisch fundamentalen Faktoren entsprechen. Insofern wird die Fähigkeit des *fair value*, ein *predictive value* oder *feedback value* für Investoren darstellen zu können, letztlich auch von den vorherrschenden Erwartungen desjenigen Marktes bestimmt, die er widerspiegeln soll.

Antworten auf die Fragen zur Fähigkeit des *fair value* die geforderten Eigenschaften eines *predictive value* oder *feedback value* zu erfüllen, lassen sich jedoch erst im Hinblick auf den Markt und dessen Eigenschaften feststellen, auf dem die zum *fair value* bilanzierte Bilanzposition gehandelt wird und deren eigenste Markterwartungen der *fair value* abzubilden gedenkt. Davon losgelöst darf die Erkenntnis, dass eine marktgestützte Rechnungslegung letztlich so unvollkommen und irrational bleiben muss, wie es die Märkte selbst sind, in der Konsequenz jedoch nicht bedeuten, auf die Angabe des *fair value*, zumindest gänzlich, zu verzichten. Investoren und Märkte bedürfen gerade Informationen, um effizienter zu allozieren.

Im folgenden Kapitel wird, ausgehend von der bisherigen Diskussion, versucht, das Bedürfnis des Kapitalmarktes nach Informationen erläuternd darzustellen und aus diesem Bedürfnis heraus, eine institutionelle Existenzberechtigung der IFRS und des *fair values* abzuleiten. Das theoretische Fundament des dritten Kapitels bildet dafür die Neue Institutionenökonomik und von diesem Fach- und Forschungsgebiet insbesondere der Transaktionskostenansatz von Williamson. Anhand diesem beabsichtigt das folgende Kapitel auch die Determinanten der Verlässlichkeit des *fair value* darzulegen und damit die theoretische Grundlage für die Untersuchung der Entscheidungsrelevanz des *fair value* von Investment Properties im Speziellen zu legen.

3 Zeitwertbilanzierung und Allokationseffizienz

3.1 Vorbemerkungen

Damit Rechnungslegungsnormen zweckdienlich und damit zielführend sind, ist deren konkrete Ausgestaltung und Kodifizierung, nach Maßgabe der durch sie beabsichtigten Zwecke und Ziele, vorzunehmen. Die Steigerung der Allokationseffizienz, und damit die Steigerung der gesamtgesellschaftlichen Wohlfahrt, gilt als das Metaziel eines jeden Rechnungslegungssystem.[205] Expressis verbis ist der Erlass der Verordnung (EG) Nr. 1606/2002 darauf zurückzuführen. Das IASB bezieht sich sowohl im Preface als auch im Framework explizit und durch die Zielsetzung der IFRS implizit auf das Metaziel.

Ursache und Auslöser des Metaziels der Rechnungslegungssysteme sind die unbegrenzten menschlichen Konsumbedürfnisse, deren vollständige Befriedigung, angesichts knapper volkswirtschaftlicher Ressourcen, per se ausgeschlossen ist. Der Umstand knapper volkswirtschaftlicher Ressourcen ist seit *Adam Smith* zentraler Inhalt, Dreh- und Angelpunkt (volks-) wirtschaftlicher Analysen und ökonomischer Theorien, denn er eröffnet die Frage, wie denn die vorhandenen Ressourcen der ökonomisch effizientesten Verwendung zugeführt und dadurch ein Höchstmaß an menschlicher Bedürfnisbefriedigung erreicht werden kann.

Ausgehend von bzw. gekoppelt mit dem Ideal höchster menschlicher Bedürfnisbefriedigung untersucht die Neue Institutionenökonomik institutionelle Arrangements hinsichtlich ihres Beitrags zur Steigerung der menschlichen Bedürfnisbefriedigung im Allgemeinen und ihrer Vorteilhaftigkeit zu alternativen Arrangements im Speziellen. Die methodische und erkenntnistheoretische Grundlage der Neuen Institutionenökonomik ist daher auch, gegensätzlich zur Alten Institutionenökonomik, mit der neoklassischen Theorie identisch. Die Neue Institutionenökonomik ergänzt die Neoklassik vielmehr um die institutionentheoretische Analyse.[206]

---

205 Vgl. FN 81.

206 Vgl. weiterführend Frambach (2010), S. 644 f.

So geht die Alte Institutionenökonomik Fragen zu den gesellschaftstheoretischen und gesellschaftspolitischen Wirkungen von Institutionen nach und kann, da sie einen anderen Standpunkt als die Neue Institutionenökonomik vertritt, was sich in ihrer Erklärung zur Bildung und der Funktion von Institutionen zeigt, auch als Kritik (und damit als Alternative) zur Neoklassik aufgefasst werden. Die Alte Institutionenökonomik macht die Institutionen selbst zur Grundlage der institutionentheoretischen Wirkuntersuchungen, währenddessen die Neue Institutionenökonomik die Existenz von Institutionen als Ergebnis der motivationalen und kognitiven Faktoren sowie der koordinationstechnischen Probleme der Akteure auffasst.[207]

Da sich, wie gezeigt, die Rechnungslegung erst durch die Abwesenheit von vollkommenen Märkten erklärt und der Metazweck jedes Rechnungslegungssystem in der Steigerung der Allokationseffizienz liegt, erscheint somit die Neue Institutionenökonomik, hinsichtlich ihrer Identität mit den methodischen und erkenntnistheoretischen Prämissen der Neoklassik, geeignet, Aufschluss über die institutionelle Funktion der Rechnungslegung und damit über ihre Daseinsberechtigung geben zu können.

Insbesondere aber ergibt sich die Wahl der Neuen Institutionenökonomik als Grundlage dieser Arbeit, durch die theoretische Verortung des *fair values* mit dem Ideal des neoklassischen Marktwertes. Namentlich dieser Umstand, erfordert eine Analyse des *fair value* im Lichte der Neuen Institutionenökonomik und lässt erwarten, dass die Neue Institutionenökonomik fruchtbare Aufschlüsse darüber geben kann, von welchen Determinanten und Prämissen die Verlässlichkeit – als notwendiges Kriterium der Entscheidungsrelevanz – des *fair value* abhängt und inwiefern die Entscheidungsrelevanz des *fair value* zur Steigerung der Allokationseffizienz, dem erklärten Metaziel der IFRS, beitragen kann.

Zur hinreichenden theoretischen Fundierung dieser Arbeit erscheint allerdings eine umfangreichere Darstellung des Forschungsgebietes der Neuen Institutionenökonomik zwingend geboten. Dem wird in diesem Kapitel zunächst nachgekommen. Aufbauend

[207] Vgl. Frambach (2010), S. 644 f., und weiterführend zur Alten Institutionenökonomik, Erlei/Leschke/Sauerland (2007), S. 26 ff.

darauf erfolgt die Implikation der gewonnenen Erkenntnisse in die Rechnungslegungstheorie der IFRS.

3.2 Allokationseffizienz und Institutionenbildung

3.2.1 Das Organisationsproblem wirtschaftlicher Aktivitäten in der Neuen Institutionenökonomik

In der ökonomischen Theorie gilt das Optimum menschlicher Bedürfnisbefriedigung dann erreicht, wenn eine pareto-effiziente Allokation[208] vorliegt, also die Zuweisung der knappen volkswirtschaftlichen Produktionsfaktoren zu ihrer produktivsten Verwendung und deren optimaler Nutzung durch die einzelnen Wirtschaftssubjekte erfolgt ist. Wenn die Produktionssteigerung eines Gutes nur durch die Verminderung eines anderen Gutes (Produktionsoptimum) bewirkt und kein Individuum besser gestellt werden kann, ohne ein anderes Individuum schlechter zu stellen (Tauschoptimum), so wird von *Pareto-Effizienz* gesprochen.[209]

Die *Pareto-Effizienz* tritt allerdings nur unter spezifischen Maßgaben in Kraft.[210] Diese sind:

---

208 Die Zusammenfassung von Produktions- und Verwendungseffizienz wird als Allokationseffizienz bezeichnet. Im Einzelnen wird unter Produktionseffizienz die ergebnismaximierte Verwendung der Produktionsfaktoren verstanden, unter Verwendungseffizienz die Ausschöpfung des persönlichen Nutzens auf Grundlage der individuell zur Verfügung stehenden Faktor- und Gütermengen durch die Wirtschaftssubjekte. Vgl. Kleinewefers (2008), S. 43.

209 Die Definition dieses Zustandes geht auf den italienischen Ökonomen *Vilfredo F. Pareto* (1848-1923) zurück und begründete die *paretianische-Wohlfahrtsökonomie*, die auch „neuere Wohlfahrtsökonomie" genannt wird. Insbesondere unterscheidet sich die „neuere" Wohlfahrtsökonomie von der „älteren" Wohlfahrtsökonomie, indem sie die kardinale Messbarkeit des Nutzens und die Linearität der Nutzenfunktion ablehnt. Durch Aufgabe dieser Prämisse ergibt sich im Wesentlichen, dass das Maximum der gesamtgesellschaftlichen Wohlfahrt, durch Aggregation der Nutzenniveaus aller ihrer Mitglieder, auf Grundlage des methodologischen Individualismus, nicht bestimmbar und deshalb auch nicht erreichbar ist. Mit Annahme heterogener, individueller Nutzenempfindungen fiel auch der Maßstab für eine wohlfahrtsmaximale Nutzenverteilung weg. Insofern wurde auch der Erklärungsgehalt für den Begriff der gesamtgesellschaftlichen Wohlfahrt durch die „neue" Wohlfahrtstheorie beschnitten. Die *Pareto-Effizienz* kann bzgl. der gesamtgesellschaftlichen Wohlfahrt nur noch im speziellen individuellen Rahmen für Situationsvergleiche bei gegebener Ausgangsverteilung herangezogen werden. Vgl. weiterführend Kleinewefers (2008), S. 42 f.

210 Vgl. weiterführend für die normativen Grundannahmen der Wohlfahrtsökonomik Kleinewefers (2008), S. 35 ff., und zum Überblick, Frambach, (2009), S. 149 ff.

- **der methodologische Individualismus**

der unterstellt, dass die Eigenschaften einer sozialen Organisation ausschließlich als Ergebnis der aggregierten Eigenschaften der Individuen aufzufassen sind, aus denen sich die betreffende Gruppe konstituiert.[211] Bezogen auf die ökonomische Theorie bedeutet die Annahme des methodologischen Individualismus, dass ökonomische Probleme und die daraus resultierenden Fragestellungen anhand des Verhaltens und der Entscheidungen des Individuums betrachtet und aus dessen Perspektive analysiert werden.[212]

- **das Rationalitätspostulat**

welches annimmt, dass Individuen sich ihrer Zielfunktion gegenüber vollkommen rational und nutzenmaximierend als *homo oeconomicus*[213] verhalten können.

- **sowie das Individualprinzip**

das unterstellt, dass das Handeln des Individuums ausschließlich seinen eigenen Präferenzen unterliegt und von dessen eigenen Interessen gesteuert wird. Die Entscheidung über eigene Angelegenheit wird insofern vom Einzelnen uneingeschränkt selbst getroffen.

Da die *Pareto-Effizienz* nur unter vorangestellten Maßgaben und damit nur unter marginalanalytischen Bedingungen, also bei vollkommenen und damit gleichgewichtigen Märkten existiert, ist sie ein theoretisches Konstrukt, ein ökonomisches Ideal. Vielmehr

---

[211] *Vice versa* sind Eigenschaften von sozialen Systemen, deren Verhaltenen nicht mit den Einzelhandlungen der Organisationsmitglieder deckungsgleich sind, wie es bei holistischen Ansätzen der Fall ist, bei Unterstellung des methodologischen Individualismus ausgeschlossen.

[212] Der methodologische Individualismus gilt als die fundamentalste Gemeinsamkeit ökonomischer Theorien. Er ist die Grundlage eines liberalen und anthropozentrischen Weltbildes, das allein den Menschen und seine Wohlfahrt zum Inhalt hat und dieses zum *„Maß aller Dinge"* erklärt. Vgl. weiterführend Weimann (2009), S. 11 f., 25.

[213] Als *„homo oeconomicus"* wird der vollkommen rationale und über vollständige Information verfügende fiktive Akteur der neoklassischen Theorie bezeichnet. Seine Zielfunktion wird durch seine Fähigkeit, die eigenen Präferenzen genau zu kennen, Opportunitäten oder Restriktionen ohne zeitliche Verzögerung auszuloten, immer erfüllt. Vgl. bspw. Erlei/Leschke/Sauerland (2007), S. 2 ff. oder Göbel (2002), S. 23 ff. sowie weiterführend und differenzierend zum *„homo oeconomicus"* als ökonomisches Verhaltensmodell, Kirchgässner (2000), S. 12 ff., und im Zusammenhang mit gleichgewichtigen Märkten bzw. der *Pareto-Effizienz*, ders., S. 67.

kann in der Realität keine *Pareto-Effizienz* nachgewiesen werden; schon mit dem Wegfall nur einer Prämisse des vollkommenen Marktes liegt per definitionem Marktversagen vor. Ausgehend von dem Wegfall einzelner Kriterien, die insofern Abweichungen von der *Pareto-Effizienz* darstellen, kann Marktversagen in vier Arten aufgeteilt werden, nämlich: 1. durch Marktmacht, die dann vorliegt, wenn aufgrund der Abwesenheit vollkommener Konkurrenz der Preismechanismus nicht mehr zur effizienten Allokation führt. 2. Durch externe Effekte, die zu verzeichnen sind, wenn marktliche Prozesse auf Dritte beschränkend oder beeinflussend wirken und dieses nicht im Preis reflektiert wird. 3. Durch öffentliche Güter, in deren Folge der Markt nicht fähig ist eine optimale, weil durch den Preismechanismus gesteuerte Güterversorgung sicherzustellen. 4. Durch die Abwesenheit vollkommener Information und die Existenz von Informationsasymmetrien, wodurch Akteure bei der Entscheidungsfindung Risiken und Unsicherheiten ausgesetzt sind.[214]

Die *Pareto-Effizienz* als Ideal kann daher nur eine erklärende, normative Funktion einnehmen, anhand derer Institutionen und die damit verbundenen Handlungen ihrer Akteure hinsichtlich ihrer Einflussnahme und ihren Auswirkungen auf die Wohlfahrtsmaximierung untersucht wird. Dafür dient die *Pareto-Effizienz* als Maßkriterium bestehender Allokationseffizienz und als Deduktionsgrundlage zur Analyse möglicher ökonomischer Allokationseffizienz sowie der Differenzierung zwischen den beiden Zuständen.[215] Diese Funktion nimmt die *Pareto-Effizienz* als Standardkriterium auch in der Neuen Institutionenökonomik wahr.[216]

Die Neue Institutionenökonomik untersucht das Marktversagen durch Informationsasymmetrien, weshalb sie sich vom effizienten und friktionslosen, auf vollkommener Informiertheit und unbedingter Rationalität der Akteure basierenden, neoklassischen Denkmodell löst und dieses durch „realitätsnähere" Annahmen ersetzt.[217] Mit Vernei-

214 Vgl. Frambach (2009), S. 184, sowie Endres/Martiensen (2007), S. 896, und weiterführend zum Verfehlen der *Pareto-Effizienz* durch Marktversagen, Kleinewefers (2008), S. 116 ff.

215 Vgl. Kleinewefers (2008), S. 43.

216 Vgl. weiterführend, Erlei/Leschke/Sauerland (2007), S. 15 ff., sowie Göbel (2002), S. 45 f.

217 So erklärt Williamson (1985), S. 44: *"Transaction cost economics charactererizes human nature as we know it by reference to bounded rationality and opportunism. The first acknowledges limits on congnitive competence. The second substitutes subtle for simple self-interest seeking."*

nung neoklassischer Modellannahmen durch die Neue Institutionenökonomik werden daher, als Ausdruck des Marktversagens respektive der Ineffizienz im Pareto'schen Sinne, positive Transaktionskosten als das Ergebnis begrenzter Rationalität, unvollkommener Information sowie eingeschränkter Reaktionsgeschwindigkeit der Individuen zulässig. Mängel im Prozess des Wirtschaftens, die in der Neoklassik ausgeblendet bzw. wegdefiniert wurden, werden offenbar.

Das Organisationsproblem entsteht und zwingt die Form der Arbeitsteilung und der Spezialisierung, die Strukturen und Abläufe des Tausches so abzustimmen, dass möglichst wenige Reibungsverluste[218] entstehen und sie dadurch den größtmöglichen Beitrag zur Knappheitsbewältigung leisten, das Knappheitsproblem wird in der Neuen Institutionenökonomik zur Frage organisatorischer Defizite (in Form eines Koordinations- und Motivationsproblems) und deren optimaler Verringerung.[219]

Die damit einhergehenden Problemstellungen macht sich die Neue Institutionenökonomik, die in ihrem Kern aus den drei Teilansätzen: der Theorie der Verfügungsrechte (*Property-Rights*-Analyse), der *Principal-Agent*-Theorie und im Transaktionskostenansatz besteht, zum Inhalt.[220] In Bezug auf diese Arbeit ist aus dem Forschungsgebiet der Neuen Institutionenökonomik aber nur der Transaktionskostenansatz Williamsons, der *Governance-structure*-Ansatz, relevant.[221]

So geht die Theorie der Verfügungsrechte in ihrem Kern Fragen über die Verhaltensauswirkungen von Akteuren angesichts unterschiedlicher Verfügungsrechtskonstellationen nach. Dabei fokussiert die Theorie der Verfügungsrechte auf die Motivations-

---

218 Williamson (1985), S. 1 verdeutlicht die ökonomischen Reibungsverluste mit der Metapher: *"In mechanical systems we look for frictions: Do the gears mesh, are the parts lubricated, is there needless slippage or other loss of energy?"* und ebenso metaphorisch ist die damit korrespondierende und vielbemühte Analogie, dass Transaktionskosten als *"... the economic equivalent of friction in physical systems."* zu verstehen sind. Williamson (1985), S. 19.

219 Vgl. zum Organisationsproblem, insb. Picot/Dietl/Franck (2008), S. 5 ff.

220 Vgl. Göbel (2002), S. 60.

221 Der Transaktionskostenansatz unterteilt sich wiederum in den „Messkostenansatz" und den „*Governance-structure*-Ansatz". Vgl. weiterführend, Erlei/Leschke/Sauerland (2007), S. 41, und zum „Messkostenansatz", dies. S. 69 ff.

problematiken der Akteure; die Probleme der Koordination werden in diesem Teilansatz nur bedingt betrachtet.[222]

Ebenso wie die Theorie der Verfügungsrechte, untersucht die *Principal-Agent*-Theorie vornehmlich die Motivationsproblematiken der Akteure. Schwerpunkt sind hier allerdings ihre Auswirkungen bei vertraglichen Schuldverhältnissen, also das spezifische Verhalten der Akteure in einer Auftraggeber-Auftragnehmer-Beziehung. Grundlage der Motivationsproblematiken, wie sie die *Principal-Agent*-Theorie annimmt, ist dabei das Vorliegen von Informationsasymmetrien zwischen den Vertragsparteien, aus denen ein Messproblem erwächst. Koordinationsschwierigkeiten berücksichtigt diese Theorie vornehmlich nur dann, wenn diese ein Suchproblem darstellen. Die Leistungsbereitstellung selbst geschieht in der *Principal-Agent*-Theorie generell über den Preismechanismus.[223]

Demgegenüber greift der eng mit der *Principal-Agent*-Theorie in Beziehung stehende Williamsonsche Transaktionskostenansatz alle Organisationsprobleme bei Leistungs- bzw. Tauschbeziehungen auf und integriert das Motivationsproblem und das Koordinationsproblem gleichermaßen. Hierdurch berücksichtigt der Transaktionskostenansatz auch sämtliche organisatorischen Defizite.[224] [225] Insbesondere aber lässt die Beachtung des Spezifitätsproblems, als Teil des Motivationsproblems, den Transaktionskostenansatz als geeignet für die Bearbeitung der hier aufgeworfenen Fragestellung erscheinen.

Darüber hinaus sind nicht ausschließlich die Informationsasymmetrien zwischen bilanzierendem Unternehmen und den Investoren im Sinne eines Messproblems für den *trade-off* des *fair value* ursächlich, sondern der *trade-off* wird zusätzlich und insbesondere durch Spezifität des betreffenden Vermögenswertes selbst bedingt.[226] Da dieser

---

222 Vgl. Göbel (2002), S. 61.

223 Vgl. Göbel (2002), S. 61 f.

224 Vgl. Göbel (2002), S. 63 f.

225 So wird in *Principal-Agent*-Theorie nicht wie im Transaktionskostenansatz allgemein die Leistungsbeziehung zwischen Akteuren betrachtet, die aufgrund einer Transaktion bestehen, sondern die *Principal-Agent*-Theorie untersucht ganz spezifisch das Verhalten der Akteure in einer Auftraggeber-Auftragnehmer-Beziehung. Vgl. weiterführend Picot/Dietl/Franck (2008), S. 72.

226 Aus der Spezifität resultiert in der *Principal-Agent*-Theorie ausschließlich das sogenannte *„hold up-*Problem“, welches allerdings in wesentlich geringerem Umfang als das Messproblem in der

Umstand durch die *Principal-Agent*-Theorie nicht fassbar ist, erscheint die Wahl des Transaktionskostenansatzes von Williamson als theoretische Grundlage dieser Arbeit einschlägiger und weiterführender. Die mitunter in der einschlägigen Literatur vorkommende Heranziehung der *Principal-Agent*-Theorie zur Analyse des *trade-offs* von *fair values* ist daher auch erkenntnistheoretisch, wenn nicht als falsch, so doch zumindest als unglücklich anzusehen.

Das „Herunterbrechen" des *trade-offs* von *fair values* auf Informationsasymmetrien zwischen Principal und Agent bzw. zwischen Bilanzadressat und bilanzierenden Unternehmen verengt die Problematik des *trade-offs* auf wenige Aspekte und blendet seine Ursächlichkeit ganz aus. Informationsasymmetrien zwischen bilanzierendem Unternehmen und Bilanzadressat stellen vielmehr nur einen, wenn auch nicht unwesentlichen, Faktor des *trade-offs* von *fair values* dar. So existiert generell der *trade-off* des *fair values* auch dann noch, wenn alle Informationsasymmetrien zwischen dem bilanzierenden Unternehmen – durch geeignete Maßnahmen[227] – aufgelöst sind, und zwar solange, bis neoklassische Prämissen zugrunde gelegt werden. Der Bilanzadressat als Principal und das bilanzierende Unternehmen als Agent unterliegen letztlich beide einer beschränkten Rationalität. Somit ist die *Principal-Agent*-Theorie im Zusammenhang mit der Rechnungslegung nur dann als einschlägig anzusehen, wenn die Rechnungslegung zur Verkündung von Informationen dient, die intersubjektiv überprüfbar sind oder wären. Wie bereits gezeigt, ist das beim *fair value* im Allgemeinen und bei dem von Investment Properties im Speziellen nicht zutreffend. Im gegensätzlichen Falle wäre auch eine Diskussion um die Verlässlichkeit des *fair value* weitgehend obsolet.

Nachfolgend wird der Transaktionskostenansatz von Williamson in seinen groben Zügen dargestellt.

Principal-Agent-Theorie betrachtet wird. Vgl. Göbel (2002), S. 62, und weiterführend zum *„hold up-Problem"*, Picot/Dietl/Franck (2008), S. 75 f.

227 Damit sind Maßnahmen gemeint, welche die *Principal-Agent*-Theorie unter die Bezeichnungen des Signalling und Screening subsummiert. Vgl. zu den Begrifflichkeiten weiterführend, Göbel (2002), S. 110 ff.

3.2.2 Der Transaktionskostenansatz

Die Organisationsprobleme der Wirtschaft werden im markttheoretischen Teilansatz der Neuen Institutionenökonomik, dem von *Ronald H. Coase* aufgeworfenen und von *Oliver E. Williamson* weiterentwickelten Transaktionskostenansatz, aufgegriffen.[228] Dieser beschäftigt sich mit Effizienzanalysen von marktlichen und betrieblichen Tauschprozessen und geht dabei im Kern der Frage nach, ob Transaktionen effizienter über Märkte oder Hierarchien, also unternehmensintern, abgewickelt werden können.[229] Die Kombination aus beiden Formen, die hybride Transaktion, lässt der Transaktionskostenansatz dabei ebenfalls als denkbare Antwort zu.[230]

Als zugrundeliegende Maßeinheit hierbei gilt die einzelne Transaktion und als Effizienzkriterium die durch sie ausgelösten Kosten – die Transaktionskosten, welche, der Definition von *Picot/Dietl/Franck* (2008) folgend, in dieser Arbeit zunächst sehr generell „*... als alle Opfer und Nachteile, die von den Tauschpartnern zur Verwirklichung des Leistungsaustausches zu tragen sind ...*"[231] verstanden werden.

Zur Untersuchung der Vorteilhaftigkeit einer Transaktion begreift der *Williamsonsche* Transaktionskostenansatz das Organisationsproblem der Wirtschaft zunächst allgemein als Problem der Arbeitsteilung, die innerhalb des Marktes in Form eines Tau-

---

228 Der im Wesentlichen durch *Oliver E. Williamson* geprägte Transaktionskostenansatz hat sich von den 1930er Jahren bis heute zu einem der grundlegenden und einflussreichsten ökonomischen Forschungsansätz entwickelt. Auslöser des Transaktionskostenansatzes war die Erkenntnis von *Ronald H. Coase*, dass die Koordination wirtschaftlicher Tauschprozesse nicht kostenlos ist. In seinem berühmten Aufsatz von 1937 „*The Nature of the Firm*" konstatiert *Coase*, dass die Kosten der Marktbenutzung teilweise so hoch sein können, wodurch der Markt als Koordinationsinstrument für die Abwicklungen von Transaktionen versagt. Die Unternehmung sei in diesen Fällen als alternatives Koordinationsinstrument für die Durchführung von Transaktionen vorziehenswürdiger. Mit diesem Ansatz begründete *Coase* grundlegend die ökonomische Existenz von Unternehmen. Vgl. Coase (1937), S. 387 ff., 404 f. und weiterführend zu den Arbeiten von *Coase*, Pies (2000), sowie zum Beitrag *Williamsons*, Pies (2001), zum Überblick über die Geschichte und die Entwicklung der Neuen Institutionenökonomik, Erlei/Leschke/Sauerland (2007), S. 26 ff.

229 Williamson (1985), S. 1 definiert eine Transaktion als dann erfolgt, „*...when a good or a service is transferred across a technologicially separable interface. One stage of activity terminates and another begins.*" Das kann ein technischer Vorgang sein – der Austausches zweier Güter oder Dienstleistungen zwischen mindestens zwei Akteuren – oder durch die Übertragung von Verfügungsrechten unter mehreren Tauschpartnern geschehen. Diese müssen nicht notwendigerweise Individuen sein; Transaktionen finden auch innerhalb von Organisationen statt. Vgl. weiterführend Erlei (1998), S. 30 f.

230 Vgl. Williamson (1991), S. 269 ff. sowie Richter/Furubotn (2003), S. 193 ff.

231 Picot/Dietl/Franck (2008), S. 57.

sches, unternehmensintern durch Übertragung bzw. Weitergabe von halbfertigen Produkten und Dienstleistungen stattfindet, und splittet dieses anschließend in ein Koordinationsproblem und ein Motivationsproblem auf.

Koordinationsprobleme entstehen, wenn Akteure nur über unzureichendes Wissen hinsichtlich ihrer Aufgaben und Rollen verfügen, sie unvollkommen informiert sind und deshalb ein Bereitstellungs- oder Suchproblem haben. Motivationsprobleme hingegen stehen für den Umstand des Nichtwollens der Akteure und werden durch die Komplexität/Unsicherheit und die Faktorspezifität einer Transaktion verursacht. Deren Ausfluss ist insofern das dadurch auftretende Messproblem und das Spezifitätsproblem.[232]

Die Koordinationsprobleme auslösenden Determinanten fasst *Williamson* (1975) in *„The Organizational Failures Framework“*[233] mit dem Begriff der Verhaltensannahmen zusammen. Als wesentlich betrachtet er dabei zwei Merkmale: die Akteure verfügen nur über eine beschränkte Rationalität und sie verhalten sich im Allgemeinen opportunistisch. Die Motivationsprobleme hingegen subsumiert *Williamson* in diesem Modell unter den Terminus „Umweltbedingungen“. Darunter zählt er insbesondere die Komplexität, die Spezifität und die Häufigkeit einer Transaktion. Umgeben werden die Verhaltensannahmen und die Umweltbedingungen dabei von der Transaktionsatmosphäre, die sinnbildlich für alle soziokulturellen Einwirkungen und technischen Faktoren steht, die eine Transaktion beeinflussen.[234] Diesen drei Bedingungskonstellationen unterliegt jede Transaktion. Unter gegenseitiger Beeinflussung bestimmen sie die

232 Vgl. Picot/Dietl/Franck (2008), S. 3 ff., sowie Göbel (2002), S. 55 ff.

233 Vgl. Williamson (1975), S. 40.

234 Die organisatorischen Probleme wirtschaftlicher Tauschprozesse werden sowohl durch soziale als auch technische Faktoren beeinflusst. Insbesondere freundschaftliche Beziehungen, die für die Tauschpartner einen ideellen Wert haben, machen das Verhaltensannahmen-Umweltbedingungen-Modell oftmals zu einfach. Vielmehr begründen Transaktionen auf Grundlage dieser Werte, der *„interaction effects“*, die Annahme, dass die Akteure sich nicht opportunistisch verhalten werden. Transaktionsunsicherheiten nehmen ab, die Kommunikation zwischen den Tauschpartnern ist erleichtert. Die gleiche Auswirkung, die der Wert Freundschaft auf eine Transaktion hat, kann auch von anderen Werten angenommen werden. Reputation, geteilte Werte und Normen – ob sozialer oder religiöser Natur – begrenzen gemeinhin opportunistisches Verhalten und haben positive Auswirkungen auf die Kommunikation und den Informationsaustausch infolge dessen Transaktionen auch „sicherer“ werden. Vgl. Williamson (1975), S. 37 f., ders. (1985) S. 59 f., sowie Picot/Dietl/Franck (2008), S. 61.

Höhe der Transaktionskosten.[235] Nachfolgend werden die Verhaltensannahmen sowie die Umweltbedingungen kurz erläutert.

3.2.3 Verhaltensannahmen (*human factors*)

- **Beschränkte Rationalität (*bounded rationality*)**

Williamson unterscheidet drei Formen der Rationalität in der ökonomischen Theorie: die strenge Form der Rationalität, welche auf einer Maximierungsprämisse fußt, die mittelstrenge Form der Rationalität, was eine beschränkte Rationalität bedeutet, und die schwache Form der Rationalität als organische Rationalität.[236] Dem Transaktionskostenansatz liegt, gegensätzlich zur neoklassischen Theorie, die Annahme einer mittelstrengen, also einer beschränken, Rationalität der Akteure zugrunde. Die einzelnen Annahmen über die Form und die Ausprägung der begrenzten Rationalität im Transaktionskostenansatz trifft *Williamson* dabei in Anlehnung zu dem, im Konzept der *„bounded rationality"* von *Herbert A. Simon (1955)*[237] auftretenden Akteur des *Satisficer.*[238]

Die Rationalität *des Satisficer* ist begrenzt, weil er kognitiven Beschränkungen unterliegt, die ihm zum einen Grenzen bei der Erkenntnisgewinnung und der Verarbeitungs- und Speicherfähigkeit setzen und zum anderen Fertigkeiten oder Wissen verbal zu beschreiben und damit zu vermitteln.[239] [240] Allerdings implizieren die kognitiven Limitationen nicht ein irrationales Handeln des Akteurs. Vielmehr verhält sich der *Satisficer*, analog zum *homo oeconomicus* der neoklassischen Theorie, ebenfalls rational. Allerdings auf Grundlage seines begrenzten Wissensstandes. Der *Satisficer* weiß somit um die Rangfolge seiner Bedürfnisse und ist in der Lage, das für ihn Vordring-

235 Vgl. Williamson (1975), S. 21 ff.
236 Vgl. Williamson (1985), S. 44 f.
237 Vgl. Simon (1955).
238 Vgl. Williamson (1985), S. 44 und im Zusammenhang mit Simon (1955), Kirchgässner (2000), S. 27.
239 Vgl. Williamson (1975), S. 21 f.
240 Simon (1991), S. 266 führt aus: *The term 'bounded rationality' is used to designate rational choice that takes into account the cognitive limitations of the decision-maker – limitations of both knowledge and computational capacity."*

lichste zu erkennen und seine Handlungen „...*intendedly rational, but only limitedly* ...“[241] auf seine Befriedigung zu richten.

Angesichts seiner nur intendierten Rationalität beabsichtigt der *Satisficer* auch nicht die Maximierung seines Nutzens, sondern die Befriedigung desselben.[242] Der *Satisficer* optimiert vielmehr dergestalt, dass er unter seinen Alternativen, bei sukzessiver Verringerung seines Anspruchsniveaus, so lange sucht, bis er eine akzeptable bzw. hinreichende Alternative gefunden hat.[243] Insofern ist er sich vollends bewusst, dass die gewählte Alternative ggf. nicht die einzige oder die beste ist.[244]

- **Opportunismus (*opportunism*)**

Im Transaktionskostenansatz wird unterstellt, dass sich die Akteure opportunistisch verhalten, wenn sie sich dadurch Vorteile versprechen, sie also ihren persönlichen Nutzen maximieren können. Zur Erreichung dieses Ziels nehmen die Akteure selbst eine Schädigung des Vertragspartners billigend in Kauf und schrecken vor der Zuhilfenahme von List und Tücke, wie Lügen und Betrügen oder der verzerrten oder unvollständigen Informationswiedergabe, nicht zurück. Williamson (1985) nimmt sogar an, dass sich die Akteure schon bei der Vertragsgestaltung opportunistisch verhalten werden, indem sie ihrem strategischen Kalkül entsprechende Maßnahmen ergreifen. Ob und wie das geschieht, lässt der Transaktionskostenansatz allerdings offen, jedoch kann davon ausgegangen werden, dass die Akteure vielfach ihrem „... *self-interest seeking with guile*“[245] nachgehen, weshalb stets mit opportunistischem Handeln zu rechnen ist. Unter Opportunismus können aber auch Sachverhalte fallen, die nicht dem strategischen Opportunismus-Kalkül der Akteure im beschriebenen Sinne entsprechen.[246] Das sind

---

241 Vgl. Williamson (1985), S. 45 und dazu, in der dritten Auflage mit geänderter Einführung, Simon (1976), S. XXVIII.

242 Williamson übernimmt bei Unterstellung der *bounded rationality* den *Satisfizierungsansatz* allerdings nicht uneingeschränkt. Vielmehr beschreitet er einen Mittelweg zwischen der Annahme der Nutzenmaximierung sowie der Position Simons und schließt den Maximierungsgedanken zu Gunsten des Satisfizierungsansatzes nicht kategorisch aus. Vgl. Pies (2001), S. 5.

243 Vgl. Kirchgässner (2000), S. 31, sowie, Voigt (2002), S. 29 f., 205.

244 Vgl. weiterführend zur beschränken Rationalität, Kirchgässner (2000), S. 27 ff., und im Zusammenhang mit dem Transaktionskostenansatz, Erlei/Leschke/Sauerland (2007), S. 202 ff.

245 Williamson (1985), S. 47.

246 Vgl. Williamson (1985), S. 47 ff.

Fälle, die zunächst einer so genannten „ehrlichen Nichtübereinstimmung" unterliegen. Erst nach offenkundiger Fehlinterpretation eines der Transaktionspartner erscheinen daher opportune Verhaltensweisen für die Akteure angebracht, deren Ergreifung dann auch angenommen werden kann.[247]

3.2.4 Umwelt- bzw. Transaktionsbedingungen (*environmental factors*)

- **Unsicherheit/Komplexität (*uncertainty/complexity*)**

Mit Annahme beschränkter Rationalität und des Opportunismus werden Transaktionen komplex. Der Umfang und die Vorhersehbarkeit von möglichen Änderungen können, abgesehen von einfachen Transaktionen, nicht mehr vollkommen geregelt werden. Deshalb lösen komplexe Transaktionen auch Unsicherheiten auf Seiten der Tauschpartner aus,[248] die in der Institutionenökonomik als Messschwierigkeiten bezeichnet werden.[249]

Messschwierigkeiten in Folge komplexer Transaktionen treten immer dann auf, wenn sich die Tauschpartner nicht sicher sein können einen fairen Tausch abgeschlossen zu haben, weil kein geeigneter Wertmaßstab zur Beurteilung der Transaktion existiert. Verstärkt werden die Messschwierigkeiten durch opportune Verhaltensannahmen, denn komplexe Transaktionen bieten systematische Anreize zur Leistungszurückhaltung, denen die Akteure annahmegemäß auch nachgeben werden. Als Konsequenz komplexer Transaktionen resultieren besonders hohe Transaktionskosten in Form von Such- und/oder Kontrollkosten für Leistungs- oder Qualitätsverifizierungen und Preisbestimmungen.[250] Mit den Messschwierigkeiten im engen Bezug steht auch die Faktorspezifität, als die nach Ansicht *Williamsons* wesentlichste Umweltbedingung.[251] [252]

---

[247] Vgl. Erlei/Leschke/Sauerland (2007), S. 203.

[248] Insofern kann die Unsicherheit in Verhaltens- und Umweltunsicherheit unterteilt werden. Vgl. Williamson (1975), S. 23 f., sowie ders. (1985), S. 57 ff.

[249] Vgl. Göbel (2002), S. 30 f., 57.

[250] Vgl. Picot/Dietl/Franck (2008), S. 59.

[251] So Williamson (1985), S. 56 der darauf hinweist, dass: *„The importance of asset specificity to transaction cost economics is difficult to exaggerate."*

[252] Vgl. Göbel (2002), S. 137.

- **Faktorspezifität (*asset specifity*)**

Die Faktorspezifität ergibt sich aus der Investition eines Vertragspartners in ein Gut oder eine Dienstleistung, deren Verwendung in einer anderen Vertragsbeziehung nicht möglich ist oder aber nur mit Verlusten für ihn verbunden ist. Bemessen wird die Spezifität einer Transaktion aus der wertmäßigen Differenz der beabsichtigten Verwendung einer Ressource und dem zweitbesten möglichen Einsatz.[253] Sehr spezifische Investitionen begründen deshalb auch eine hohe Abhängigkeit vom jeweiligen Vertragspartner, da mit steigendem Investitionsvolumen der Wertverlust durch einen Vertragsabbruch anwächst.[254]

Je höher die Differenz ausfällt, umso höher sind auch die Faktorspezifität einer Transaktion und die daraus erwachsenden Transaktionskosten.[255] Deshalb „wächst" mit der Höhe der Transaktionskosten auch die Gefahr des „hold up", also die Möglichkeit der Vertragsparteien, die Faktorspezifität auszunutzen, da die Parteien durch den „lock in" Effekt[256] in der Transaktionsbeziehung gefangen sind. Der Wechsel zu einer neuen Transaktionsbeziehung ist bei Vorliegen hoher Faktorspezifität insofern schwierig bis unmöglich. Dadurch kann die „mächtigere" Partei versucht sein, sich durch Neu- oder Nachverhandlungen, die Differenz aus der besten und der zweitbesten Verwendung der Faktoren, die sogenannte „Quasi Rente",[257] anzueignen.[258] [259] Einschränkend bzw.

---

253 Williamson (1996) S. 14 unterscheidet in fünf Arten von Faktorspezifität *(asset specifity).* Dazu zählen die Standortspezifität *(site specificity)*, die Sachkapitalspezifität *(physikal asset specifity)*, die Humankapitalspezifität *(human asset specifity)* – worunter weitgefasst Mitarbeiterqualifikation zu verstehen sind – und kundenspezifische Vermögensgegenstände *(dedicated asset)* sowie Markennamenkapital *(brand name capital)*. Später fügt der der Aufzählung noch die Zeitspezifität *(temporal specificity)* hinzu. Vgl. Williamson (1991), S. 281, weiterführend zur Faktorspezifität, Leschke/Erlei/Sauerland (2007), S. 204 ff.

254 Zumeist treten die Spezifitäten kombiniert auf. Vgl. Picot/Dietl/Franck (2008), S. 60.

255 Hier vor dem Hintergrund, dass hochspezifische Investitionen auch entsprechende (umfangreiche) vertragliche Regelungen im Sinne von Beherrschungs- und Überwachungssystemen bedürfen. Vgl. hierzu Williamson (1985), S. 73 ff.

256 Vgl. Williamson (1985), S. 53.

257 Die Differenz zwischen dem Höchstpreis und dem zweitbesten Preis der durch eine Transaktion erzielbar wäre wird als „Quasi-Rente" bezeichnet. Vgl. Göbel (2002), S. 138.

258 Vgl. Göbel (2002), S. 137 f.

259 Erfolgt indes ein Abbrechen der Transaktionsbeziehung, so entstehen so genannte *„sunk-costs"*. Vgl. Jost (2001), S. 11.

relativierend auf die Faktorspezifität kann jedoch die strategische Bedeutung derselben sein.[260]

- **Häufigkeit (*frequency*)**

Ein Einfluss auf die Höhe der Transaktionskosten besteht auch in der Häufigkeit, mit der bestimmte Transaktionen zwischen den Tauschpartnern ausgeführt werden. Die Häufigkeit hat dann signifikanten Einfluss auf die Höhe der Kosten, wenn die Transaktion von besonderer Spezifität geprägt ist und das Transaktionsgut nicht ohne Schwierigkeiten substituierbar ist.[261] Bei zunehmender Häufigkeit nimmt der Transaktionskostenansatz jedoch an, dass die Transaktionskosten fallen, da sich zum einen die hohen Anfangsinvestitionen einer spezifischen Investition zu amortisieren beginnen *(economies of scale)* und sich andererseits ein Vertrauensverhältnis zwischen den Tauschpartnern einstellen wird.[262]

Daraus entwickelt sich das, was Williamson (1985) als die „Fundamentale Transformation“ *(The Fundamental Transformation)* bezeichnet hat, und zwar dann, wenn die zunehmende gegenseitige Erfahrung dazu führt, einen unspezifischen Faktor in einen spezifischen Faktor umzuwandeln.[263] Jedoch kann wiederum daraus *ex-post* der Anreiz für opportunistisches Verhalten resultieren.[264] [265]

Nachfolgend das *„The Organizational Failures Framework“*-Schaubild in Anlehnung an Williamson (1975), S. 40, welches sich ähnlich auch bei Picot/Dietl/Franck (2008), S. 58 findet.

---

260 Vgl. weiterführend Picot/Dietl/Franck (2008), S. 60 f.

261 Vgl. Williamson (1985), S. 60, Göbel (2002), S. 142 f.

262 Vgl. Jost (2001), S. 14, Picot/Dietl/Franck (2008), S. 60 f.

263 Vgl. Williamson (1985), S. 61 f., und in diesem Zusammenhang, Erlei/Leschke/Sauerland (2007), S. 206, sowie Göbel (2002), S. 141.

264 Vgl. Picot/Dietl/Franck (2008), S. 60.

265 Vgl. weiterführend zu den Grundlagen, den Verhaltensannahmen und den Umweltbedingungen des Transaktionskostenansatzes, Picot/Dietl/Franck (2008), S. 57 ff., sowie Erlei/Leschke/Sauerland (2007), S. 199 ff., und Göbel (2002), S. 129 ff.

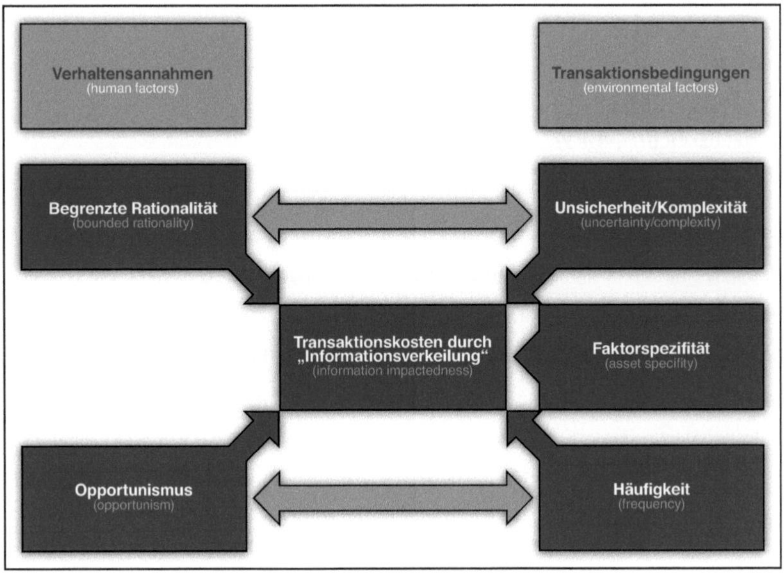

Abbildung 2: „The Organizational Failures Framework“ nach Williamson
Quelle: In Anlehnung an Williamson (1975), S. 40 und Picot/Dietl/Franck (2008), S. 58.

3.2.5 Markttransaktionskosten

Mit Aufhebung neoklassischer Prämissen erfolgt der Tausch von Gütern und Dienstleistungen nicht mehr anonym auf vollkommenen Märkten. Daher können auch, abhängig von der Art des auslösenden Organisationsproblems, Transaktionskosten in Unternehmenstransaktionskosten und Markttransaktionskosten untergliedert werden.[266] [267]

Sofern das Gut oder die Leistung über eine unternehmensinterne technische Schnittstelle übertragen wurde, sind Unternehmenstransaktionskosten in Form von Motivationskosten bzw. Hierarchiekosten angefallen. Diese umfassen alle Aufwendungen, die ein Unternehmen bspw. für Leistungsmessungen, das Controlling von Mitarbeitern, das Setzen von Anreizsystemen aufwendet. Weitgefasst können darunter alle Kosten,

[266] Als weitere sektorale Klassifikation gelten indes die *„politischen Transaktionskosten“*. Vgl. Richter/Furubotn (2003), S. 63 ff., sowie Frambach/Eissrich (2002), S. 5 f.

[267] Vgl. weiterführend zur Definition, zur Anwendung und Abgrenzung sowie zu Widersprüchen des Transaktionskostenbegriffs, insb. Frambach/Eissrich (2002), aber auch Löchel (1995), S. 22 ff.

die mit der Einrichtung, der Erhaltung oder Veränderung einer Unternehmung aufkommen, gerechnet werden.[268] Insofern ist im Kontext des Transaktionskostenansatzes eine Unternehmung auch vielmehr als *„governance structure"* bzw. als „Beherrschungs- und Überwachungssystem"[269] zu interpretieren, denn als Produktionsfunktion zu verstehen.[270]

Ist die Transaktion aber über den Markt abgewickelt worden, sind Markttransaktionskosten entstanden, die *Coase* 1937 als *„... cost of using the price mechanism"*[271] und *Arrow* 1969 pauschaler als *„...costs of running the economic system ..."*[272] bezeichnet hat. Diese sind für die nachfolgenden Ausführungen relevant und werden im Folgenden erörtert.

Für die Abwicklung eines Tausches müssen mögliche Tauschpartner ermittelt, Verhandlungen geführt, Entscheidungen getroffen und diese überwacht und durchgesetzt werden. Die Kosten dafür, also für die Festlegung, Übertragung und Durchsetzung der Transaktion, werden als Markttransaktionskosten definiert und können vor dem Hintergrund ihrer zeitlichen Komponenten in *ex-ante* und *ex-post* Transaktionskosten aufgeteilt werden.

Unter *ex-ante* Transaktionskosten werden die Kosten vor Durchführung der Transaktion verstanden, die bspw. im Rahmen für die Informationsbeschaffung, die Verhandlungen und Entscheidungsfindungen angefallen sind. *Ex-post* Transaktionskosten entstehen demgemäß erst mit Durchführung der Transaktion und umfassen die Aufwendungen für Anpassungs-, Schlichtungs-, Durchsetzungs- und nicht zuletzt Überwachungskosten.[273]

---

268 Vgl. Göbel (2002), S. 132, Frambach/Eissrich (2002), S. 46 und zu einer differenzierenden Einzelaufzählung von Unternehmenstransaktionskosten, Richter/Furubotn (2003), S. 58, 61 ff.

269 Williamson (1985), S. 13 und – in der Übersetzung ins Deutsche – Williamson (1990), S. 14.

270 Vgl. Williamson (1985), S. 15, Göbel (2002), S. 132.

271 Vgl. Coase (1937), S. 390.

272 Arrow (1969), S. 48, führt exakt aus: *"It is usually though not always emphasized that transaction costs are costs of running the economic system."*

273 Vgl. Williamson (1985), S. 20 ff., Richter/Furubotn (2003), S. 59.

Insofern setzen sich die Markttransaktionskosten vornehmlich aus Informations- und Verhandlungskosten zusammen – also als Kosten, die für die *„Entdeckung der relevanten Preise"* aufgewendet werden müssen.[274]

Deren Messbarkeit stellt allerdings eine Kernproblematik der Neuen Institutionenökonomik dar. So gelten Transaktionskosten im Allgemeinen und Markttransaktionskosten im Speziellen als nur dann verifizierbar, wenn sie einen messbareren Ressourcenverbrauch auslösen, wie das teilweise im Rahmen der Informationsermittlung oder bei der Durchführung und der Überwachung von Verträgen im Zuge einer Transaktion vorkommt. Per se bereitet eine genaue Feststellung aber auch hier Probleme, da die Begrifflichkeiten nur sehr schwer einzuteilen und abzugrenzen sind, wie sich bspw. bei der genauen Erfassung der aufgelaufenen Kosten für Informationsermittlung eines bestimmten Preises zeigt. *Frambach/Eissrich* (2002) fragen daher auch, was denn Informationsermittlung eigentlich sei: *„Ist hiermit etwa nur das Gehalt des zuständigen Einkaufsachbearbeiters gemeint, zuzüglich der Telefon- und Portokosten und vielleicht einiger Werbegeschenke? Wie verhält es sich mit den Kommunikationsfähigkeiten, dem persönlichen Interesse des Einkäufers, persönlichen Kontakten oder auch der Vorenthaltung einiger Informationen aus Gründen der Bequemlichkeit, bestehender persönlicher Referenzen zur Zulieferfirma ... ."*[275]

Das Zitat macht offenbar, dass Transaktionskosten, die durch die *bounded rationality* und/oder opportunistische Verhaltensweisen der Akteure ausgelöst werden, generell nicht messbar sind. Zweifellos müssen die daraus resultierenden ökonomischen Effizienz- bzw. Ressourcenverluste ebenfalls unbestimmbar, eine „nebulöse" Größe, bleiben. Das kann jedoch keinesfalls dazu führen, die Transaktionskostenbestimmten Wohlfahrtsverluste zu negieren oder einfach auszublenden, weil es unmöglich ist, diese wertmäßig zu erfassen oder gar mittels Kostenrechnung verursachungsgemäß einer Kostenstelle zuzuordnen.[276]

---

[274] So Coase (1937) S. 390 der ausführt: „The most obvious cost of 'organising' production through the price mechanism is that of discovering what relevant prices are."
[275] Frambach/Eissrich (2002), S. 50.
[276] Vgl. weiterführend Voigt (2002), S. 86 ff., sowie Frambach/Eissrich (2002), S. 50 ff.

Angesichts der Schwierigkeiten, Transaktionskosten im Allgemeinen und Markttransaktionskosten im Speziellen operativ vollständig erfassen zu können, wird deshalb versucht, diese im Zuge eines komparativ-statischen Vergleichs zu ermitteln. Als Vergleichsmodell zu den Annahmen des Transaktionskostenmodells dient hierbei das transaktionskostenlose neoklassische Modell. Die Differenz aus den Kosten einer Transaktion auf den Annahmen des Transaktionskostenansatzes und die Nullkosten des neoklassischen Modells bilden die Transaktionskosten. Transaktionskosten können insofern auch als Abweichungen des neoklassischen Modells bezeichnet werden,[277] woraus sich auch der Effizienzbegriff des Transaktionskostenansatzes genauer definieren lässt.

Die Erkenntnis, dass Transaktionskosten ein weitgehend unbestimmbares Faktum der ökonomischen Theorie sind, nutzt alleine genommen wenig. Vielmehr ist die Neue Instutionenökonomik in ihrem Kern nicht nur darum bemüht, Transaktionskosten aufzuzeigen und zu erklären, sondern einen Beitrag dazu zu leisten, wie diese verringert werden können, um eine Steigerung der Allokationseffizienz der Märkte und damit eine Steigerung der individuellen und der gesamtgesellschaftlichen Wohlfahrt zu erreichen. Insofern kann von folgender Maxime der Neuen Institutionenökonomik ausgegangen werden:

Ein Wohlfahrtsgewinn durch Effizienzsteigerung, resultierend aus Transaktionskosteneinsparungen, wäre dann zu verzeichnen, wenn die bestehende Differenz zwischen den Kosten der Transaktion, unter der Annahme des neoklassischen Modells und des Transaktionskostenmodells, im Zuge einer ökonomisch sinnvolleren Transaktion verringert worden ist.

Zwar ist die operative Messbarkeit, angesichts der definitorischen Schwierigkeiten bei der Abgrenzung des Begriffs der Transaktionskosten einerseits und der Unbestimmbarkeit der *Pareto-Effizienz* andererseits, und den daraus resultierenden Komplikatio-

277 Vgl. Frambach/Eissrich (2002), S. 52 ff., und weiterführend zur Schätzung der „Transaktionskostenhöhe", Richter/Furubotn (2003), S. 65 ff.

nen mit dem sogenannten *„nirvana approach“*[278], überwiegend nicht möglich, dennoch beweisen Institutionen deren Existenz. In einer Welt ohne positive Transaktionskosten wären selbige obsolet, da funktionslos – Institutionen können daher als das Ergebnis unvollkommener, also versagender Märke begriffen werden.

In Bezug auf den markttheoretischen Teil der Institutionenökonomik existieren sie, weil sie durch ihre Koordinationsfunktion dazu beitragen, Markttransaktionskosten einzusparen, dadurch Allokationseffizienzen zu steigern und die Wohlfahrt zu erhöhen. *Williamson (1985)* leitet aus diesen Funktionen nahezu deren gesamte Daseinsberechtigung ab.[279] Die Koordinationsfunktionen der Institutionen des Marktes werden im Folgenden erläutert.

3.3 Genese und Wandel von Marktinstitutionen

3.3.1 Bildung von Marktinstitutionen

Eine Beschreibung von Institutionen kann grundsätzlich auf mehreren Ebenen erfolgen, da diese aufeinander aufbauen. Fundamentale Institutionen stellen bspw. Grundregeln und -normen, Sprache oder Geld dar. Aus diesen grundlegenden Institutionen können andere Institutionen wie Gesetze, Verträge usw. abgeleitet und aus diesen wiederum Substitute gebildet werden, wie z. B. ein technischer Zwang oder der Wettbewerb.[280] Zwar macht die Vielzahl dessen, was unter dem Begriff Institutionen verstanden wird und verstanden werden kann, eine alle Faktoren integrierende Definition schwierig, übergreifend ist aber, dass alle Institutionen eine grundlegende Absicht respektive Funktion haben, und zwar: „... *die Ungewissheiten des menschlichen Lebens zu verringern, das Treffen von Entscheidungen zu erleichtern und die*

278 Als *„nirvana* approach“ hat *Demsetz* (1969) den Vergleich realer ökonomischer Zustände mit gewählten Theorie-Idealen bezeichnet. So führt er (1969) S. 1 aus: *„A practitioner of the nirvana approach sometimes discusses and compares alternative institutional arrangements. But if all are found wanting in comparison with the ideal, all are judged to be inefficient.“* Die Analyse zwischen beiden Zuständen müsse daher *nolens volens* zu Abweichungen führen, weshalb die Folgerung daraus, nämlich eines *„imperfect“ institutional arrangement* auch vielfach unzulässig sei. Dieses Problem existiere bei einem komparativen Institutionenvergleich nicht. Vgl. Demsetz (1969), S. 1 f.

279 Vgl. Williamson (1985), S. 17.

280 Vgl. Picot/Dietl/Franck, S. 10 ff.

Zusammenarbeit zwischen den einzelnen zu fördern, so daß im Ergebnis die Kosten der Koordination wirtschaftlicher und anderer Aktivitäten abnehmen."[281]

Dass Institutionen dieses leisten können, wird mit dem Bestehen von formellen wie informellen Regeln erklärt. Grundlegend für die Existenz von Institutionen ist aber die Fähigkeit, diese Regeln auch zu begründen und durchzusetzen. Dieses geschieht bei formellen Institutionen per Gesetz, also durch den Staat, bei informellen durch Gewohnheit oder im Rahmen einer sozialen Durchsetzung moralischer Verhaltensregeln.[282] Dabei lassen Regelabweichungen den Menschen zumeist Sanktionen[283] [284] erwarten, weshalb sich auch der überwiegende Teil der Akteure an die vorgegeben Regeln hält und dadurch Institutionen konstituiert werden. So schaffen Institutionen im Allgemeinen eine Ordnung, weil sie Verhaltensanreize setzen, Verhaltensanreize ändern und hierdurch menschliches Verhalten steuern.[285]

Das ist für das Individuum notwendig, weil dessen motivationale und kognitive Eigenschaften es verlangen.[286] Die motivationalen Merkmale des Menschen, „... *the human nature as we know* it ...",[287] [288] ist durch das Streben nach Nutzenoptimierung unter Zuhilfenahme opportuner Verhaltensweisen geprägt, wodurch per se zwischenmenschliche Konflikte entstehen werden. Institutionen als Koordinationsinstrumente und Kohäsionsinstrumente stellen insofern das Mittel dar Konflikte und Schwierigkei-

---

281 Richter/Furubotn (2003), S. 8.

282 Vgl. Richter/Furubotn (2003), S. 8 ff., 26 ff., Göbel (2002), S. 8 ff.

283 Kasper/Streit (1999), S. 28 führen hierzu aus: *„Institutions are shared in a community and are always enforced by some sort of sanctions. Institutions without sanctions are useless."*

284 Die zu erwartenden Sanktionen müssen nicht notwendigerweise finanzieller Natur sein. So führt Göbel (2002), S. 42 aus: *„Die Gefahr, sich in einer sozialen Gemeinschaft unbeliebt zu machen, wenn man nicht tut, was als normal gilt, kann man als ‚soziale Kosten' ansehen. ‚Psychische Kosten' könnten darin bestehen, dass es Angst macht, etwas Ungewohntes zu tun, dass man bei Regelverstößen ein schlechtes Gewissen bekommt oder seine Selbstachtung verliert."*

285 Vgl. zur Funktion von Institutionen weiterführend, Richter/Furubotn (2003), S. 7 ff., 26 ff., Göbel (2002), S. 10 ff., sowie Mantzavinos (2007), S. 103 f.

286 Vgl. Mantzavinos (2007), S. 88 f.

287 Knight (1921), S. 270, Williamson (1985), S. 44.

288 Williamson (1985) folgt insofern Frank Knight (1921), der die Betrachtung der *„human nature as we know it"* vor dem Hintergrund des *„moral hazards"* als zwingend notwendig für die Organisationstheorie hielt. Vgl. Williamson (1996), S. 5 und damit zusammenhängend, Knight (1921), S. 270 f.

ten zu lösen, weil sie Wegweiser sind, anhand derer regelgeleitetes Verhalten für die Akteure möglich ist.[289]

Ebenso wie die motivationalen Merkmale des Menschen Institutionen bedürfen, trifft das auch für die kognitiven Merkmale des Menschen, vor dem Hintergrund einer komplexen Umwelt, zu. Institutionen dienen dem Menschen dazu, seine Umwelt zu vereinfachen, da sie für ihn zu kompliziert ist, um sie mit seiner *bounded rationality* bewältigen zu können.[290] Institutionen führen für das Individuum zu größerer Überschaubarkeit, damit zur Reduktion komplexer Sachverhalte und zur Entlastungen bei der Selektierung von Informationen, wodurch dessen Entscheidungsfindung erleichtert wird, und zwar dadurch, dass Institutionen Konsistenz und Verlässlichkeit schaffen.[291]

Bezogen auf die marktlichen Tauschprozesse, die ganz besonders von der *bounded rationality* und dem Opportunismus der Akteure geprägt sind, erscheinen formelle und informelle Institutionen als koordinierendes Regelsystem unabdingbar. „Der Markt“[292] konstituiert vor diesem Hintergrund seine eigenen Institutionen als Regelsysteme, mit denen er seine Organisationsprobleme lösen kann.

Regelsysteme, die den Marktakteuren namentlich ermöglichen: *„... to discover who it is that wishes to deal with, to inform people that one wishes to deal and on what terms, to conduct negotiations leading up to bargain, to draw up the contact, to undertake the inspection needed to make sure that the terms of the contract are being observed, and so on ...“,*[293] Regelsysteme, die den Marktakteuren Rationalitätsinstrumente sind, um den Ressourcenverlust durch überhöhte Markttransaktionskosten zu minimizeren.[294]

Nach *Williamson* sind die marktlichen Tauschprozesse dann höchst effizient, wenn die Regeln des Marktes, seine Rationalitätsinstrumente also, nach der Maxime: *„Organize*

289 Vgl. Göbel (2002), S. 6 f.
290 Vgl. Mantzavinos (2007), S. 90.
291 Vgl. Göbel (2002), S. 6 f.
292 Mantzavinos (2007), S. 175 merkt richtigerweise an, dass die marktlichen Tauschprozesse auf einer Vielzahl von formellen und informellen Institutionen basieren und es insofern „den Markt“ als solchen nicht gebe.
293 Coase (1960), S.15.
294 Vgl. Picot/Dietl/Franck (2008), S. 33.

transactions so as to economize on bounded rationality while simultaneously safeguarding them against the hazards of opportunism ..."[295] ausgerichtet werden. Eine derartige Ausrichtung baut Marktunsicherheiten ab, denn insbesondere Markttransaktionskosten sind – um mit den Worten von *Coase* (1960) fortzufahren: „*...often extremely costly, sufficiently costly at any rate to prevent many transactions that would be carried out in a world in which the pricing system worked without cost*"[296]

3.3.2 Wandel von Marktinstitutionen

Für die Entstehung von Institutionen existieren zwei wesentliche Erklärungsmodelle. Danach entstehen Institutionen entweder geplant, durch Initiierung einer befugten Instanz (bspw. durch Gesetzgeber, Herrscher, Unternehmer oder durch Gruppenbeschluss usw.), oder autogen, durch das Eigeninteresse von kollektiv handelnden Individuen. Im Falle eins erfolgt die Regelsetzung durch (Rechts)-zwang, also durch Dritte (formelle Institution); im Falle zwei erfolgt eine Durchsetzung sinngemäß „von selbst" (informelle Institution).[297]

Wie ausgeführt, erklärt die Neue Institutionenökonomik Institutionen als Rationalitätsinstrumente aufgrund positiver Transaktionskosten.[298] Von dieser Annahme ausgehend kann unterstellt werden, dass sich auch diejenigen Institutionen dauerhaft durchsetzen werden, die die geringsten Transaktionskosten aufweisen, und zwar solange, bis ein neues institutionelles Arrangement den Akteuren, durch nochmalige Senkung der Transaktionskosten, ein noch höheres Maß an Effizienz und damit an Wohlfahrt verspricht.[299] Insofern ist immer dann, wenn zumindest einer der Akteure zu der Überzeugung gelangt ist, dass ein neues bzw. anderes institutionelles Arrangement einen höhe-

---

295 Williamson (1985), S. 32.

296 Coase (1960), S. 15.

297 Vgl. Richter/Furubotn (2003), S. 8 ff., 26 ff., Göbel (2002), S. 8 ff., Mantzavinos (2007), S. 88.

298 Transaktionskosten fallen insofern nicht nur transaktionsbezogen, sondern auch für die Konstituierung und Erhaltung von Institutionen an. Allerdings bereitet die auch Trennung zwischen operationsbezogenen und infrastrukturgebundenen Transaktionskosten Schwierigkeiten, weshalb sie sich auch nicht verursachungsgemäß einteilen lassen. Vgl. Dohrn (2004), S. 22 f., Richter/Furubotn (2003), S. 57 f., Hermann-Pillath (2002), S. 295 f.

299 Vgl. Hermann-Pillath (2002), S. 295.

ren Nutzen generieren könnte als es das gegenwärtige vermag, ein Institutionenwandel oder eine Institutionensubstitution zu erwarten.[300] [301]

Transaktionskosten können insofern nicht nur die Existenz von Institutionen (mit-)erklären, sondern auch deren Wandel bedingen. Allerdings vermag die ökonomische Theorie, zumindest gegenwärtig, nicht zu bestimmen, ob oder wann sich Institutionen etablieren, ob und wann sich bestehende Institutionen wandeln oder auflösen, und wer oder was dies im Einzelnen auslösen wird.[302] *Mantzavinos* (2007) führt aus: *„Wenn man die menschliche Kreativität ernst nimmt, kann man keine Aussagen darüber treffen, wann Änderungen im institutionellen Rahmen zu erwarten sind und wer sie anstoßen wird."*[303] Insofern ist auch die retrospektive Sicht, dass jede existierende Institution zwangsweise die effizienteste sein muss, da sie sich real durchgesetzt hat, zu kurz gegriffen.[304] [305]

Trotzdem kann mit *Douglass C. North*[306] konstatiert werden, dass der Wandel von Institutionen überwiegend dem Effizienzgedanken der Akteure entspringt und deren Streben nach Nutzenoptimierung auch vornehmlich den Anreiz erzeugt, Institutionen nach den Kriterien der Effizienz zu verändern bzw. evolvieren zu lassen.[307] [308] So sieht

---

300 Vgl. Mantzavinos (2007), S. 100.

301 Problematisch an dieser Sicht ist, dass die Transaktionskosten neuer institutioneller Arrangements nicht *ex-ante* bekannt sind. Deshalb lasse sich der Institutionenwandel, wie ihn die Neue Institutionen-ökonomik versteht, auch nicht als evolutionär betrachten. Hinsichtlich des Vergleichs von Institutionen, unter dem Effizienzparadigma der geringsten Transaktionskosten, kann im Rahmen der Neuen Institutionenökonomik eher von Instituionensubsitution, der nur Teil eines evolutionären Prozesses ist, gesprochen werden. So die einschlägige Kritik an der These, dass Transaktionskosten als die wesentliche Determinante institutioneller Evolution aufgefasst werden können. Vgl. Löchel (1995), S. 94 f.

302 Mantzavinos (2007), S. 98 ff.

303 Mantzavions (2007), S. 98.

304 Vgl. Löchel (1995), S. 62.

305 So auch North (1993), S. 16: *„There is no implication that the institutions are efficient (in the sense of providing low cost transacting)."*

306 *Douglass C. North* ist Wirtschaftshistoriker und betrachtet die wirtschaftliche Entwicklung aus der Perspektive institutioneller Zusammenhänge. So sieht North, gegensätzlich zur traditionellen Theorie der wirtschaftlichen Entwicklung, nicht Technologien und Innovationen als wesentlich für wirtschaftliche Wachstumsprozesse, sondern die institutionelle Weiterentwicklung als hervorragende Determinante derselben. Vgl. Löchel (1995), S. 89, und weiterführend zu den Arbeiten von North insbesondere, Pies (2009).

307 So gehen North/Thomas (1973) in *„The Rise of the Western World"* davon aus, dass die Akteure vor allem dann geneigt sind, wenn sich die relativen Preise verändern, effizientere Institutionen zu konstruieren, um diesem entgegen zu wirken. Ebenso äußert sich auch North (1990), S. 84 und führt

North retrospektiv das volkswirtschaftliche Wachstum als wesentlich mit der Höhe der Transaktionskosten und der damit in Verbindung stehenden Institutionenwahl verbunden. *North* (1990) führt aus: *„The most important message, one with profound implications for restructuring economic theory, is that when it is costly to transact, institutions matter."*[309] Insofern sind nur diejenigen institutionellen Entwicklungspfade als effizient anzusehen, die auf Transaktionskostensenkung aufgebaut haben. Als exemplarisch für diese These verweist North auf den Ausbau des Fernhandels im frühkapitalistischen Europa, auf die institutionelle Konstituierung von Mengen- und Werteinheiten, die Entstehung von Handelskontoren, die Etablierung von Wechselmethoden etc. hin.[310] [311]

Für den Wandel von Marktinstitutionen darf sonach unterstellt werden, dass dieser analog zu den Annahmen, die die ökonomische Theorie zum Wandel von Institutionen im Allgemeinen anbietet, stattfindet. Es drängt sich vielmehr die Vermutung auf, dass der Effizienzgedanke der Marktakteure insbesondere im, zumeist auch nochmals wettbewerbsbedingt angetriebenen, Wandel von Marktinstitutionen zum Ausdruck kommt, da sich diese im Vergleich zu anderen Institutionen sehr schnell verändern und veränderbar sind.[312]

3.4 Zwischenbetrachtung

Tauschprozesse unterliegen in der Realität nicht neoklassischen Annahmen, das *Pareto-Optimum,* als erstrebenswerter Zustand optimaler Ressourcenallokation, ist ein normatives ökonomisches Ideal. Vielmehr verhindert die beschränkte Rationalität des Menschen die höchst mögliche Allokation der beschränkten Ressourcen und dadurch

---

aus: *Institutions change, and fundamental changes in relativ prices are the most important source of that change. To the noneconomist (and perhaps for some economist as well), putting such weight on changing relative prices may be hard to understand. But relative prices changes alter the incentives of individuals in human interaction, and the only other source of such change is a change in tastes."*

308 Vgl. weiterführend zum institutionellen Wandel, Voigt (2002), S. 181 ff.

309 North (1990), S. 12.

310 Vgl. North (1990), S. 125 ff.

311 Vgl. weiterführend Löchel (1995), S. 94 ff.

312 Vgl. hinsichtlich der Wirkung von Institutionen im Zusammenhang mit evolutionären Marktprozessen weiterführend, Mantzavions (2007), S. 172 ff.

das Maximum an Wohlfahrt. Die beschränkte Rationalität des Menschen macht ihn anfällig für opportunistische Verhaltensweisen und lässt ihm Transaktionen komplex erscheinen. Daraus resultieren Transaktionskosten, denn die Durchführung einer Transaktion ist nicht – wie es die Neoklassik unterstellt – kostenlos.

Ist die Transaktion unternehmensintern abgelaufen, sind Transaktionskosten in Form von Motivationskosten angefallen; erfolgte die Transaktion aber über den Markt, so können die Transaktionskosten als dessen Koordinationskosten aufgefasst werden. Transaktionskosten als Koordinationskosten entstehen, weil die marktlichen Tauschprozesse nicht reibungslos funktionieren. Die Marktakteure sind gezwungen Kosten für das Finden, das Aushandeln und die Abwicklung von Transaktionen aufzuwenden, also Ressourcen zu verbrauchen, die ansonsten der Wohlfahrtsteigerung zur Verfügung gestanden hätten. Vor diesem Hintergrund erklärt sich die Existenz von Institutionen. Institutionen haben, in Bezug auf die marktlichen Tauschprozesse, die Funktion eines Rationalitätsinstruments der Marktakteure. Sie existieren, um die Koordination der Tauschprozesse zu verbessern, indem sie Transaktionskosten abbauen, wodurch die Allokationseffizienz erhöht wird und eine Wohlfahrtssteigerung eintritt. Ihr Wandel oder ihre Substitution ist zu erwarten, wenn ein oder mehrere Marktakteure der Ansicht sind, ein neues bzw. anderes institutionelles Arrangement würde ein höheres Maß an Nutzen und damit an Wohlfahrt generieren können.

3.5 Die Kapitalmarktinstitution *fair value*

3.5.1 Die IFRS als Rationalitätsinstrument der Kapitalmärkte

Mit der Abwesenheit neoklassischer Zustände erklärt sich auch die Rechnungslegung. Ihre Funktion ist es, dem beschränkt rationalen und opportunistischen Akteur – also dem Bilanzadressaten – (finanzielle) Informationen über die Unternehmung und das Unternehmensumfeld bereitzustellen.[313] Dafür besteht die Rechnungslegung aus formellen und informellen Institutionen. Formelle Institutionen sind die gesetzlichen, normierten Pflichten eines Unternehmens zur Buchführung und zur Erstellung eines

313 Vgl. zu den Aufgaben der Rechnungslegung weiterführend, Neus (2009), S. 388 ff.

Jahresabschlusses sowie die Vorschriften wie dies im Einzelnen zu geschehen hat. Unter informelle Institutionen fallen alle Maßnahmen, zu denen das rechnungslegende Unternehmen im Zuge der formellen Rechnungslegungsregeln nicht verpflichtet ist. Dazu zählen bspw. die Veröffentlichung von sogenannten Ad hoc-Publikationen oder die Veröffentlichung von Zwischenberichten sowie die Angabe einer Kapitalflussrechnung oder einer Segmentberichterstattung,[314] sofern dies dem bilanzierenden Unternehmen – hinsichtlich seiner Größenklasse und/oder Rechtsform – nicht gesetzlich obliegt.[315] Wird die Rechnungslegung als Steuerbemessungs- oder Gewinnausschüttungsgrundlage herangezogen, dienen die ihr zugrundeliegenden institutionellen Arrangements zur Verteilung der Verfügungsrechte.[316]

Wenn die Rechnungslegung allerdings – wie im Falle der IFRS – reklamiert, Informationen zu generieren, die für einem Investor entscheidungsrelevant sein sollen, müssen die IFRS als eine Institution des Kapitalmarktes aufgefasst werden.[317] [318] Wie bereits angeführt, beziehen sich der Erlass der Verordnung (EG) Nr. 1606/2002 und auch das Preface des Frameworks explizit und das Framework selbst implizit auf diese institutionelle Absicht der IRFS.[319] Die erklärte Funktion der IFRS ist es somit, die (Mit)-Koordination knapper Kapitalströme von volkswirtschaftlichen Überschusssektoren zu Defizitsektoren zu lenken und dadurch einer möglichst effizienten Verwendung zuzuführen, indem sie institutionelle Arrangements besitzen, die es ermöglichen, Informationen zu generieren, die dem rational beschränkten und nach Nutzenoptimierung strebenden Investor Orientierung auf dem Kapitalmarkt bieten.[320] Institutionelle Arrangements, die ihm helfen sein Kapital in diejenige Verwendung zu koordinieren, die den größten

---

314 Vgl. weiterführend zur Ad hoc-Publizität, Ruhnke (2008), S. 127.

315 Unter einer informellen Institution kann somit auch der bewusste Verzicht auf zulässige Erleichterungen bzw. Vereinfachungen bei der Aufstellung des Jahresabschlusses verstanden werden.

316 Deshalb ist der handelsrechtliche Jahresabschluss – analog zu jeder anderen gesetzlichen Vorschrift – als Teil der Rechtsordnung zu begreifen, der die Aufgabe hat, kollidierende (finanzielle) Interessen der Bilanzadressaten zu schlichten. Vgl. bspw. Coenenberg (2005), S.13 f.

317 Vgl. für den Begriff des Kapitalmarktes bzw. der Kapitalmärkte weiterführend, Schmidt/Terberger (1997), S. 90.

318 So bezeichnet Wüstemann (2002), S. 51: *„Rechnungslegungsregeln ... unter ökonomischen Gesichtspunkten [als] eine Teilmenge der gesamten institutionellen Regelungen als Grundlage von Kooperation (und von Kooperationsvorteilen) der Individuen untereinander."*

319 Vgl. Kapitel 2.2.2.

320 Vgl. Dohrn (2004), S. 35.

Bedarf an Investitionsmitteln aufweist und insofern die größte Rendite verspricht. Institutionelle Arrangements, die Markttransaktionskosten senken, weil sie dem durch Informationsasymmetrie bedingten Versagen des Kapitalmarktes entgegenwirken. Institutionelle Arrangements, die letztlich zur Steigerung der Effizienz auf dem Kapitalmarkt und insofern zur Steigerung der Wohlfahrt beitragen sollen.[321]

Unter der Prämisse des methodologischen Individualismus kann von der Eigenschaft der IFRS auch ausgegangen werden, sofern die IFRS Informationen bereitstellen, die, wie bereits erläutert, einen *predictive value* oder einen *feedback value* für den Investor haben und somit für ihn entscheidungsrelevant sind.

Ist die Entscheidungsrelevanz der Information gegeben, so kann konstatiert werden, dass die institutionellen Arrangements der IFRS zweifellos die Aufgaben der Kapitalmärke – die im Wesentlichen darin bestehen, anhand des Ergebnisses des Zusammentreffens von Kapitalangebot und -nachfrage zu entschieden, ob und inwiefern Kapitalnachfragen erfüllt werden – unterstützen und (mit)-koordinieren.

Und zwar, indem die IFRS dann dazu beitragen, das Kapitalangebot – (das sich vornehmlich aus kleineren Sparbeträgen zusammensetzt) als Investitionskapital zu bündeln und den kapitalnachfragenden Unternehmen zuzuführen. Insofern tragen die IFRS durch Verringerung der Markttransaktionskosten auf den Kapitalmärkten dazu bei, die Allokation auf selbigen zu verbessern, da sie dessen Transformationsfunktion unterstützen. So entscheiden nämlich, auf Grundlage oder zumindest mit Hilfe der institutionellen Arrangements der IFRS, die Investoren indirekt über das Entstehen oder Verschwinden von Unternehmen, von Geschäftsmodellen, von Arbeitsplätzen und dadurch, sehr weit gefasst, über die volkswirtschaftliche Prosperität mit.[322]

Grundsätzlich kann unterstellt werden, dass sich Markttransaktionskosten durch die Normierung der Rechnungslegung minimieren, weil dadurch die Informationen für den Kapitalanbieter vergleichbar gemacht werden. Ebenso ist anzunehmen, dass die Rech-

321 Vgl. ähnlich, allerdings mit Bezug zur *Prinzipal-Agent*-Theorie, Vollmer (2008), S. 26.

322 Vgl. hinsichtlich der Aufgaben und Funktionen der Kapitalmärkte, Lindemann (2004), S. 9, und Vollmer (2008), S. 41 f.

nungslegung Transaktionskosten minimieren kann, indem die Kapitalanbieter nicht selbst Informationen über die Kapitalnachfrage auf dem Kapitalmarkt generieren müssen.[323] Die Kapitalanbieter und Kapitalnachfrager sind durch die Koordinationsfunktion der Rechnungslegung somit nicht zwingend auf gegenseitige Informationsvereinbarungen angewiesen, um Kapitalströme zu koordinieren.[324] Hinsichtlich der zu erwartenden Höhe der Markttransaktionskosten wäre eine derartige Abwicklung auch völlig ineffizient, weshalb sich die Kapitalmarktakteure eines alternativen institutionellen Arrangements, eines anderen Koordinationsinstrumentes, bedienen würden, um ihren kognitiven Beschränkungen nicht zu erliegen oder diese in Form von hohen Markttransaktionskosten bezahlen zu müssen.[325]

Vor dem Hintergrund der gesetzlichen Normierung der IFRS kann auch eine Einteilung in strukturelle und operationale Transaktionskosten leichter vorgenommen werden. So können die Kosten der Rechnungslegung, vornehmlich die Buchhaltungshaltungskosten und die Kosten des Jahresabschlusses, als infrastrukturelle Transaktionskosten definiert werden, zu deren Aufbringung der Gesetzgeber die kapitalmarktorientierten Unternehmen zwingt. Diese müssen nämlich, im Falle der IFRS, nicht als Transaktionskosten für die Konstituierung bzw. Erhaltung einer formellen Institution zur Verteilung der Verfügungsrechte interpretiert werden, sondern als strukturelle Markttransaktionskosten, um eine Institution des Kapitalmarktes zu etablieren und zu unterhalten.[326] Die operationsbezogenen Transaktionskosten sind hingegen diejenigen Kosten, die der Investor als Kapitalmarktakteur sinngemäß zur „Entdeckung der relevanten Preise", also zur eigenen Entscheidungsfindung, aufzubringen hat.

---

323 Vgl. Dohrn (2004), S. 34 f.

324 Vgl. Blaufus (2005), S. 193.

325 Mithin wäre in diesem Falle der Informationswert das Äquivalent der aufgekommenen Markttransaktionskosten für die Informationsgewinnung, das die Erstellung des Jahresabschlusses an Kosten verursachen würde, und somit, zumindest eingeschränkt, messbar. Vgl. ähnlich Dohrn (2004), S. 34 f.

326 Eine ähnliche Interpretation findet sich bei Ruhnke (2008), S. 35.

3.5.2 Die IFRS als Kapitalmarktintermediär

Angesichts der Intention des IASB, mittels der IRFS zur Effizienzsteigerung der Kapitalmärkte beizutragen, können die IFRS als Kapitalmarktintermediär[327] betrachtet werden; sie sind funktionell Vermittler zwischen dem Kapitalsuchenden (den Unternehmen) auf der einen Seite und dem Kapitalgebenden (den Investoren) auf der anderen Seite.[328] Ihre erklärte Absicht und damit ihre ökonomische Daseinsberechtigung besteht einzig und alleine darin, Informationsasymmetrien zum Nutzen beider Seiten einer Kapitalbeziehung zu verringern. Die IFRS können insofern, analog zu allen anderen Kapitalmarktintermediären, als zweite, (zusätzliche) Koordinationsfunktion im *Coaschen* Sinne aufgefasst werden.

Da die ökonomische Existenz von Kapitalmarktintermediären davon abhängt, die Markttransaktionskosten, im Vergleich zu einer direkten marktlichen Beziehung zwischen Kapitalanbieter und Kapitalnachfrager, zu verringern, muss die Nutzung ihrer institutionellen Arrangements die Koordination der Tauschprozesse des Kapitalmarktes auch zwingenderweise effizienter ablaufen lassen. Durch die Verschiebung der Infor-

---

327 Als Kapitalmarktintermediäre (teilweise auch als Finanzmarktintermediäre bezeichnet) gelten im engeren Sinne Unternehmen, die sich auf die Entgegennahme sowie die Ausgabe von Finanzmitteln spezialisiert haben. Darunter zählen bspw. Kreditinstitute, Kapitalanlagegesellschaften oder Versicherungsgesellschaften. Kapitalmarktintermediäre im weiteren Sinne sind Institutionen, die Informations- und Vermittlungsdienstleistungen anbieten. Darunter werden im Allgemeinen Börsen, Kreditauskunftsdienste oder Rating-Agenturen gezählt. Vgl. Polster (2001), S. 46 f., und weiterführend zur theoretischen Funktion von Kapitalmarktintermediären, Spremann/Gantenbein (2005), S. 33 ff.

328 Dohrn (2004), S. 33 versteht unter der Rechnungslegung pauschal ein „Kapitalmarktsubregelsystem" und begreift Rechnungslegungsregeln als „marktkonstituierendes Regelsystem". Dieser Auffassung kann aber aus institutionenökonomischer Perspektive nicht uneingeschränkt gefolgt werden. Nach Ansicht des Verfassers, sind die institutionellen Regelungen immer in Bezug zur institutionellen Absicht derselben zu stellen und dementsprechend zu interpretieren. Wird, wie erwähnt, die Rechnungslegung bspw. zur Bemessung und Verteilung von Gewinnen oder bei der Ermittlung von Steuerlasten herangezogen, so dienen die der Rechnungslegung zugrunde liegenden institutionellen Regelungen der Bestimmung von Verfügungsrechten. In diesem Falle wäre die Theorie der Verfügungsrechte (*Property-Rights*-Theorie) erkenntnistheoretisch einschlägiger. Aber auch eine kapitalmarktorientierte Rechnungslegung, die ausschließlich eine Informationsfunktion besitzt, kann institutionenökonomisch nicht generell als Kapitalmarktsubregelsystem bezeichnet werden. Die Bezeichnung wäre nur dann zutreffend, wenn die kapitalmarktorientierte Rechnungslegung und ihre einzelnen institutionellen Regelungen ausschließlich zur Information der Kapitalmarktakteure geeignet wären und nicht von hoheitlicher Seite konstituiert werden müssten. Hinsichtlich ihrer weitgefassten intermediären Funktionen und der Vielzahl ihrer unterschiedlichen Adressaten, sowie der hoheitlichen Konstituierung, stellt die Rechnungslegung nach IFRS institutionen-ökonomisch vielmehr einen, den Investorenkreis übergreifenden, Kapitalmarktintermediär dar. Vgl. zu den Adressaten der Rechnungslegung nach IFRS, F. 12 und Kapitel 2.2.2.

mationsasymmetrien auf den Kapitalmarktintermediär müssen sich insofern dauerhaft höhere finanzielle Rückläufe einstellen, als sie ohne deren Nutzung zu verzeichnen gewesen wären, und zwar abzüglich der aufzubringenden Markttransaktionskosten des Kapitalmarktintermediärs.[329] Zumeist können dies Kapitalmarktintermediäre aufgrund ihrer Marktspezialisierung sowie durch *„economies of scale"* auch leisten.

3.5.3 Die markttransaktionskostenbestimmte Verlässlichkeit des *fair value*

Der *fair value*, als Institution der IFRS und damit als Institution des Kapitalmarktes, zielt im Besonderen darauf ab, die Kapitalmarktströme mit zu koordinieren. Dauerhaft etablieren wird sich allerdings eine Marktinstitution nur, wenn sie gegenüber anderen, alternativen Marktinstitutionen einen ökonomischen Vorteil aufweist.

Die Bilanzierung zum *fair value (fair value model)* kann gegenüber einer Bilanzierung zu Anschaffungs-/Herstellungskosten *(cost model)* für den Investor und damit für den Kapitalmarkt generell dann als ein vorteilhaftes, weil markttransaktionskostensenkendes institutionelles Arrangement betrachtet werden, wenn der *fair value* verlässlich wäre. Da dies, wie bereits dargestellt, nur bei Annahme neoklassischer Märkte der Fall ist, muss der auf realen Märkten ermittelte *fair value* eine unverlässliche Marktwertapproximation bleiben. Reale Märkte sind aber durch die Existenz von positiven Markttransaktionskosten versagende Märkte, ein Umstand aus dem sich die gegenseitige Bedingtheit von Markttransaktionskosten und die Unverlässlichkeit des *fair values* ergibt. Der *fair value* kann somit nur „relativ" verlässlich sein, und zwar abhängig vom Grad des Marktversagens und damit der verbleibenden Unsicherheit – also von der Höhe der Markttransaktionskosten.

Insofern adaptieren die IFRS mit dem *fair value* das Problem des Versagens des Marktes, auf dem derjenige Vermögenswert oder diejenige Schuld gehandelt wird. Der *fair value* muss daher selbst zum Preisaggregator werden, der alle stichtagsbezogenen Markterwartungen in sich zu vereinen hat, um der institutionellen Intention der IFRS zu genügen. So obliegt es dem *fair value*, die Nachfrage und das Angebot des bestimm-

---

329 Vgl. Neus (2001), S. 128 ff.

ten Marktes fiktiv zu bündeln bzw. zu aggregieren und intermediär die eigentliche und vornehmliche Aufgabe der Märkte selbst zu übernehmen: die Preissetzung.

Durch dieses Faktum machen die IFRS die Probleme des Preissystems auch zu denen des *fair value*. Verdeutlicht werden können die Probleme des Preissystems indessen an der Kritik von Jensen/Meckling (1992) an den Ausführungen Hayeks (1945), der das Preissystem als vorrangiges Instrument, mit dem sich dezentrale Informationen respektive dezentrales Wissen[330] nutzen lässt, ansieht, weil er konstatiert: *„We must look at the price system such a mechanism for communicating information if we want to understand its real function ... (...) The most significant fact about this system is the economy of knowledge with which it operates, or how little the individual participants need to know in order to be able to take the right action. In abbreviated form, by a kind of symbol, only the most essential information is passed on, and passed on only to those concerned."* [331] [332]

Nach der Ansicht von *Jensen/Meckling* beachtet *Hayek* nämlich nicht, dass der Transfer oder die Produktion von Wissen mit Kosten verbunden ist, indem er unterstellt, dass die Verteilung von Wissen vorgegeben sei.[333] Der Preismechanismus ist aber nur unter der Maßgabe fähig den „richtigen" Preis bzw. „fairen" Wert festzustellen, sofern die Anfangsverteilung des Wissens gegeben und vollständig ist oder aber die Marktakteure sich markttransaktionskostenlos Informationen beschaffen können; erst unter diesen

330 Die Begriffe Wissen und Information werden als Synonyme betrachtet. Vgl. für eine Definition des Begriffs Informationen, Kapitel 2.3.2.

331 Hayek (1945), S. 525 f. und ders. (1976), S. 115.

332 Jedoch ist Hayek selbst kein Vertreter der Neuen Institutionenökonomik, sondern der *Österreichischen Schule* zugehörig. In seinem bahnbrechenden Aufsatz *„The Use of Knowledge in Society"* untersucht er organisationsökonomisch das Konzept der Marktwirtschaft im Vergleich zu dem der Konzept Zentralverwaltungswirtschaft. Vgl. weiterführend zu den Schwerpunkten und Einfluss der „Österreichischen Schule" auf die Neue Institutionenökonomik, Erlei/Leschke/Sauerland (2007), S. 30 ff., sowie Erlei (1998), S. 35 ff., und für die Staatsphilosophie Hayeks, Mantzavinos (1993), S. 116 ff.

333 Jensen/Meckling (1992), S. 3 (253) führen aus: *„Hayek´s pioneering work provides a point of departure for analyzing how the distribution of knowledge affects organizational structure and its critical role in the development of a theory of organization. Hayek presumes that markets automatically move decisions right to the agents with the relevant knowledge, and those agents will use the decision rights properly. Unfortunately he never discusses how this occurs."*

Bedingungen kann das Preissystem seine Informationen aggregieren und direkt in „richtige" Preise umwandeln.[334]

Wird also davon abstrahiert, indem die Anfangsverteilung von Wissen nicht als gegeben unterstellt und die Informationsbeschaffung nicht als markttransaktionskosten-neutral definiert wird, führen die Reaktionen des Preissystems zwangsläufig zu einer Preisverzerrung. Das Preissystem als effiziente Informationsverarbeitungsmaschine, wie sie *Hayek* beschrieben hat, kann seine Informationen nur zu einem „falschen" Preis aggregieren. Jensen/Meckling postulieren vielmehr: *„The more costly knowledge is to transfer, the more specific it is, and the less costly the knowledge is to transfer the more general it is."*[335]

Ausgehend von Jensen/Mecklings Postulat kann angenommen werden, dass das Ausmaß der Preisverzerrung von der Höhe der Markttransaktionskosten bedingt wird. Insofern ist auch zu erwarten, dass ein Markt durch sinkende Markttransaktionskosten allokationseffizienter wird, und zwar solange, bis er vollkommen alloziert, also Markttransaktionskosten von Null ausweist, wodurch er dem Ideal des vollkommenen Marktes im Sinne neoklassischer Annahmen entspräche und *Pareto-Effizienz* vorliegen würde. Analog dazu nimmt auch die Stärke der Preisschwankungen und der Preisverzerrungen solange ab, bis ein theoretisches Marktgleichgewicht herrscht und ein Preisdatum vorliegt. Jedoch kann davon ausgegangen werden, dass spätestens dann, wenn der Grenznutzen zusätzlicher Transaktionsinformationen gegen null tendiert, der sogenannte *„information overload"*[336] eintritt.[337]

In diesem Falle führt die Fülle von Transaktionsinformationen selbst zu Marktverzerrungen, weil der beschränkt rationale Akteur diese nicht mehr zu verarbeiten vermag. Die zu erwartende Orientierungslosigkeit der Marktakteure kann demzufolge ebenso

---

[334] Vgl. Polster (2001), S. 74 f.

[335] Jensen/Meckling (1992), S. 5, (255).

[336] Vgl. zur Definition des Begriffs des *„Information overload"*, Dietrich (1996), S. 249.

[337] In der neoklassischen Theorie erfolgt die Anpassung an das Marktgleichgewicht durch den *Walrasianischen Auktionator.* Dieser fiktive Auktionator ermittelt den Gleichgewichtspreis, indem er versuchsweise Preise ausruft und damit die Marktakteure fragt, zu welchem Preis sie welche Mengen anzubieten oder nachzufragen bereit sind. Erst bei Übereinstimmung von Angebot und Nachfrage, also bei Vorliegen des Gleichgewichtspreises, lässt er den Handel zu. Vgl. bspw. Blaufus (2005), S. 19, oder Neus (2009), S. 85.

Markttransaktionskosten und damit Preisverzerrungen auslösen, wie der Mangel an Informationen. Im Umkehrschluss ist daher auch mit *Coase* (1937)[338] zu konstatieren, dass ein Markt seine Allokationsfunktion dann verloren hat, wenn die Markttransaktionskosten so hoch sind, dass Markttransaktionen nicht mehr ökonomisch sinnvoll erscheinen. Das Preissystem muss in diesen Fällen immense Preisschwankungen und Preisverzerrungen ausweisen und als Koordinationsfunktion, nach den Vorstellungen Hayeks, nicht mehr geeignet sein.

In Bezug auf den *fair value* eines Vermögenswertes oder einer Schuld, kann daraus folgend eine reziproke Beziehung zwischen dessen Markttransaktionskosten und dessen „relativer" Verlässlichkeit unterstellt werden. Ausgehend von der Annahme der negativen Korrelation zwischen den Variablen Markttransaktionskosten und Verlässlichkeit, ergibt sich folglich eine reziproke Beziehung zwischen der Höhe der Markttransaktionskosten und dem Ausmaß der Ermessensspielräume, die sich für das zum *fair value* bilanzierende Unternehmen eröffnen. Hierauf aufbauend ist deshalb auch unterstellbar, dass:

- Eine reziproke Beziehung zwischen den Markttransaktionskosten und der Fähigkeit eines *fair value* besteht, konjunkturelle bzw. zyklische Schwünge periodengerecht in der Bilanz abzubilden.
- Eine reziproke Beziehung zwischen den Markttransaktionskosten und der Fähigkeit eines *fair value* besteht, die Gewinn- oder Verlustfiktion realitäts-, bzw. erwartungsbezogen zu fundieren und damit sachgerecht auszuweisen.
- Eine reziproke Beziehung zwischen den Markttransaktionskosten und der Möglichkeit zu opportuner bzw. bilanzpolitisch motivierter Bilanzierung des *fair value* existiert.
- Eine reziproke Beziehung zwischen den Markttransaktionskosten und der Fähigkeit besteht, das Management mittels der Wertentwicklung des *fair value* beurteilen zu

[338] Vgl. Coase (1937), S. 390 ff.

können, namentlich vor dem Hintergrund des in F. 14 angesprochenen Konzeptes der Rechenschaft *(stewardship).*

- Eine reziproke Beziehung zwischen den Markttransaktionskosten und der Fähigkeit des Marktes besteht, überzogene, extrapolierte Erwartungen bilden zu können, die dann durch den *fair value* in die IFRS-Bilanzen getragen werden.

Ob ein *fair value* einen *predictive* oder *feedback value* für den Investor besitzen kann, hängt also eng mit den auf dem bestimmten Markt existierenden Markttransaktionskosten zusammen. Insofern können die Markttransaktionskosten auch als negativ korrelierender „Gradmesser" für das Kriterium Verlässlichkeit eines *fair value* angesehen werden. Da, wie gezeigt, die Erfüllung der Verlässlichkeit notwendiges Kriterium ist, um die Entscheidungsrelevanz des *fair value* zu begründen, ist deshalb auch zu konstatieren, dass die Höhe der Markttransaktionskosten bestimmende Determinante der Entscheidungsrelevanz des *fair value* ist. Sie entscheidet insofern über das Ausmaß des *trade-offs* zwischen Relevanz und Verlässlichkeit des *fair value*. Sie entscheiden aber auch darüber, ob ein Markt seine Erwartungen dergestalt extrapolieren kann, dass Spekulationsblasen entstehen, die bilanzielle und wirtschaftliche Dysfunktionen auslösen können.

3.5.4 Der Informationsbedarf von Investoren

(Potentielle) Investoren sind, wie Haushalte auch, einer intertemporalen Entscheidungsproblematik[339] ausgesetzt, was sie an Unternehmensinformationen „ ... *über die Breite,* [die] *zeitliche Struktur und* [die] *Unsicherheit der zukünftigen Ausschüttungen/Entnahmen sowie die zukünftige Kursentwicklung/Entwicklung möglicher Unternehmenspreise ...*"[340] interessiert macht.

Denn gemeinhin entscheiden Investoren anhand dieser Informationen, wie sie die ihnen zur Verfügung stehenden (knappen) finanziellen Mittel verwenden wollen – ob sie Investitionen tätigen, Investitionen halten oder Investments abstoßen oder aber frei-

339 Vgl. zur intertemporalen Entscheidungsproblematik, Frambach (2009), S. 66 ff., und Welfens (2005), S. 126 f., und weiterführend Kirchgässner (2000), S. 13 ff.

340 Streim/Bieker/Esser (2004), S. 231.

gesetzte Liquidität für gegenwärtigen Konsum verwenden wollen. Getragen wird diese Entscheidung von der Absicht des Investors, seinen individuellen Nutzen maximieren oder zumindest optimieren zu wollen. Die individuelle Nutzenbestimmung ist jedoch von zu erwartenden finanziellen Rückflüssen der Investition abhängig, die wiederum von den individuellen Konsum- und Risikopräferenzen der Investoren determiniert werden.[341]

Ausgehend davon ist den Investoren an Rechnungslegungsinformationen gelegen, die ihnen Hilfestellungen bei der interperiodischen und/oder zwischenbetrieblichen Abschätzung der zu erwartenden *cash-flows* geben.

Sofern eine Unternehmung börsennotiert ist, existieren für die Investoren drei Unternehmenswerte, die ihm als „Hilfsgrößen" fungieren. Dazu zählen der Bilanzwert, der Marktpreis (auch Börsenwert genannt) und der Ertragswert (der auch als Unternehmenswert oder innerer Wert bezeichnet wird). Sie verwandeln die Qualität der Informationsasymmetrien, denen die Investoren bei ihren Entscheidungen ausgesetzt sind, vom Risikostatus der Ungewissheit zu dem der Unsicherheit.[342]

Der Bilanzwert stellt das Pendant der bilanziellen Eigenkapitalhöhe dar und kann folglich der Bilanz entnommen oder durch Subtraktion des Fremdkapitals von der Bilanzsumme ermittelt werden. Dessen bilanziell ausgewiesene Höhe wird von den zugrundeliegenden Rechnungslegungsregeln bemessen.

Der Marktpreis eines Unternehmens ist aus dem täglichen Börsenhandel abzulesen, indem der Einzelwert einer Aktie mit der Gesamtzahl der emittierten Aktien multipliziert wird. Demgegenüber ist der Ertragswert eines Unternehmens das Ergebnis aller investitionstheoretischen zukünftigen Zahlungsströme, die das Unternehmen bei Zugrundelegung der Barwertmethode bzw. der Kapitalwertmethode generieren wird.[343] [344] Der Ertragswert eines Unternehmens ist bei der „klassischen Bewertungsmethode", also bei bilanziellem Ansatz zu Anschaffungs-/Herstellungskosten*(cost model),* nicht

[341] Vgl. Dohrn (2004), S. 63 f.
[342] Vgl. für eine Definition des Begriffs Risiko FN 189.
[343] Vgl. weiterführend zur Kapitalwertmethode, Schmidt/Terberger (1997), S. 129 ff.
[344] Prinzipiell entspricht der Ertragswert eines Unternehmens dem *value in use*.

frei zugänglich und ist deshalb das Ergebnis individueller Einschätzung seitens der (potentiellen) Investoren.

Im Allgemeinen ist die Investorenentscheidung von der Differenz zwischen dem Ertragswert und dem Marktpreis eines Unternehmens bestimmt.[345] Diese Differenz ist insofern wesentliches Fundament der Investorenentscheidung. Sollte diese Abweichung positiv sein, d.h. der geschätzte Ertragswert eines Unternehmens liegt über dem des Marktpreises sowie dem alternativer Investments, wird der Investor gemeinhin Aktien des betreffenden Unternehmens kaufen. Ist die Differenz hingegen nicht positiv, d.h. der angenommene Ertragswert liegt unter dem Marktpreis des Unternehmens, wird der Investor gemeinhin keine Aktien kaufen bzw. seine Aktien abstoßen wollen.[346] Diese Annahme entspricht der Fundamentalen Aktienanalyse.[347] Schwankungen des Marktpreises sind deshalb im Wesentlichen Folge „spekulativer" Erwartungsänderungen der Investoren.

3.5.5 Der Wert-Gap des *fair value*

Informationsasymmetrien über die positive oder negative Differenz der Wertlücke zwischen dem Marktwert und dem Ertragswert sind daher die wesentliche Grundlage dafür, ob sich ein Aktionär für das Kaufen, das Halten oder das Abstoßen von Aktien eines Unternehmens entscheiden wird. Markttransaktionskosten machen insofern die Erzielung von Unter- und Überrenditen für den Investor erst möglich; bei vollkommenen Märkten sind, wie gezeigt, Bilanzwert, Marktpreis und Ertragswert äquivalent.

Der *fair value* beabsichtigt die Schließung des Wert-Gaps zwischen dem Bilanzwert und dem Ertragswert eines Unternehmens. Wie gezeigt, kann die Differenz zwischen Bilanzwert und Ertragswert eines Unternehmens durch die Bilanzierung zum *fair value*

---

345 Diese Annahme geht von einem typisierten Investor aus. Bewusstes oder unbewusstes „irrationales" Handeln der Kapitalmarktakteure, deren Verhalten bspw. auf den Empfehlungen von Börsengurus aufbaut, die auf neue Informationen überzogen reagieren oder von der vergangenen Kursentwicklung auf die zukünftige schließen (sogenannte *„noise trader"*) wird daher ausgeschlossen. Vgl. zum Begriff *„noise trader bzw. noise trading"*, bspw. Vollmer (2008), S. 59, sowie Wagenhofer/Ewert (2007), S. 121, und weiterführend Lindemann (2004), S. 22 ff.

346 Vgl. Heumann (2005), S. 26 f.

347 Vgl. für die „Fundamentale Aktienanalyse" und die verschiedenen Modelle der Anlageanalyse und den Analysetechniken weiterführend, Heumann (2005), S. 25 ff.

nur vermindert werden. Gänzlich geschlossen wäre die Wertlücke erst, wenn mittels des „*full-fair-value*-Konzepts" alle zukünftigen Ertragswerte eines Unternehmens antizipiert werden könnten. Dies ist jedoch, neben der nicht Bilanzierbarkeit immaterieller Vermögenswerte oder des originären Geschäfts- bzw. Firmenwerts (*goodwill*)[348] sowie verschiedener Bewertungswahlrechte,[349] aufgrund der Existenz von Markttransaktionskosten nicht möglich.

Angesichts dessen erfolgt, wie bereits dargelegt, die Bilanzierung einzelner Vermögenswerte und Schulden gemäß dem Einzelbewertungsgrundsatz zum *exit price*.[350] Die Schließung der Wertlücke zwischen dem Bilanzwert und dem Ertragswert respektive dem Ablösebetrag einer Schuld durch den *fair value* ist also nur für diese Vermögenswerte und Schulden möglich. Ideell findet auch durch die Anwendung des „*mixed-fair-value*-Konzepts" eine Annäherung des Bilanzwertes an den „unbilanzierbaren" Ertragswert eines Unternehmens statt.[351]

Vor dem Hintergrund der Markttransaktionskosten erfolgt die Schließung zwischen Bilanzwert und Ertragswert respektive dem Bilanzwert und Ablösebetrag durch den *fair value* für einzelne Vermögensgüter und Schulden, wie gezeigt, nur theoretisch. Durch die Adaption des Marktversagens eines bestimmten Marktes wird der *fair value* markttransaktionskostendeterminierte positive oder negative Abweichungen vom neoklassischen Wert eines Vermögensgegenstandes respektive dem Ablösebetrag einer Schuld ausweisen.

Die nachfolgende Abbildung veranschaulicht die Wertlücken zwischen dem Bilanzwert zu fortgeführten Anschaffungs-/Herstellungskosten *(cost model)*, dem markttransaktionskostendeterminierten Bilanzwert *fair value* als hypothetischer Marktpreis oder alternativ ermittelter Ertragswert eines Vermögenswertes bzw. eines Ablösebetrages ei-

348 Vgl. weiterführend zum Geschäfts- bzw. Firmenwert, Pellens et. al. (2008)a, S. 685 ff., und für einen Überblick, Bieg et. al. (2006), S. 123 ff.

349 Die bspw. nach IAS 16 (*Property, Plant and Equipment)* existieren.

350 Vgl. Kapitel 2.3.1.

351 Vgl. hierzu weiterführend Heumann (2005), S. 46, sowie Hitz (2005), S. 260 ff., und Dohrn (2004), S. 97 ff.

ner Schuld und dem Marktwert eines Vermögenswertes bzw. eines Ablösebetrages einer Schuld auf vollkommenen Märken.[352]

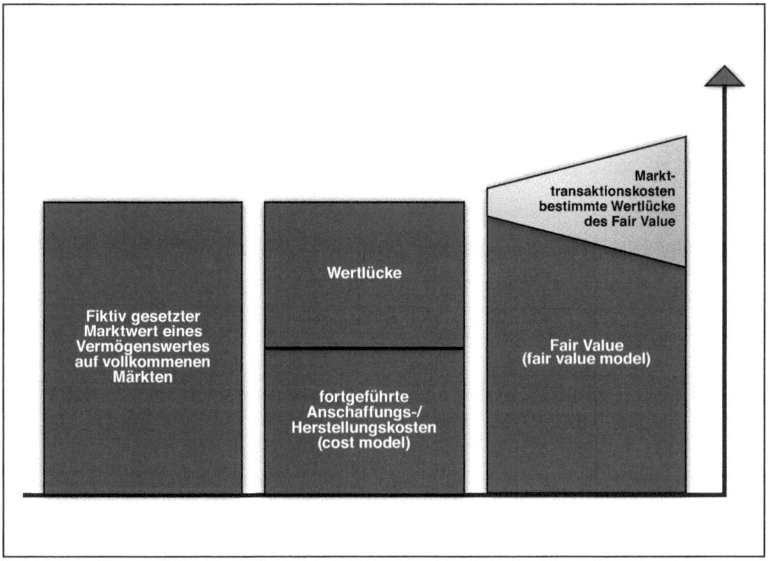

Abbildung 3: Markttransaktionskosten bestimmte Verlässlichkeit des *fair value*
Quelle: Eigene Darstellung

3.6 Zusammenfassung

Ausgehend vom Auslöser der vielschichtigen Kritik am *fair value*, dem Problem des *trade-offs* zwischen Relevanz und Verlässlichkeit, wurde in diesem Kapitel untersucht, inwiefern der *fair value* im Sinne der Neuen Institutionenökonomik gerechtfertigt ist und von welchen Determinanten die Verlässlichkeit des *fair value* bestimmt wird. Dabei ist, auf Grundlage des Williamsonschen Transaktionskostenansatzes, herausgearbeitet worden, dass die Verlässlichkeit eines *fair value* negativ mit der Höhe der Markttransaktionskosten des bestimmten Marktes korrelieren muss, auf dem der betreffende Vermögenswert oder die betreffende Schuld gehandelt wird. Die Höhe der

352 Vgl. zu den ökonomischen Determinanten der Wertlücke des *fair value* Kapitel 3.2.3 und 3.2.4.

Markttransaktionskosten bestimmt daher, inwiefern der *fair value* einen *predictive* oder *feedback value* für den Investor besitzen kann.

Wie im vorangegangen Kapitel festgestellt wurde, hat die marktorientierte Rechnungslegung letztlich so unverlässlich zu bleiben wie die Märkte selbst sind. Die internationalen Kapitalmärkte bedürfen daher umso mehr der Harmonisierung der Rechnungslegungssysteme, ebenso wie sie nach Informationen verlangen, um ihre Effizienz zu steigern. Zur Befriedigung dieser beiden Bedürfnisse kann die Institution *fair value*, zumindest konzeptionell, beitragen. Indes verlangt der *fair value* eine Abstraktion von intersubjektiv überprüfbaren Bilanzinformationen; müssen Bilanzinformationen diesem genügen, verbleibt ausschließlich die Bilanzierung zu (fortgeführten) Anschaffungs-/Herstellungskosten (*cost model*).[353]

Auf die Frage, ob und inwiefern der *fair value* von Investment Properties im Speziellen dazu beitragen kann, wird vor dem Hintergrund der gewonnen Erkenntnisse im Folgenden eingegangen. Zunächst erfolgt jedoch eine problematisierende Darstellung der Bilanzierung und Bewertung von Investment Properties gemäß IAS 40.

[353] Vgl. Kapitel 2.3.4

4 Bilanzierung und Bewertung von Investment Properties nach IAS 40

4.1 Vorbemerkungen

Seit April 2000 sind der Ansatz, die Bewertung und der Ausweis von finanziellen Anlagen in Immobilien nach IFRS im IAS 40 *(Investment Property)* definiert.[354] Allerdings sind Investment Properties bilanziell betrachtet „Zwitter". Substantiell können sie zum Sachanlagevermögen gerechnet werden und erst funktionell fallen sie unter das Kriterium der Finanzinvestition.[355] Insbesondere kommt der IAS 40 bei bestandshaltenden Immobilien-AGs und seit 1. Januar 2007 auch in Deutschland bei G-REITs als Bilanzierungsvorschrift zum Tragen.[356]

Mit dem Erlass des REITG wurde in Deutschland, neben den Immobilien-AGs, den offenen und geschlossenen Immobilienfonds, eine weitere Möglichkeit zur indirekten Kapitalanlage in Immobilien geschaffen. G-REITs sind von ihrer Rechtsnatur Immobilienbezogene inländische Aktiengesellschaften, die, unter der Maßgabe bestimmter Voraussetzungen, nach § 16 Abs. 1 REITG von der Körperschafts- und der Gewerbesteuer befreit sind. Die Erhebung der Steuer erfolgt bei G-REITs auf Ebene der Anteilseigner.[357] Dafür verlangt § 13 Abs. 1 REITG eine Mindestausschüttung von 90 Prozent des handelsrechtlichen Jahresüberschusses.[358]

Neben anderen wesentlichen Bedingungen müssen, gemäß § 12 Abs. 2 und 3 REITG, mindestens 75 Prozent der Aktiva aus unbeweglichem Vermögen zu Zeitwerten und mindestens 75 Prozent der Umsatzerlöse aus unbeweglichem Vermögen stammen. Angesichts ihrer in § 10 Abs. 1 REITG vorgeschriebenen Kapitalmarktorientierung, im Sinne eines organisierten Marktes nach § 2 Abs. 5 WpHG, müssen für G-REITs die Bi-

---

354 Finanzielle Anlagen in Immobilien waren bis zum März 2000 den Regelungen des IAS 25 *(Accounting for Investments)* unterworfen.Vgl. Ballwieser (2008)a, Rz. 1.

355 Vgl. Hoffmann/Freiberg (2009), S. 695, Rz 3.

356 Das REITG wurde von Gesetzgeber rückwirkend für den 1. Januar 2007 erlassen.

357 Vgl. zum REITG und der steuerlichen Behandlung von G-REITs, Lenz (2009) S. 60 ff., sowie zu den Strukturen und dem den G-REITs zugrundeliegenden Geschäftsmodell, ders., S. 49 ff., sowie Cadmus (2009), S. 43 ff.

358 Hiervon sind Rücklagenbildungen sowie Verlustvorträge abzuziehen und Rücklagenauflösungen hinzuzurechnen.

lanzierungsvorschriften der IFRS und, gemäß § 12 Abs. 1 REITG, die des IAS 40 herangezogen werden.[359] G-REITs sind insofern verpflichtet, sowohl einen handelsrechtlichen als auch einen Konzern- bzw. Einzelabschluss nach IFRS aufzustellen. [360]

Gegensätzlich zu G-REITs haben Immobilien-AGs keinen besonderen steuerlichen Status und unterliegen keiner bestimmenden gesetzlichen Definition hinsichtlich der Vermögens- oder Umsatzzusammensetzung. Für die Bestimmung einer Immobilien-AG können aber indes die gleichen Abgrenzungshöhen wie für G-REITs herangezogen werden. So erklären Rehkugler/Sotelo (2009) für üblich, dass bei einer Immobilien-AG mindestens 75 Prozent der Erträge aus dem Immobilienbereich stammen, das Vermögen sich überwiegend aus Immobilien zusammensetzt und der Zweck der Immobilien-AG in der Entwicklung und/oder der Verwaltung, nebst damit verbundenen Dienstleistungen, von Immobilien besteht.[361] [362]

Der IAS 40 war der erste Standard, der einen bilanziellen Ansatz zum *fair value* für nicht finanzielle Anlagen enthielt, und auch der erste Standard, der ausschließlich die Bilanzierung und Bewertung von Investment Properties zum Inhalt hatte:[363] Zwei Nova der IFRS, die kontroverse Diskussionen vor Erlass des IAS 40 auslösten und sich im Wesentlichen damit auseinandersetzten, ob der Erlass eines eigenen Standards für Investment Properties grundsätzlich erforderlich sei, wie die Bewertungen selbiger von Statten zu gehen habe und eng damit verkoppelt, inwiefern der *fair value* von Investment Properties verlässlich ermittelbar wäre.[364]

Resultierend aus der umfassenden Kritik, die vor allem die vielfältigen Zweifel an der Verlässlichkeit des *fair value* von Investment Properties offenbarten, ließ das IASB auch

359 Vgl. für einen Überblick, Hoffmann/Freiberg (2009), S. 736 f., Rz. 103 f.

360 Vgl. für eine Darstellung bzw. rechtlichen Begründung der Verpflichtung aller G-REITs zur Aufstellung eines Konzerns oder ggf. eines Einzelabschlusses nach IFRS, Lenz (2009), S. 100 f.

361 Vgl. Rehkugler/Sotelo (2009), S. 17.

362 Für Immobilien-AGs und für deren Anteilseigner sind die üblichen steuerlichen Regelungen wie für Aktiengesellschaften einschlägig.

363 Vgl. IAS 40 BC (2000), B 47, S. 2236. Alle anderen Standards, die die Bilanzierung und Bewertung von Anlageimmobilien berühren gelten auch für andere Vermögenswerte. Vgl. weiterführend für die Anwendung und die Abgrenzung bei der Bilanzierung von Immobilien innerhalb der IFRS, Ingold (2006), S. 111 f.

364 Vgl. IAS 40 BC (2000), B 5, S. 2329 f. sowie Zülch (2003), S. 13 ff., und Baumunk (2009), S. 75.

optional Folgebewertung zu (fortgeführten) Anschaffungs-/Herstellungskosten *(cost model)* im IAS 40 zu. Der im Juli 1999 verabschiedete Vorgänger des IAS 40, der Standardentwurf *Exporsure Draft* E64 *(Investment Property)*, sah noch ausschließlich einen bilanziellen Ansatz von Investment Properties zum *fair value (fair value model)* vor.[365]

Dass die vielfältige Kritik an der Verlässlichkeit des *fair value* von Investment Properties nicht von ungefähr kommt, beweist die Entscheidung des Bundesgerichtshofs (BGH) aus dem Jahre 1991. Danach begründen Wertgutachten, die sich auf ein und dasselbe zu bewertende Grundstück beziehen, regelmäßig keinen Zweifel an der Richtigkeit (Unbilligkeit) eines der Werte, sofern die Wertabweichungen innerhalb einer Spanne von bis zu +/- 25 Prozent liegen.[366]

Obschon beeindruckend hinsichtlich der Prämissen, die das Framework an die Verlässlichkeit von Informationen stellt, trägt das Urteil des BGH von 1991 nur den ökonomischen Eigenschaften von Immobilien konsequent Rechnung. Immobilien besitzen nämlich, gegensätzlich zu vielen anderen Vermögenswerten, zwei hervorragende Charakteristika, als deren Ergebnis das Urteil und die vielseitige Kritik am *fair value* von Investment Properties letztlich auch aufgefasst werden kann.

Immobilien haben eine vergleichsweise lange ökonomische Lebensdauer, aus der ihre sehr geringe Kapitalumschlagshäufigkeit resultiert, und obschon sie eine lange Lebensdauer aufweisen, verzeichnen Immobilien gemeinhin nur eine niedrige Transaktionshäufigkeit.[367]

So haben Schätzungen des Instituts für Wirtschaftsforschung (ifo) festgestellt, dass im Jahre 2003 nahezu 88 Prozent des erweiterten inländischen Nettoanlagevermögens Immobilienvermögen war.[368] Die Lebensdauer von Immobilien aber umfasst zumeist mehr als 50 Jahre und die Transaktionshäufigkeit, in Korrelation zum Wertebestand, ist

365 Vgl. IAS 40 BC (2000), B 44, S. 2335 und Kapitel 4.4. sowie FN 392.

366 Vgl. Entscheidung des BGH vom 26. April 1991, S. 1449 und hierzu auch Ballwieser/Küting/Schildbach (2004), S. 540, und Schierenbeck (2005), S. 347,

367 Vgl. Francke (2001), S. 46.

368 Die Erhebung erfolgte auf Grundlage von Wiederbeschaffungspreisen. Vgl. Ifo (2005), S. 6 f.

mutmaßlich wesentlich geringer als ein Prozent.[369] Angesichts dieser ökonomischen Besonderheiten von Immobilien ist die Ermittlung des *fair value* von Investment Properties auch mit besonderen Problemen verbunden.

Das was Williamson (1975) in „*The Organizational Failures Framework*" als die Auslöser des Organisationsproblems der Wirtschaft bezeichnet hat, findet sich in besonderer Ausprägung bei der Bilanzierung des Vermögenswerts Investment Properties zum *fair value* wieder. Die Komplexität und die Spezifität von Immobilien sowie die geringe Häufigkeit von Immobilientransaktionen eröffnen, in Kombination mit den von Williamson getroffenen Annahmen der beschränkten Rationalität und des Opportunismus, eklatante Abweichungen vom neoklassischen Gleichgewichtspreis.

Nahezu ausnahmslos ist das Preissystem auf Immobilienmärkten, angesichts der hohen Markttransaktionskosten, nicht in der Lage als effiziente Informationsverarbeitungsmaschine und damit als „Prognoseanker"[370] für die Ermittlung des *fair value* von Investment Properties zu fungieren.[371] Vielmehr resultieren aus der Höhe der Markttransaktionskosten regelmäßig Preisverzerrungen auf Immobilienmärkten, die entsprechende Fehlallokationen nach sich ziehen[372] und die sich deshalb via *fair value* in der IFRS-Bilanz wiederfinden. So sind die Markttransaktionskosten auf Immobilienmärkten ursächlich für die weithin verbreitete, aber unzutreffende Annahme, dass ein Immobilieninvestment vergleichsweise risikoarm ist. Jedoch wird durch die Höhe der Markttransaktionskosten nur verhindert, dass kurz- bis mittelfristige Preisänderungen auf den Immobilienmärkten überhaupt registriert werden können. Demgegenüber sind bspw. Veränderungen des Marktpreises von Unternehmen direkt dem täglichen Börsenhandel zu entnehmen.[373]

In welcher Korrelation daher die Markttransaktionskosten auf Immobilienmärkten und die Verlässlichkeit des *fair value* von Investment Properties stehen; inwiefern der *fair value* von Investment Properties daher Entscheidungsrelevanz für Investor besitzen

[369] Vgl. Francke (2005), S. 287 f., sowie Francke (2008), S. 30.
[370] Vgl. Francke (2005), S. 292.
[371] Vgl. Francke (2005), S. 287 f., sowie Francke (2008), S. 35, 39 f.
[372] Vgl. Francke (2005), S. 288, 292 f., sowie Francke (2008), S. 35 f.
[373] Vgl. Francke (2005), S. 292 f.

kann, wird im kommenden Kapitel, auf Grundlage der in Kapitel 3 erfolgten Ausführungen, diskutiert.

In diesem Kapitel wird zunächst eine Abgrenzung und Klassifizierung von Investment Properties vorgenommen, darauf aufbauend Bilanzierungsvorschriften erläutert und überblicksartig die zulässigen nationalen und internationalen Verfahren zur Ermittlung des *fair value* gemäß IAS 40 dargestellt.

4.2 Abgrenzung und Klassifizierung von Investment Properties nach IAS 40

IAS 40.5 definiert und grenzt den Begriff des Investment-Property zu anderen Immobilien ab. Danach sind Investment-Properties Immobilien oder Grundstücke, auch Bestandteile davon, die vom bilanzierenden Unternehmen mit der Absicht langfristig *(non-current)* Pacht- bzw. Mieterträge zu erwirtschaften und/oder vor dem Hintergrund Wertsteigerungen zu erzielen, angeschafft wurden bzw. werden.[374] [375] Investment Properties im Sinne des IAS 40 sind insofern ausschließlich Rendite- oder Spekulationsobjekte. Als bilanzielle Ansatzkriterien gelten nach IAS 40.16 (a) und (b) die Unterstellung des Zuflusses von zukünftigem wirtschaftlichem Nutzen sowie die Maßgabe der verlässlichen Zugangsbewertung der Investment Properties.[376]

---

[374] Als Investment Properties gelten nach IAS 40.8 (b) auch Grundstücke, deren zukünftige Nutzung unbestimmt ist, und gemäß IAS 40.8 (c)+(d) auch Gebäude, die vom bilanzierenden Unternehmen als Leasingnehmer im Rahmen eines oder mehrerer Operating-Leasingverhältnisse gehalten werden. Im Zuge des „Jährlichen Verbesserungsobjekts 2003" *(Annual Improvement Project)* wurde mit IAS 40.6 für den Leasingnehmer die Wahlmöglichkeit geschaffen, seit 1. Januar 2005 Gebäude, sofern sie der Definition eines Investment Properties im Sinne des IAS 40.5 entsprechen und zum *fair value* bilanziert werden, in die Bilanz des Leasingnehmers aufzunehmen. Der Leasingnehmer hat in diesem Fall, im Sinne eines Finanzierungsleasingverhältnisses, doppelt zu bilanzieren, den Vermögenswert und die dazugehörige Verbindlichkeit. Der Leasinggeber hat, als wirtschaftlicher Eigentümer des Gebäudes, weiterhin nach den einschlägigen Vorschriften zu bilanzieren. Diese Änderung der Bilanzierung von Operating-Leasingverhältnissen war vornehmlich die Ursache für die erste Neufassung des IAS 40. Vgl. bspw. Ballwieser (2008)a, Rz. 1 und weiterführend zum Operating-Leasingverhältnissen, Kümpel/Becker (2006), Vogel (2009), S. 171 ff., Rz. 6133 ff., aber auch Zülch (2003), S. 87 ff. und Zülch (2008), S. 12 f., Rz. 115 ff.

[375] Eine umfangreiche Kommentierung zur Bilanzierung für Sonderimmobilien oder bei Verwendungswechsel findet sich bei Zülch (2003) S. 63 ff., Deloitte (2004), S. 47 ff., Böckem/Schurbohm (2009), S. 5 ff, Rz. 17 ff.

[376] Vgl. für eine Definition eines physischen und rechtlichen Immobilienbegriffs, Lenz (2009), S. 7 ff.

Immobilien, die vom bilanzierenden Unternehmen nicht zu Rendite- oder Spekulationszwecken angeschafft wurden bzw. werden, sind gemäß ihrer gegenwärtigen Bestimmung nutzenspezifisch zu bilanzieren und fallen nicht unter den Anwendungsbereich des IAS 40. Eigenbetrieblich genutzte Immobilien *(owner-occupied properties),* also Immobilien, die dem bilanzierenden Unternehmen für Produktions-, Vertriebs- oder Verwaltungszwecke dienen, sind nach IAS 40.9 (c) den in IAS 16 *(property, plant and equipment)* geregelten Bilanzierungsvorschriften für Sachanlagen zu unterwerfen. Sind die Immobilien zum Verkauf bestimmt, so gelten die Vorschriften des IAS 2 *(inventories)*[377] Erfolgt die Herstellung oder die Entwicklung für Dritte, unterliegt die Bilanzierung gemäß IAS 40.9 (b) den Regelungen des IAS 11 *(construction contracts)*[378]

Wird die Immobilie mischgenutzt *(dual purpose property),* so ist festzustellen, welcher Nutzenschwerpunkt (*significant portion)* überwiegt. Dementsprechend sind die Immobilien entweder als Sachanlage gemäß IAS 16 oder als Investment Property nach IAS 40 zu bilanzieren. Lassen sich allerdings die fremdgenutzten Bestandteile der Immobilie einzeln veräußern (Einzelveräußerungsgrundsatz), muss die Immobilie demgemäß bilanziell aufgeteilt werden. Die fremdvermieteten Teile der Immobilie werden den Investment Properties nach IAS 40 zugeordnet, der eigengenutzte Teil der Immobilie ist als Sachanlage nach IAS 16 zu bilanzieren.[379] [380]

Da Investment Properties ausschließlich unmittelbare finanzielle Anlagen in Immobilien darstellen, ist IAS 40 bei mittelbaren finanziellen Anlagen in Immobilien, wie Fondsanteile oder Aktien von Immobiliengesellschaften, auch nicht einschlägig. Diese

---

377 Sofern die zum Verkauf bestimmte Immobilie vom Unternehmen selbst hergestellt bzw. entwickelt wird, fällt sie gemäß IAS 16.3 bis zur Fertigstellung unter die Bilanzierungsvorschriften des IAS 16.

378 Vgl. weiterführend zu Abgrenzungsfragen, Ingold (2006), S. 111 ff., Böckem/Schurbohm (2009), S. 5 ff., Rz 17 ff., Deloitte (2004), S. 47 ff., sowie. Ballwieser (2008)a, Rz. 7, auch KoR (2008)a, S. 11 f.

379 IAS 40 selbst schreibt jedoch keine Höchstgrenzen für den eigengenutzten Anteil vor. Ab welcher Größe es sich nicht mehr um Investment Properties, sondern um Sachanlagen nach IAS 16 handelt, ist daher in der Literatur umstritten. In einschlägigen Kommentaren werden Bandbreiten bis zu 30 Prozent des eigengenutzten Anteils an der Immobilie angegeben. Zülch (2008), S. 20, Rz. 145 plädiert allerdings: *„Unter Würdigung des sehr zurückhaltenden Wortlauts des IAS 40.10 ist grundsätzlich ein vorsichtiger am unteren Ende der diskutierten Bandbreite orientierter Grenzwert (fünf Prozent)* [eigengenutzten Anteils an dem Investment Property] *zu bevorzugen."* Vgl. hierzu weiterführend auch Petersen/Zirner (2008), S. 220, sowie Hoffmann/Freiberg (2009), S. 700 f., Rz. 14 ff.

380 Vgl. zur konkreten und abstrakten Bilanzierungsfähigkeit von Investment Properties auch, Lenz (2009), S. 173 ff.

sind nach Maßgabe der Vorschriften des IAS 32 *(financial instruments: disclosure and presentation)* und IAS 39 *(financial instruments: recognition and measurement)* als Finanzinstrumente bilanziell anzusetzen.[381]

4.3 Der bilanzielle Erstansatz von Investment Properties

Die Zugangsbewertung von Investment Properties hat zu Anschaffungs-/Herstellungskosten zu erfolgen. Ist die Immobilie vom Unternehmen selbst erstellt worden, so darf seit 1. Januar 2009, neben der Bewertung zu Anschaffungs-/Herstellungskosten *(cost model)*, die Bewertung auch zum *fair value* erfolgen *(fair value model)*.[382]

Zu Anschaffungskosten werden Investment Properties nach IAS 40.20 dann bilanziert, wenn sie von Dritten, im Rahmen eines Kaufs, eines Tauschs oder einer anderen Art der Eigentumsübertragung, in das wirtschaftliche Eigentum des Unternehmens übergegangen sind. Dabei umfassen die Anschaffungskosten von Investment Properties den Kaufpreis/Anschaffungspreis *(purchase price)* und, sofern angefallen, die Anschaffungsnebenkosten *(transaction cost)* sowie die nachträglichen Anschaffungsneben-kosten *(subsequent expenditure)*. Von diesen Kosten sind allerdings etwaige Anschaffungspreisminderungen *(deduction)* zu subtrahieren.[383]

Namentlich werden nach IAS 40.21 unter Anschaffungsnebenkosten diejenigen Kosten gezählt, die direkt für die Nutzung der Immobilie erforderlich sind. Darunter fallen bspw. Rechts- und/oder Steuerberatungskosten genauso wie die steuerlichen Aufwendungen, die im Zusammenhang mit der Eigentumsübertragung einer Immobilie auflaufen. Nicht als Anschaffungsnebenkosten gelten dagegen nach IAS 40.23 *„start-up*

381 Vgl. Zülch (2003), S. 16 f.

382 Diese Änderung ergab sich durch die Verabschiedung des „Jährlichen Verbesserungsprojekts 2007" *(Annual Improvement Project)*. Immobilien im Bau galten bis Januar 2009 als Sachanlagen und waren daher, unabhängig ihrer zukünftigen Verwendung, gemäß IAS 40.9 (d) den Bilanzierungsregeln nach IAS 16 zu unterwerfen. Im Zuge des „Jährlichen Verbesserungsprojekts" wurde IAS 40.9 (d) angepasst; ebenso IAS 16.5 und der Passus, der Immobilien in der Bau- bzw. Entwicklungsphase in den Anwendungsbereich des IAS 16 aufnahm, wurde gestrichen. IAS 40.8 (e) wurde um einen Teilsatz ergänzt, wonach Immobilien im Bau, deren künftige Nutzung als Investment Properties beabsichtigt ist, unter die Bestimmungen des IAS 40 fallen. Vgl. weiterführend KoR (2008)a, S. 23 f. und Hold-Paetsch (2009), S. 211 ff., und PwC (2010), S. 4.

383 Der IAS 40 beinhaltet keine definitive Aufstellung einzelner Anschaffungskostenbestandteile. Daher kann eine weitere Konkretisierung anhand des IAS 16 erfolgen. Vgl. weiterführend Zülch (2003), S. 164, sowie Hoffmann/Freiberg (2009), S. 704 ff., Rz. 22 ff., i.V.m. Hoffmann (2009)b, S. 319, Rz. 11.

costs" , *„operating losses"* und *„abnormal amouts of wasted material"*, also Anlaufkosten und/oder Suchkosten, die nicht im direkten Zusammenhang mit der Anschaffung der Immobilie stehen. Nachträgliche Anschaffungskosten umfassen alle die Aufwendungen, die dazu dienen, die Ertragsfähigkeit der Immobilie zu verbessern und damit wirtschaftlichen Mehrwert zu generieren. Gemäß IAS 40.17 sind damit ausschließlich Umbaumaßnahmen und Fortentwicklungen der Immobilie gemeint, während tägliche Instandsetzungs- oder Reparaturkosten an der Immobilie nach IAS 40.18 nicht darunter fallen. Diese Kosten sind gemäß IAS 16.12 als Erhaltungsaufwendungen in der anfallenden Periode erfolgswirksam zu verbuchen.[384]

Nachfolgend eine Übersicht der Ermittlung der Anschaffungskosten von Investment Properties nach IAS 40.17 - 40.19 und 40.21:

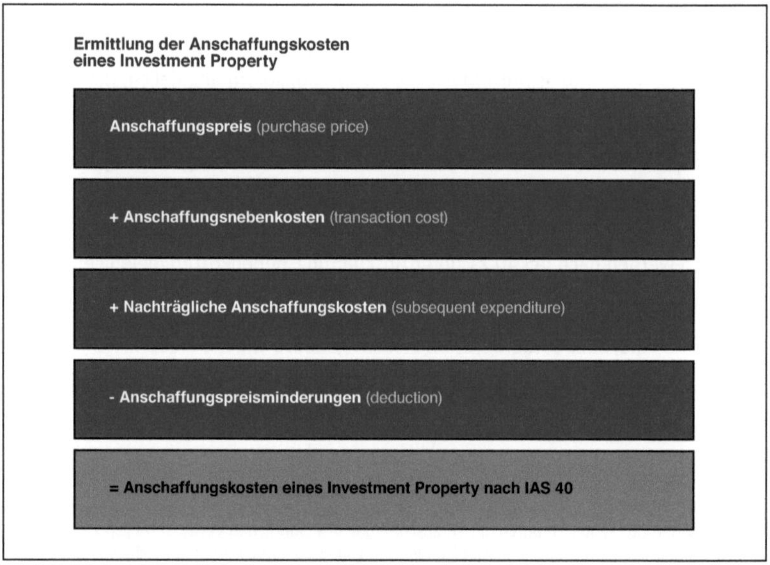

Abbildung 4: Anschaffungskosten eines Investment Property
Quelle: In enger Anlehnung an Zülch (2003), S. 165, ähnlich auch Engel-Ciric (2006), S. 641, Rz. 16.

384 Vgl. Hoffmann/Freiberg (2009), S. 706, Rz. 32, i.V.m. Hoffmann (2009)b, S. 329 f., Rz. 32 f.

Ist die Immobilie vom Unternehmen selbst hergestellt worden, ist der erstmalige Bilanzansatz als Investment-Property die Summe aller „*...cash or cash equivalents...*“[385], die dem Unternehmen bis zum Bilanzierungszeitpunkt, sofern nicht schon während der Bau bzw. Entwicklungsphase die Immobilie zum *fair value* bilanziert werden soll, aufgelaufen sind.

Zur Berechnung der Herstellungskosten von Investment Properties verweist der IAS 40.22 auf die Vorschriften zur Bilanzierung von Vermögensgütern nach IAS 16. Gemäß IAS 16.22 sind Berechnungen der Herstellungskosten von Vermögensgütern anzuwenden, die in IAS 16.15 ff. normiert sind. Eine weitere Herstellungskostendefinition ergibt sich aus IAS 16.22, indem dieser in seinem weiteren Wortverlauf auf IAS 2 verweist.[386] Dieser Verweis stellt laut herrschender Meinung einen Rückgriff auf Herstellungs-kostenermittlung nach IAS 2.10 dar, wodurch die Bestimmung der Herstellungskosten von Investment Properties einer sogenannten „produktionsbezogenen Vollkostenrechnung“ zu folgen hat.[387] Deswegen sind auch sonstige Verwaltungskosten oder Vertriebskosten nach IAS 16.22 i.V.m IAS 2.16 (c)+(d) nicht Bestandteil der Herstellungskosten. Für Fremdkapitalkosten existiert hingegen ein Wahlrecht, sofern diese für die Herstellung des Investment Property angefallen und direkt zurechenbar sind. Das ist in IAS 16.22 i.V.m. IAS 2.17 i.V.m. IAS 23.11 normiert.[388]

4.4 Wahloptionen bei der (Folge-)Bewertung von Investment Properties

Für den bilanziellen Ansatz von Investment Properties gestattet IAS 40.30 die Wahl zwischen der Bewertung zum *fair value (fair value model* bzw. *Zeitwertmodell)* oder der Bewertung zu fortgeführten Anschaffungs-/Herstellungskosten *(cost model* bzw.

---

385 Die Definition der Anschaffungs-/Herstellungskosten ist in IAS 40.5 und IAS 16.6 gleichlautend.

386 IAS 40.22 definiert: „If an entity makes similar assets for sale in the normal course of business, the cost of the asset is usually the same as the cost of constructing an asset for sale (see IAS 2).“

387 Vgl. Zülch (2003), S. 169, und ders. (2008), S. 4, Rz. 4, ähnlich auch Ranker (2006), S. 255.

388 Auf eine weitere detaillierte Darstellung der Herstellungskosten von Investment Properties wird an dieser Stelle verzichtet. Vgl. jedoch weiterführend über die Aufschlüsselung der Herstellungskosten von Investment Properties, Zülch (2003), S. 167 ff., auch Böckem/Schurbohm-Ebneth (2003), S. 339 f., sowie Deloitte (2004), S. 55 f., Hoffmann/Freiberg (2009), S. 705 ff., Rz. 30 ff., i.V.m. Hoffmann (2009)b, S. 324 ff, Rz 18 ff., und KoR (2008)a, S. 15, sowie Ranker (2006), S. 254 ff., und Lenz (2009), S. 180 ff.

Anschaffungskostenmodell).[389] Hat das bilanzierende Unternehmen von der Wahlmöglichkeit einmal Gebrauch gemacht, so verlangt IAS 40.33 eine einheitliche und stetige Folgebewertung der Investment Properties.

Abweichungen von den Grundsätzen der Einheitlichkeit und Stetigkeit sind für das bilanzierende Unternehmen gemäß IAS 40.48 und IAS 40.53-IAS 40.55 allerdings bei Unmöglichkeit der Ermittlung des *fair value*[390] zulässig. Ausschließlich diese Immobilien dürfen als Ausnahme zum *cost model* bilanziert werden; eine Entbindung von der Veröffentlichung nach den Maßgaben des *cost model* sieht der IAS 40.53 für diese Fälle allerdings nicht vor. Investment Properties, deren *fair value* nicht „verlässlich" ermittelbar ist, sind im Bilanzanhang zu beschreiben, wobei seitens des bilanzierenden Unternehmens zu erklären ist, weshalb die Feststellung des *fair value* nicht möglich war. Existiert eine Bandbreite, in der der *fair value* mutmaßlich rangiert, ist das nach IAS 40.79 (e) anzugeben.

Einen einseitigen Methodenwechsel vom *cost model* zum *fair value model* lässt der IAS 40.31[391] jedoch zu. Diese Erlaubnis ist auf die Ansicht des IASB gestützt, dass eine Bilanzierung zum *fair value model* den Bilanzadressaten eher in die Lage versetzt, die wirtschaftliche Situation des Unternehmens zutreffender einzuschätzen, ihm also entscheidungsrelevantere Informationen zu liefern, als es eine Bilanzierung zum *cost model* vermag.[392] Einen Wechsel vom *fair value model* zum *cost model* hält das IASB gemäß IAS 40.31 hingegen für höchst unwahrscheinlich.[393]

---

389 Im Folgenden werden die Begriffe *fair value model* und *cost model* verwendet.

390 Das gilt auch für Investment Properties, die sich in der Bau- bzw. Entwicklungsphase befinden. In dieser Phase bestehen oftmals noch hohe Unsicherheiten über die genaue Nutzung und die zu erwartenden Erträge der Immobilie. Der IAS 40.53 (b) erlaubt – bei Wahl des *fair value model* – diese Immobilien so lange zum *cost model* zu bilanzieren, bis eine verlässliche Bestimmung des *fair value* möglich ist. IAS 40.53 (a) unterstellt allerdings, dass dies nach Abschluss der Herstellung widerlegbar der Fall ist. Vgl. weiterführend KoR (2008)a, S. 23 f., und PwC (2010), S. 7 ff.

391 So verweist IAS 40.31 hierfür auf IAS 8.14, der einen Methodenwechsel – zum Zwecke der besseren Darstellung der wirtschaftlichen Situation oder wenn eine Rechnungslegungsstandard-/interpretation dieses erfordert – zulässt.

392 Die Wahlmöglichkeit zwischen den Bewertungsmodellen stellt nach angesichts der massiven Kritik am *Exposure Draft* E64 einen Kompromiss dar. Vgl. IAS 40 BC (2000), B 47 ff., S. 2236. Eine klare Präferenz des IASB für die Bilanzierung zum *fair value model* lässt sich aber dennoch an dessen „Regelungsumfang" festmachen. Vgl. Zülch (2003), S. 171, und ders. (2008), S. 4, 36, Rz. 5, 206, aber auch Hoffmann/Freiberg (2009), S. 708, Rz. 39. Beck/Rehkugler (2009), S. 490 verweisen da-

Wird vom bilanzierenden Unternehmen das *cost model* gewählt, so verweist IAS 40.56 auf die Bewertungsvorschriften des IAS 16, sofern die betreffenden Immobilien nicht einer Veräußerungsabsicht unterliegen und dadurch die Bewertungsvorschriften des IFRS 5 auslösen. Bei Wahl der Bewertung zum *cost model* sind die Anschaffungs- bzw. Herstellungskosten der Immobilie um planmäßige und außerplanmäßige Abschreibungen zu vermindern oder ggf. durch Zuschreibungen zu erhöhen. Hierfür ist IAS 16.30 einschlägig.

Mit der Wahl des *cost model* entpflichtet der IAS 40 das bilanzierende Unternehmen allerdings nicht von der Offenlegung umfangreicher Angaben über die Immobilie im Bilanzanhang. Nach IAS 40.75 und IAS 40.79 sind neben dem *fair value*, die Abschreibungsmethode, die Nutzungsdauer und die erforderlichen Angaben des Anlagengitters auszuweisen. [394] Hitz (2005) sieht durch die Angabe des *fair value* insofern den Versuch einer „Heilung" des informativen Mangels, der sich durch die Bilanzierung nach dem *cost model* für den Bilanzadressaten ergibt.[395]

Nachfolgend der bilanziellen Ansatz von Investment Properties im Überblick:

rauf, dass das *fair value model* auch deswegen präferiert werde, da im Falle seiner Anwendung nicht mehr die Angaben nach dem *cost model* zu erfolgen haben.

393 Vgl. weiterführend zum Wechsel der Bewertungsmethoden nach IAS 40, Zülch (2008), S. 37, Rn, 210, KoR (2008)a, S. 18, sowie Hoffmann/Freiberg (2009), S. 708 f., Rz. 38 ff.

394 Ausführlich wird die Folgebewertung von Investment Properties im Falle des Ansatzes zum *cost model* bei Ranker (2006), S. 275 ff. diskutiert.

395 Vgl. Hitz (2005), S. 119.

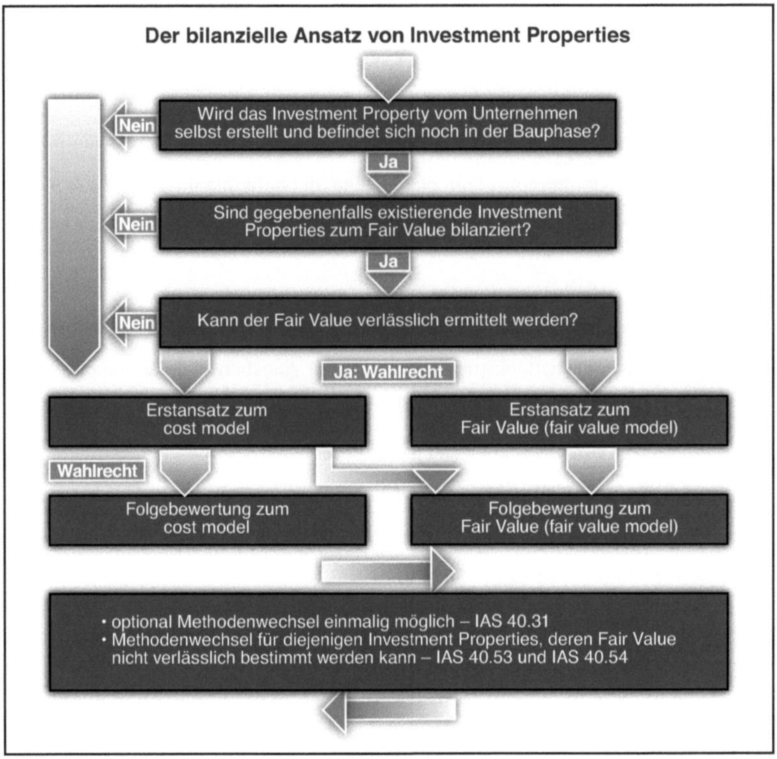

Abbildung 5: Der bilanzielle Ansatz von Investment Properties
Quelle: Eigene Darstellung

4.5 Die Bewertung von Investment Properties zum *fair value*

4.5.1 Präzisierung des Begriffs *fair value* von Investment Properties

Der *fair value* von Investment-Properties[396] wird mit IAS 40.36 als „*... the price at which the property could be exchanged between knowledgeable, willing parties in an arm´s length transaction"* definiert und soll gemäß IAS 40.38 die *"... market conditions at the balance sheet date"* reflektieren.

[396] Vgl. auch IAS 40.5.

Aufgrund dieser Definitionen ist unter dem *fair value* ein auf Marktpreisen basierender, fiktiver Stichtagswert „... *als* [eine] *künstliche Wertgröße* ...“[397] zu verstehen, dessen Bildung auf einem hypothetischen Immobilienverkauf beruht.[398]

Die Marktpreisorientierung des *fair value* wird dabei durch die in IAS 40.42 bis IAS 40.44 angeführten Eigenschaften der Markteilnehmer besonders unterstrichen, da erst durch sachverständige, vertragswillige und voneinander unabhängige[399] Vertragspartner eine marktgerechte Bildung des Preises stattfinden kann. Mit der Aufzählung dieser Eigenschaften schließt das IASB die Existenz persönlicher Beziehungen und/oder geschäftlicher Abhängigkeiten sowie Informationsvorsprünge und Machtvorteile, also Informationsasymmetrien, zwischen den Vertragsschließenden aus.[400]

Beeinflussungen des Marktes, infolge dessen Preisverwerfungen auftreten können, werden somit nicht im *fair value* antizipiert.[401] Transaktionskosten, die im Rahmen eines tatsächlichen Verkaufs der Immobilie anfallen würden, sind nach IAS 40.37 nicht Bestandteil des *fair values*. Diese Kosten bleiben hinsichtlich der nur fiktiven Transak-

397 Böckem/Schurbohm (2002), S. 43.

398 Der *fair value* stellt den Stichtagswert einer jederzeit veräußerbaren Immobilie dar. IAS 40.39 unterstellt nämlich mit: „*The fair value is time-specific on a given date*“, dass der Vertragsschluss zeitgleich mit der Vertragserfüllung erfolgt, um mögliche Preisänderungen zwischen den beiden Zeitpunkten auszuschließen. Sind Vertragsschluss und Vertragserfüllung nicht zeitgleich, müssen evtl. Wertänderungen in den *fair value* eingepreist werden. Das gilt auch, wenn erst nach dem Bilanzstichtag wertaufhellende Informationen offenbar werden. In diesem Fall wird allerdings das Stichtagsprinzip durchbrochen; wertaufhellende Informationen sind gemäß IAS 10.8 bis zur Erstellung des Jahresabschlusses zu berücksichtigen. Angesichts der fiktiven Markttransaktion, auf deren Grundlage die Ermittlung des *fair value* von Investment Properties basiert, sind Wertaufhellungen im Sinne des IAS 10 als unrealistisch anzusehen. Vgl. Zülch (2008), S. 43, Rz. 228, und zu wertaufhellenden Ereignissen, Hoffmann (2009)a, S. 189 ff., Rz. 5 ff.

399 Wesentlich für die Sachverständigkeit der Vertragspartner ist, dass sie über die Art und Eigenschaften der Immobilie, ihre momentane und potentielle Verwendungsmöglichkeit informiert sind und die Marktsituation am Bilanzstichtag kennen. Die Eigenschaft vertragswillig unterstellt, dass die fiktive Transaktion frei von Zwängen ist. Der Käufer hat Grund, aber keinen Zwang zu kaufen; der Verkäufer ist nicht übereifrig bemüht, noch muss er verkaufen. Vgl. weiterführend über die Prämissen, die IAS 40.42- IAS 40.44 als Grundlage der fiktiven Immobilientransaktion annimmt, Zülch (2003), S. 178 ff., und ders. (2008), S 44 f., Rz. 232 ff., sowie Hoffmann/Freiberg (2009), S. 717, Rz. 58.

400 Böckem/Schurbohm (2002), S. 42 führen aus: „... *bei der Wertermittlung ist auf eine durchschnittliche Informationslage der Verhandlungsparteien abzustellen; von einer ggf. in einem konkreten Transaktionszusammenhang auftretenden asymmetrischen Informationsverteilung über die Werthaltigkeit der Immobilie, etwa durch Informationsverschleierung durch den Verkäufer oder mangelnde Selbstinformation des Käufers, ist bei der Wertermittlung zu abstrahieren.*“ Vgl. hierzu auch Pellens et. al. (2008)a, S. 344 f.

401 Namentlich meint IAS 40.36 damit „...*atypical financing, sale and leaseback arrangements, special considerations or concessions granted by anyone associated with the sale.* “

tion zwischen den Geschäftspartnern unberücksichtigt. IAS 40.42 unterstellt ferner eine Preisbildung unter der hypothetischen Annahme, dass die Immobilie hinreichend lange der Vermarktung unterlegen hat und alle potenziellen Käufer umfangreiche Informationen über das Objekt sammeln konnten. *„In den fair value [von Investment Properties] fließt [insofern] nur ein, was aktuell am Markt honoriert würde."*[402]

IAS 40.51 schließt somit auch die Berücksichtigung von *„...future capital expenditure that will improve on enhance the property..."*[403] und den daraus erwachsenden zukünftigen Nutzen für die Bestimmung des *fair values* aus. Auch subjektive Verwendungsmöglichkeiten oder Synergieeffekte mit anderen Immobilien werden, genauso wie die Existenz steuerlicher Vorteile, für die Findung des *fair values* ausgeblendet.

Dafür grenzt IAS 40.49 den *fair value* zum Nutzungswert, dem *value in use,* ab. Der *value in use* eines Investment Properties spiegelt im Gegensatz zum *fair value* *„...the entity's estimates, including the effects of factors that may be specific to the entity and not applicable to entities in general"* wider.[404] Gegensätzlich zum *fair value* dürfen somit auch Faktoren in die Berechnung des Nutzungswerts Eingang finden, die unternehmensspezifisch und *„... not be generally available to knowledgeable, willing buyers and sellers ..."* sind.[405]

Nachfolgend eine Wertmaßstabsdefinition des *fair value* von Investment Properties:

Der *fair value* von Investment Properties vereinigt in sich die Werterwartung aller Marktteilnehmer. Er entspricht dem Preis, wie er unter sachverständigen, vertragswilligen und unabhängigen Dritten am Bilanzstichtag zustande gekommen wäre, und unterliegt keinen subjektiven Einflüssen. Für den Verkäufer ist er der höchste und für den Käufer der vernünftigste erzielbare Preis.

---

402 Ranker (2006), S. 321.

403 IAS 40.51.

404 Vgl. IAS 40.49.

405 Vgl. weiterführend zum *value in use* von Investment Properties, Böckem/Schurbohm (2002), S. 39, Zülch (2003), S. 188 ff., sowie Hoffmann/Freiberg (2009), S. 718 f., Rz. 59.

4.5.2 Die *fair value*-Hierarchie bei Investment Properties

Die Bestimmung des *fair value* von Investment Properties erfolgt anhand eines detaillierten konsekutiven, dreistufigen Konzepts, einer Bewertungshierarchie. Auf diesem Stufenkonzept nimmt die Marktferne mit jeder Stufe zu, wodurch die Verlässlichkeit der Wertinformation abnimmt. Vom bilanzierenden Unternehmen ist daher, wenn möglich, stets die höchste Stufe zu wählen, um eine möglichst objektive und damit marktnahe Bewertung sicherzustellen, da schon mit Betreten der zweiten Stufe des Stufenkonzeptes unterstellt werden kann, dass es sich nicht mehr um den tatsächlich vorteilhaftesten Preis für den Verkäufer und den besten Preis für den Käufer handelt, sondern nur noch um den wahrscheinlich vorteilhaftesten Preis für den Verkäufer und den wahrscheinlich besten Preis für den Käufer.[406] [407]

Der IAS 40 schreibt ein Einhalten des Stufenkonzeptes allerdings nicht explizit vor. Sind mehrere Informationsquellen für die Ermittlung des *fair value* vorliegend, so ist nach IAS 40.47 stets der verlässlichste Wert zu wählen.[408] Jedoch kann davon ausgegangen werden, dass mit Einhaltung des Stufenkonzepts diesem Anspruch am ehesten Genüge getan wird. Erst wenn sichergestellt ist, dass auf einer Stufe eine belastbare Wertermittlung unmöglich ist, sollte vom bilanzierenden Unternehmen die nächste Wertermittlungsstufe des Stufenkonzeptes beschritten werden.[409]

Die erste, die höchste Stufe des Stufenkonzepts, und damit der bevorzugte Wertmaßstab zur Ermittlung des *fair value* von Investment Properties, bildet der originäre Marktwert. Auf Stufe eins des Stufenkonzeptes wird der Marktwert einer Immobilie aus einem aktiven Markt[410], der der in IAS 40.36 konkretisierten Definition des *fair*

---

406 Vgl. Zülch (2003), S. 177 f.

407 Wie in angeführt existiert der Marktwert eines Vermögenswertes nur unter der Annahme vollkommener Märkte. Im Folgenden wird aber, wie es im Allgemeinen Sprachgebrauch als auch in einschlägigen gesetzlichen bzw. normierten Definitionen üblich ist, der Begriff Marktwert auch dann verwandt, wenn dieser sich auf unvollkommenen Märkten gebildet hat, also nur ein hypothetisches Marktwertsurrogat ist.

408 Vgl. Pellens et. al. (2008)a, S. 346.

409 Vgl. weiterführend zur Auswahl der verlässlichsten Schätzung bei Vorliegen mehrerer Wertquellen, Ranker (2006), S. 318 f.

410 Allerdings äußert sich der IAS 40 nicht dazu, was mit einem „aktiven Markt" für Investment Properties gemeint ist. In Analogie zum IAS 8.11 (a) i.V.m. IAS 36.6 und IAS 38.8 müsste ein solcher die Eigenschaften des Handels homogener Güter, der sofortigen Transaktionsfähigkeit und damit ver-

values von Investment Properties entspricht, entnommen. Da allerdings am Bilanzstichtag wohl nur in Ausnahmefällen eine Transaktion der zu bewertenden Immobilie vorkommt, wird daher die Existenz eines aktiven Marktes für die betreffende Immobilie im Sinne des IAS 40.36 mutmaßlich nie oder nur äußerst selten vorliegen.[411] Angesichts der hohen Markttransaktionskosten auf Immobilienmärkten lassen sich, wie ausgeführt, keine Marktpreise aus dem täglichen Handel entnehmen, wie es bei börsengehandelten Wertpapieren der Fall ist.[412]

Insofern ist die Wertermittlung auf Stufe eins vielmehr neoklassischen, denn realistischen Vorstellungen des IASB an die Preisbildung auf einem Immobilienmarkt geschuldet.[413] [414] Da in praxi die Ermittlung des originären Wertes von Investment Properties nicht möglich ist, schreibt der IAS 40.45 mit Stufe zwei des Stufenkonzeptes den Versuch einer unmittelbaren Wertermittlung durch ein Vergleichsverfahren vor.

Laut IAS 40.45 lässt das IASB einen Vergleich mit Immobilien zu, sofern diese auf einem aktiven Markt gehandelt wurden und ähnlicher Art, gleichen Ortes und Zustands sind und eine vergleichbare Mietsituation aufweisen können. Dafür sind alle wertbeeinflussenden Unterschiede zur bewertenden Immobilie sicherzustellen. Indessen bereitet auch die Anwendung unmittelbarer Vergleichswertverfahren auf Stufe zwei große Schwierigkeiten, da auch hier die Höhe der Markttransaktionskosten eine verlässliche Preisfindung mittels eines geeigneten Näherungswertes zumeist ausschließt. Immobilien sind in hohem Maße einzigartig und unterscheiden sich durch Alter, Größe, Ausstattung, Zustand und Lage, was der weitgehenden Homogenitätsbedingung des IAS 40.45 schon per se entgegensteht. Die weitere Prämisse des IAS 40.45, dass Ver-

---

bunden öffentlicher Preise aufweisen, wie er für Finanzinstrumente im IAS 39 angenommen wird. Vgl. KoR (2008)b, S. 17; Baumunk (2009), S. 87 f., Rz. 311 ff. sieht allerdings einen aktiven Immobilienmarkt, unter der Maßgabe der Ähnlichkeit der Vergleichsobjekte hinsichtlich Lage, Ausstattung, Zustand und Vermietungssituation sowie der Verkaufsfähigkeit dieser binnen 36 Monaten und dem Vorliegen von Vergleichspreisen der Vergleichsobjekte für den Bewerter, als gegeben an.

411 Vgl. bspw. Baetge/Zülch/Matena (2002)b, S. 420, die deshalb auch von einer „Wunschvorstellung" sprechen.

412 Vgl. Zülch (2005), S. 70, sowie Beck (2004), S. 500.

413 Vgl. ähnlich Zülch (2003), S. 181.

414 Insofern kommt auch die erste Stufe der Ermittlungshierarchie dem Marktwerbegriff eines vollkommenen Markes am nächsten.

gleichsimmobilien am Bilanzstichtag ebenfalls einer Transaktion unterlegen haben müssen, macht die Wertfindung dabei noch einmal ungemein schwerer.

Eine Ermittlung des *fair value* durch unmittelbare Preisvergleiche mit identischen oder zumindest ähnlichen Immobilien muss daher auch auf der zweiten Stufe des Stufenkonzeptes, hinsichtlich der regelmäßigen Abwesenheiten eines „aktiven Marktes", überwiegend eine Wunschvorstellung bleiben. Anwendung kann das unmittelbare Vergleichsverfahren nach IAS 40.45 im Idealfalle nur bei standardisierten Immobilien, wie Reihenhäusern oder Eigentumswohnungen, finden.[415]

Wenn dem bilanzierenden Unternehmen keine belastbaren Informationen für ein unmittelbares Vergleichsverfahren vorliegen, ist nunmehr Stufe drei des Stufenkonzeptes zu beschreiten. Damit ist die zweite Konkretisierungsstufe des bevorzugten originären, unmittelbaren, direkten Marktwertes erreicht; der Markt hat gänzlich als „Prognoseanker" versagt. Die Ermittlung des *fair value* erfolgt nunmehr nicht mehr *mark-to-market*, sondern das Marktversagen des Immobilienmarktes zwingt zur Simulation des *fair valuemarkt-to-model*. Dessen Ergebnis ist nur noch ein modellhafter Approximationswert, ein entferntes Substitut des neoklassischen Marktwertes. Zülch (2003, 2005, 2008) spricht von einem „Dilemma".[416]

4.5.3 Das *mark-to-model* Konzept der dritten Hierarchiestufe

Diesem „Dilemma" begegnet die dritte Stufe der Bewertungshierarchie, indem sie mit IAS 40.46 die Bestimmung des *fair value* jetzt mit Hilfe anderer Informationsquellen zulässt. Damit sind internationale Wertermittlungsverfahren, also implizit der *sales comparsion approach* als Vergleichswertverfahren und der *income capitalisation approach*[417] als Barwertverfahren bzw. Ertragswertverfahren gemeint.[418] [419]

---

415 Vgl. weiterführend, Zülch (2003), S. 181 ff., Zülch (2005), S. 70, Deloitte (2004), S. 65 ff., Zülch (2008), S. 46 f., Rz. 239 f., und Ranker (2006), S. 323 f., sowie Ballwieser (2008)a, Rz 50., als auch KoR (2008)b, S. 17.

416 Zülch (2003), S. 182, sowie ders. (2005), S. 70., und (2008), S. 47, Rz. 240.

417 Synonym für den *sales comparsion approach* werden im angelsächsischen Raum die Begriffe *direct value comparsion approach* sowie *comparative method* und für den *income capitalisation approach* die Bezeichnungen *income capitalisation model, income approach* sowie *investment method* ver-

Auf Stufe drei ist gemäß IAS 40.46 (a) zuerst ein Wertvergleich mit Immobilien, die auf einem aktiven Markt gehandelt wurden, allerdings abweichender Art, Zustands oder Standortes und eine andere Mietsituation aufweisen, erforderlich. Alternativ ist nach IAS 40.46 (b) auch der Vergleich mit Immobilien, die auf einem weniger aktiven Markt gehandelt wurden, zulässig: diese müssen jedoch dann Ähnlichkeiten zum zu bewertenden Objekt haben. Die ermittelten Näherungswerte sind der zu bewertenden Immobilie durch Wertkorrekturen entsprechend anzupassen. IAS 40.46 (a) sowie IAS 40.46 (b) sind insofern mittelbare Vergleichswertverfahren, unterscheiden sich jedoch zum unmittelbaren Vergleichsverfahren des IAS 40.45 nur um die Erlaubnis, entweder qualitative, IAS 40.46 (a), oder zeitliche Anpassungen, IAS 40.46 (b), vorzunehmen.[420] [421] [422]

Jedoch kann die Anwendung des *sales comparison approach*, trotz der Möglichkeit zur Anpassung zeitlicher oder qualitativer Merkmale, die Schwierigkeiten der Wertermittlung der Stufe zwei überwiegend nicht lösen. Vielmehr sieht sich das bilanzierende Unternehmen grundsätzlich den gleichen Problemen ausgesetzt, die ihm auf Stufe zwei auch begegnet sind. Immobilien sind Unikate und belastbare Informationen über vergleichbare Immobilientransaktionen werden, abgesehen von Transaktionsinformationen über Grundstücke, Reihenhäuser oder Eigentumswohnungen, regelmäßig nicht

wendet. Vgl. Zülch (2003), S. 152, Kormaier (2006), S. 378, und Leopoldsberger/Thomas/Naubereit (2008), S. 499 f.

418 Vgl. bspw. Zülch (2008), S. 47, Rz. 241.

419 Nicht erwähnt und insofern nicht zulässig zur Ermittlung des *fair value* von Investment Properties ist das in den §§ 21 ff. der ImmoWertV normierte Sachwertverfahren, oder dessen internationales Pendant, der *cost approach*. Diese Wertermittlungsverfahren gehen von einer substanz-, bzw. wiederbeschaffungsorientierten, Bestimmung des Immobilienwertes aus und werden losgelöst von Gegebenheiten auf Absatzmärkten ermittelt. Allerdings räumen Hoffmann/Freiberg (2009), S. 720, Rz. 61, dem Sachwertverfahren, zumindest als Kontrollverfahren, eine „gewisse Bedeutung" ein, und zwar dann, wenn die vorgesehenen Immobilienbewertungsverfahren, angesichts der Abwesenheit von ortsüblichen Mieten, nicht durchführbar sind. So im Falle von Krankenhäusern, oder Schwimmbädern. Vgl. hierzu Ballwieser (2008)a, Rz. 52, und Deloitte (2004), S. 67, sowie Zülch (2003), S. 160 ff., 183., sowie weiterführend zum internationalen Sachwertverfahren *(cost approach)*, White et.al. (2003), S. 155 ff.

420 Ranker (2006), S. 325 fragt in diesem Zusammenhang, ob die Normierung des IAS 40.46 (b) überhaupt erforderlich war, da schon das Stichtagsprinzip den Zeitpunkt der abzubildenden Wertverhältnisse determiniere.

421 Vgl. Ranker (2006), S. 324.

422 So impliziert IAS 40.45 – gegensätzlich zum IAS 40.46 (a) und IAS 40.46 (b) – nicht die Anwendung von bestimmten Vergleichswertverfahren zur Bestimmung des *fair value*. Vgl. Zülch (2008), S. 47, Rz. 243.

vorliegen oder verfügbar sein.[423] Der *sales comparsion approach* kann daher, analog zu der Wertermittlung nach IAS 40.45, zumeist nur für die Ermittlung des *fair value* von Grundstücken und standardisierter Immobilien oder aber zur Ergebnisüberprüfung der nunmehr nach IAS 40.46 (c) heranzuziehenden Barwertverfahren Anwendung finden.[424]

IAS 40.46 (c) gestattet die Ermittlung des *fair value* auf Basis von *„...discounted cash flows projections based on reliable estimates of future cash flows ...“*. So wird mit Anwendung des *income capitalisation approach* der Wert einer Immobilie am Bewertungsstichtag durch Diskontierung der erwarteten zukünftigen Einzahlungsüberschüsse simuliert. Damit vollzieht sich auch der Wechsel in der Ermittlung des *fair value*. Vom *mark-to-market* zum *mark-to-model* – vom originär ermittelten *fair value* zum simulierten.

Zulässig für die Wertermittlung nach IAS 40.46 sind auch, obwohl im IAS 40 nicht explizit erwähnt, die bis zum 30. Juni 2010 in der Wertermittlungsverordnung (WertV) und seit 1. Juli 2010 in der Immobilienwertermittlungsverordnung (ImmoWertV) normierten deutschen Ermittlungsverfahren.[425] So entspricht das in den §§ 15 und 16 der ImmoWertV codierte Vergleichswertverfahren grundsätzlich den Erfordernissen, die in IAS 40.46 (a) und IAS 40.46 (b) an Vergleichswertverfahren gestellt werden. Ebenso ist das in den §§ 17 ff. der ImmoWertV normierte Ertragswertverfahren als Ausprägungen des in IAS 40.46 (c) geforderten Barwertverfahren zur *mark-to-model* gestützten Simulation des *fair value* zulässig.[426]

Durch die Vielzahl notwendiger Bewertungsinformationen, die die *mark-to-model* Simulation des *fair value* erfordert, ergeben sich zumeist nur Wertbandbreiten, zwischen denen sich der *fair value* von Investment Properties befindet. Mit IAS 40.47 wird das bilanzierende Unternehmen daher dazu angehalten, innerhalb der ermittelten Wert-

---

[423] Vgl. bspw. Ballwieser (2008)a, Rz. 50, und weiterführend Deloitte (2004), S. 67 ff.
[424] Vgl. KoR (2008)b, S. 17, sowie Hoffmann/Freiberg (2009), S. 721, Rz. 65.
[425] Vgl. bspw. Böckem/Schurbohm (2002), S. 45 ff.
[426] Vgl. bspw. Zülch (2008), S. 47, Rz. 241. sowie KoR (2008)b, S. 17, und Hoffmann/Freiberg (2009), S. 720 f., Rz. 62 ff.

bandbreite den wahrscheinlichsten Wert als *fair value* zu bestimmen, indem es die Wertbandbreite zum Punktwert, zum *fair value*, zu verdichten hat.[427]

Sollte indessen eine Ermittlung des *fair value* auch auf Stufe drei nicht realisierbar sein, ist gemäß IAS 40.53 das *cost model* ausschließlich für die betreffende Immobilie anzuwenden. Nach dem *cost model* ist, sofern möglich, trotzdem der Versuch der Angabe der Wertspanne, innerhalb derer sich der *fair value* des betreffenden Investment Properties mutmaßlich befindet, im Bilanzanhang erforderlich.[428]

Nachfolgend eine Darstellung zur Veranschaulichung des Stufenkonzeptes gemäß IAS 40.

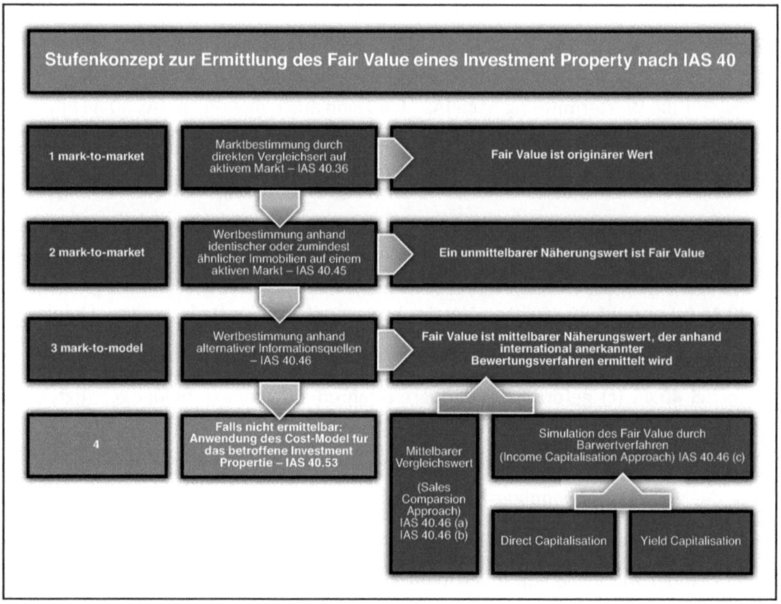

Abbildung 6: Stufenkonzept zur Ermittlung des *fair value* eines Investment Property
Quelle: In weiter Anlehnung an Zülch (2003), S. 187.

---

[427] Vgl. Kapitel 5.4.2.2.
[428] Vgl. IAS 40.79 (e).

4.6 Wertveränderungen und Bewertungshäufigkeit von Investment Properties

Hat sich das bilanzierende Unternehmen für die Bilanzierung zum *fair value* entschieden, so sind gemäß IAS 40.35 Gewinne und Verluste, die durch Wertveränderung des *fair value* von Investment Properties ausgelöst wurden, erfolgswirksam und mit Gegenrechnung der entsprechenden Steuerlatenz[429] in der Periode zu erfassen, in der sie entstanden sind. Dabei sind Erträge, die auf einer positiven Veränderung des *fair value* beruhen, unter sonstige betriebliche Erträge offenzulegen; negative Veränderungen des *fair value* werden unter sonstige betriebliche Aufwendungen erfasst.[430] Eine erfolgsneutrale Verbuchung der Wertschwankungen in einer Neubewertungsrücklage im Eigenkapitalkonto ist allerdings nicht möglich; der IAS 40 unterstellt die jederzeitige Liquidierbarkeit der Immobilie.

Um zum einen den zutreffenden Unternehmenserfolg auszuweisen und zum anderen eine zutreffende Darstellung der Vermögenslage des Unternehmens am Bilanzstichtag zu gewährleisten, ist der *fair value* der Investment Properties entsprechend der vorherrschenden Marktsituation auf den Immobilienmärkten am Bilanzstichtag gemäß IAS 40.38 in der Bilanz abzubilden.[431] Dafür ist der *fair value* für jedes Investment Property gemäß Einzelbewertungsgrundsatz nach IAS 40.33 an jedem Bilanzstichtag neu, individuell und gesondert zu ermitteln.

Obschon die Häufigkeit der Wertermittlung von Investment Properties nicht explizit im IAS 40 normiert ist, kann durch Rückgriff auf IAS 16.34[432] die Erfordernis einer jährlichen Neubewertung unterstellt werden, da auf Immobilienmärkten im Allgemeinen Wertschwankungen vorherrschen, die dies erforderlich machen.[433] Böckem/Schurbohm-Ebneth (2003) führen daher aus: *„...dem Sinn und Zweck des Standards, d.h. der*

---

429 Vgl. IAS 12.15 und hierzu, Ballwieser (2008)a, Rz. 58.

430 Vgl. weiterführend Dohrn (2004), S. 183 f., sowie Zülch (2003), S. 340 ff .

431 Vgl. Zülch (2008), S. 39, Rz. 219, Ranker (2006), S. 334.

432 So sind nach IAS 16.34 sind Neubewertungen zu jedem Bilanzstichtag dann erforderlich, wenn es sich um relativ volatile Vermögenswerte handelt. Sollte das nicht der Fall sein, sind die Vermögenswerte im Zeitrahmen von drei bis fünf Jahren neu zu bewerten.

433 Vgl., Zülch (2005), S. 71, und ders. (2008), S. 39, Rz. 219.

Abbildung der Performance einer Anlageimmobilie widerspricht eine nur sporadische Wertermittlung."[434]

Ungeklärt ist allerdings, wie die jährliche Erhebung für Bewertung der Investment Properties durchgeführt werden soll. Bestimmte wertbestimmende Faktoren von Immobilien, wie Größe, Art und Lage verändern sich, wenn das überhaupt registriert werden sollte, wie im Folgenden noch gezeigt wird, nur sehr langsam. Deshalb sind nicht notwendigerweise alle wertbestimmenden Faktoren zum Bilanzstichtag neu zu erheben. Denkbar wäre daher eine systematische Aufstellung der vergleichsweise „starren", wertbestimmenden Faktoren von Immobilien und nur bei größeren Marktveränderungen oder nach Ablauf eines bestimmten Zeitraumes eine Neuerhebung dieser Daten, vor dem Hintergrund einer Neubewertung, durchzuführen.[435]

Dieses könnte nach Baumunk (2009) anhand eines Wertindikatorverfahrens geschehen. Wenn offenbar keine Änderungen bestimmter Wertfaktoren zu verzeichnen sind, hält er eine periodische Neubewertung durch eine Wertfortschreibung des *fair value* für möglich.[436]

Der Ansicht Baumunks stimmt Ranker (2006) allerdings nur unter der Maßgabe einer Wertfortschreibung im gewählten Verfahren sowie der Benennung geeigneter Wertindikatoren schon bei der ersten Ermittlung des *fair value* zu.[437] Dabei seien die Wertindikatoren nach ihrer Volatilität einzuteilen und volatile Wertindikatoren strenger zu kontrollieren als stabile. Etwaige Schwankungen der Wertfaktoren seien zu jedem Bilanzstichtag bei der Ermittlung des *fair value* zu überprüfen und dementsprechend bei der Bestimmung des *fair value* einzelfallbezogen zu berücksichtigen. Für die Er-mittlung des *fair value* anhand eines Ertrags- bzw. DCF-Verfahrens, kann es nach Ansicht Rankers insofern genügen, den *fair value* nach Überprüfung gemäß der genannten Prämissen fortzuschreiben.

---

434 Vgl. Böckem/Schurbohm-Ebneth (2003), S. 341.

435 Vgl. Ranker (2006), S. 334 f.

436 Vgl. hierzu und zu den einzelnen, vorgeschlagenen Wertindikatoren, Baumunk (2009), S. 94, Rz. 342 f.

437 Vgl. Ranker (2006), S. 334, der sich freilich auf Baumunk (2005), S. 88, Rz. 341 f. bezieht. Vgl. zum Abgleich jedoch auch Baumunk, (2009), S. 94 f., Rz. 342 f.

Dieses Vorgehen entspricht der sogenannten „Desktop-Bewertung". Nach einmaliger Einzelbewertung wird der *fair value* eines Investment Properties, ohne weitere Ortsbesichtigung, entsprechend der bekannt gewordenen Änderung der Wertindikatoren periodisch fortgeschrieben.[438] Erst nach gewissem Zeitablauf, baulicher Maßnahmen oder der offensichtlichen Veränderung besonders volatiler Wertfaktoren erfolgt die Erstellung einer neuen Einzelbewertung.

Indes lässt der *trade-off* zwischen der Verlässlichkeit des *fair value* und den mit der Ermittlung des *fair values* von Investment Properties verbundenen Kosten die Desktop-Bewertung als nur bedingt geeignet erscheinen.[439] So resultieren zwar aus der Desktop-Bewertung vergleichsweise geringe Kosten; angesichts der kostenbedingt nur oberflächlichen Prüfung wichtiger Einflussfaktoren und einer mangelnden Objektivierbarkeit sollte die Ermittlung des *fair value* jedoch regelmäßig zu Gunsten einer kompletten Neuerhebung zum Bilanzstichtag ausfallen.[440] Vor diesem Hintergrund hält auch Schulte (2007) die Desktop-Bewertung zu Recht als ungeeignet für die bilanzielle Zwecke und damit für die Ermittlung des *fair value*.[441]

Gänzlich ausgeschlossen ist die Ermittlung des *fair value* im Sinne eines *trigger approach*, wie er für die *impairment-Abschreibung* nach IAS 36 existiert, und bei dem nur neue Werterhebungen durchgeführt werden müssen, wenn negative Wertveränderungen bekannt geworden sind.[442]

4.7 Gesamt- und Gruppenbewertungen von Investment Properties

Losgelöst von der Frage, ob einzelne Wertparameter, von denen in der Berichtsperiode keine große Veränderung zu erwarten ist, auch in mittelfristigen Zeitabständen neu

---

438 Ranker (2006), S. 335, weist darauf hin, dass die Ermittlungshierarchie des IAS 40 durch das bilanzierende Unternehmen trotzdem eingehalten werden müsse und Vergleichsinformationen, im Sinne des IAS 40.45 und des IAS 40.46 (a) und IAS 40.46 (b), vorrangige Beachtung zu finden haben.

439 Vgl. Hoffmann/Freiberg (2009), S. 710, Rz. 44, sowie weiterführend Schulte (2007), S. 582.

440 Böckem/Schurbohm-Ebneth (2003), S. 341 f führen allerdings aus: *„In der Bewertungspraxis wird es daher nicht grundsätzlich zu beanstanden sein, wenn Gutachtenwerte, z.B. aus dem Gutachten, das den Kaufpreisverhandlungen zu Grunde lag, periodisch fortgeschrieben werden."*

441 Vgl. Schulte (2009), S. 583.

442 Vgl. Böckem/Schurbohm (2002), S. 42, und weiterführend zum *impairment-test* bei Investment Properties im Falle der Bilanzierung zum *cost model* durch das bilanzierende Unternehmen, Deloitte (2004), S. 61 f., sowie Baumunk/Beyhs (2009), S. 135 ff.

erhoben werden können, ist zu jedem Bilanzsichttag eine genaue Dokumentation und Pflege aller Informationen, die zu den Werterhebungen und damit letztlich zur Wertfindung jedes einzelnen Investment Properties geführt haben, unerlässlich. Damit soll das bilanzierende Unternehmen sicherstellen, dass einerseits die Bewertung für Dritte, also intersubjektiv, nachprüfbar ist und andererseits die zwischenzeitlichen Wertverläufe einzelner Investment Properties verfolgt werden können.[443]Auch vor diesem Hintergrund sind Gesamt- oder Portfoliobewertungen von ganzen Immobilienbeständen nach IAS 40 nicht zulässig.[444]

Hinsichtlich einer Gruppen- oder Clusterbewertung (auch Paketbewertung) von ganzen Immobilienbeständen gehen jedoch die Meinungen in der einschlägigen Literatur auseinander.

Zülch (2003) lehnt eine Gruppenbewertung aufgrund des „Unikat-Charakters" und den sich daraus ergebenden Probleme der Bildung von homogenen Immobilienklassen gänzlich ab.[445] Anderer Ansicht sind hingegen Böckem/Schurbohm (2002) sowie Baumunk (2009), die unter der Kosten/Nutzen-Sicht eine Gruppenbewertung für gerechtfertigt erachten. Maßgabe hierfür ist allerdings, dass die in Gruppen zusammengefassten Investment Properties weitestgehend vergleichbare Wertfaktoren, wie bspw. Lage, Erstellungszeitraum, Zustand, Größe Ausstattung, Mietverhältnisse, Mikro-/Makrostrukturen und Bewirtschaftungskosten, aufweisen.[446] [447] So nehmen nach Ansicht von Böckem/Schurbohm (2002) die einzelnen Immobilien einer homogenen Gruppe im Zeitablauf eine gleiche bzw. eine ähnliche Wertentwicklung. Unter den genannten Prämissen sei nur eine unwesentliche Abweichung der aggregierten Einzel-

---

443 Vgl. Böckem/Schurbohm-Ebneth (2003), S. 342, und detailliert über die Dokumentation der Bewertung, Baumunk (2009), S. 98, Rz. 356 f.

444 Vielmehr ist generell der *fair value* eines einzelnen Investment Properties, das vom bilanzierenden Unternehmen im Portfolio gehalten wird, durch Zuweisung des Anteils am Gesamtwert des Portfolios nicht ermittelbar. Hierdurch kann nur der individuelle Nutzungswert *(value in use)* eines einzelnen Investment Properties festgestellt werden. So generiert das Halten von Immobilien im Verbund für jede individuelle Immobilie einen Mehrwert, weshalb die Bestimmung des *fair value* eines einzelnen Investment Property – als zugewiesener Anteil vom Gesamtportfoliowert – letztlich willkürlich erfolgen muss. Vgl. Zülch (2003), S. 214 f.

445 Vgl. Zülch (2003) S. 214 f., aber auch KoR (2008)b, S. 15.

446 Vgl. Böckem/Schurbohm (2002), S. 48 f., sowie Baumunk (2009), S. 96. Rz. 349 f., sowie Schulte (2009), S. 581.

447 Diese Ansicht findet sich auch bei Hoffmann/Freiberg (2009), S. 709, Rz. 44.

werte vom Gruppenwert zu erwarten, was auch eine Gruppenbewertung unter Wirtschaftlichkeitsaspekten im Einzelfall rechtfertigen kann.[448]

Die Ermittlung des Wertes einer einzelnen Immobilie vollzieht sich im Zuge der Gruppenbewertung durch mehrere Schritte. Nach erfolgter Gruppenbildung werden möglichst repräsentative Immobilien dieser Gruppe stichprobenartig ausgewählt und deren Wert im Anschluss einzeln ermittelt. Anhand der daraus gewonnen Einzelwerte werden Vergleichsfaktoren gebildet und auf die Grundgesamtheit der Immobilien übertragen.[449] [450]

Allerdings eröffnet sich, analog zur Desktop-Bewertung, auch im Rahmen der Gruppenbewertung das Problem des *trade-offs* zwischen der Verlässlichkeit des *fair value* und den mit der Ermittlung desselben zu erwartenden Kosten. Insofern ist der Gruppenbewertung nur unter der Maßgabe weitest gehender Homogenität der Investment Properties zuzustimmen. Sollte aber keine weitgehende Homogenität zwischen den Investment Properties feststellbar sein und sich deshalb die Bildung einer konvergenten Gruppe von Investment Properties als schwierig erweisen, ist unbedingt eine individuelle Einzelbewertung der Investment Properties durchzuführen.[451] In diesem Falle ist dem bilanzierenden Unternehmen dringend geraten mittels der Einzelbewertung auf Verlässlichkeit abzustellen, also den *trade-off* zu Gunsten der Verlässlichkeit ausfallen zu lassen.[452] So hält auch Schulte (2007) die Gruppenbewertung, angesichts der mit der Gruppenbewertung einhergehenden bedingten Verlässlichkeit[453], für bilanzielle Zwecke und steuerliche Veranlagungen nur als eingeschränkt geeignet.[454]

---

448 Vgl. Böckem/Schurbohm (2002), S. 48 f.

449 Für die repräsentativ ausgewählten Immobilien erfolgt eine umfangreiche Einzelbewertung mit Ortsbesichtigung. Ebenso werden die Immobilien, die einen vergleichsweise hohen Wertanteil in der bestimmten Gruppe aufweisen, explizit aus der Gruppe ausgewählt und einer gesonderten Einzelbewertung unterzogen. Vgl. Schulte (2009), S. 581.

450 Vgl. Schulte (2009), S. 580.

451 Ausschlaggebend hinsichtlich der Verlässlichkeit eines einzelnen Immobilienwertes ist freilich auch die Höhe der Stichproben in Korrelation zur Grundgesamtheit.

452 Gleicher Ansicht ist Baumunk (2009), S. 96 f., Rz. 350.

453 Schulte (2007), S. 582 spricht genaugenommen von einer *„begrenzten Bewertungsgenauigkeit"*.

454 Vgl. Schulte (2009), S. 582.

Für die Durchführung der jährlichen Bewertung von Investment Properties empfiehlt IAS 40.32 einen fachlich qualifizierten und unabhängigen Gutachter, schreibt dieses jedoch mit den Worten: *„An entity is encouraged, but not required..."* nicht grundsätzlich vor. Durch die Heranziehung eines unabhängigen, fachlich erfahrenen externen Gutachters kann nämlich nicht per se eine zuverlässigere Bewertungsinformation generiert werden, da dieser letztlich genauso den Schwierigkeiten der Beschaffung belastbarer, nachhaltiger Wertinformationen ausgesetzt ist wie das bilanzierende Unternehmen an sich. Es darf allerdings unterstellt werden, dass der externe Bewerter einen Informationsvorsprung durch seine Erfahrung, seine Marktnähe und durch das Vorhalten von vergleichbaren Transaktionsinformationen hat, die in einer zuverlässigeren Bewertung münden.[455] Obschon das letztlich Bewertungsunsicherheiten nicht ausschließt, werden durch seine Autonomie Unternehmenseinflüsse verhindert und durch die Zunahme der Glaubwürdigkeit der bilanziellen Wertinformation zumindest eine sogenannte „Quasi-Objektivierung" erreicht. Es ist daher auch zu empfehlen, sämtliche Investment Properties des bilanzierenden Unternehmens durch einen externen Gutachter bewerten zu lassen, da dieser die Bewertungsergebnisse erheblich beeinflussen kann.[456] [457]

---

455 Vgl. Baumunk (2009), S. 97, Rz. 353.

456 Zülch (2008), S. 37, Rz. 211, versteht unter einer Quasi-Objektivierung, dass die Beauftragung eines externen Gutachters nur den Einfluss von Unternehmensinteressen bei der Bestimmung des *fair value* verhindern kann. Die mit der Ermittlung des *fair value* verbundenen Unsicherheiten übertragen sich insofern lediglich vom bilanzierenden Unternehmen zum externen Gutachter – zur „Black Box Immobiliensachverständiger". Trotzdem schlägt er die generelle Beauftragung eines entsprechend qualifizierten externen Gutachters zur Bestimmung der *fair values* sämtlicher Investment Properties vor. Vgl. hierzu Zülch (2003), S. 173. Ballwieser/Küting/Schildbach (2004), S. 537 hingegen meinen, dass durch die Heranziehung eines qualifizierten externen Gutachters die Ermessensspielräume nicht eingeschränkt würden. Vielmehr würden diese die existierenden Spielräume besser kennen und angesichts des herrschenden Wettbewerbs und vor dem Hintergrund ihrer Austauschbarkeit diese auch ausnützen. Der so ermittelte *fair value* sei daher nur vermeintlich objektiv, da er durch Dritte bestimmt wurde.

457 Letztlich allerdings sollte die Entscheidung zur Beauftragung eines externen Gutachters mit Höhe der *fair values* der Investment Properties am Gesamtvermögen und daraus resultierend am Anteil des Gewinn- bzw. Verlustausweises des bilanzierenden Unternehmens korrelieren. Bei einem vergleichsweise hohen Anteil ist es – angesichts der dann besonders ausgeprägten Investoreninteressen an einem „verlässlichen" *fair value* – dem bilanzierenden Unternehmen besonderes geraten einen externen Gutachter mit der Ermittlung der *fair values* zu beauftragen. Vgl. Böckem/Schurbohm-Ebneth (2003), S. 341. Relevant hinsichtlich der Heranziehung eines externen Gutachters sollte aber auch die Art und die Besonderheiten des Investment Properties und damit verbunden

Allerdings entpflichtet die Bestellung eines externen Gutachters das bilanzierende Unternehmen und den Abschlussprüfer nicht davon, die Ergebnisse der Bewertungsgutachten hinsichtlich ihrer Konformität zu den in IAS 40 normierten Bewertungsgrundsätze und -methoden zu überwachen und deren Einhaltung sicherzustellen.[458]

4.8 Offenlegungspflichten

In IAS 40.75-40.79 werden die Anhangangaben, die für das bilanzierende Unternehmen mit dem Halten von Investment Properties verbunden sind, geregelt. Sollte das Unternehmen leasinggebender Eigentümer von Immobilien sein, so sind gemäß IAS 40.74 zunächst die in IAS 17 normierten Offenlegungspflichten für Finanzierungsleasing durch das bilanzierende Unternehmen zu beachten. In diesem Fall sind die Offenlegungspflichten des IAS 40 ergänzend zu denen des IAS 17.[459] Dabei sind sie nach IAS 1.68 (b) als gesonderter Mindestgliederungsposten in der Bilanz auszuweisen und getrennt vom Sachanlagevermögen den langfristigen Vermögenswerten zuzuordnen.

- **Allgemeine Offenlegungspflichten bei der Bilanzierung von Investment Properties**

Gemäß IAS 40.75 sind – unabhängig von der Wahl des Bilanzierungsmodells – folgende Informationen verpflichtend im Bilanzanhang anzugeben:

- Ob die Bilanzierung der Investment Properties zum *fair value model* oder zum *cost model* erfolgt ist, und falls die Zuordnung von Immobilien gemäß IAS 40.14 Probleme bereitet hat, welche Kriterien zur Klassifizierung dieser Immobilien vom bilanzierenden Unternehmen herangezogen wurden.
- Die Methoden und wesentlichen Annahmen, die zur Ermittlung des *fair value* geführt haben respektive auf derer der *fair value* ermittelt wurde. Dabei hat

die Höhe der Markttransaktionskosten selbst sein. Das vor allem im Hinblick auf die Fähigkeiten und das „know-how", welches zu einer verlässlichen internen Bewertung benötigt wird.

458 Vgl. KoR (2008)b, S. 14 und weiterführend hinsichtlich der Prüfung der *fair values* durch den Abschlussprüfer, Lenz (2009), S. 308 ff.

459 Der Leasingnehmer ist gemäß IAS 17 ebenfalls verpflichtet im Bilanzanhang Informationen über existierende Finanzierungsleasing oder Operate-Leasingverhältnisse zu veröffentlichen. Vgl. zu umfangreichen Erläuterungen zum Leasing von Investment Properties, Kümpel/Becker (2006), S. 81, oder Vogel (2009), S. 171 ff., Rz. 613 ff.

das bilanzierende Unternehmen anzugeben, von welcher Stufe des Stufenkonzeptes aus der *fair value* ermittelt wurde, also ob die Bestimmung des *fair value* auf Basis von Marktdaten *(mark-to-market)* oder die Ermittlung des *fair values* wegen Ermangelung von belastbaren Marktinformationen durch Simulation *(mark-to-model)* erfolgen musste. Da der *fair value* losgelöst vom gewählten Bilanzierungsmodell angegeben werden muss, sind diese Annahmen grundsätzlich im Bilanzanhang zu machen.

- Ob sich das bilanzierende Unternehmen eines unabhängigen, externen, sachkundigen Gutachters zur Bestimmung des *fair value* der Investment Properties bedient hat und welche Immobilien durch einen externen Gutachter bewertet wurden. Wurde sich hingegen bei der Ermittlung des *fair value* eines externen Gutachters nicht bedient, so ist auch dieses explizit anzugeben.
- Die Angaben für die GuV. Darunter die wesentlichen Aufwendungen und Erträge, die sich aus dem Halten von Investment Properties während der Berichtsperiode für das bilanzierende Unternehmen ergeben haben.[460] Sollten bspw. durch Leerstand keine Mieterträge generiert worden sein, so sind trotzdem die mit den Investment Properties verbundenen direkt zurechenbaren Aufwendungen anzugeben.
- Bestehen für ein oder mehrere Investment Properties rechtliche Beschränkungen hinsichtlich der Veräußerbarkeit, so ist dies, einschließlich der Höhe der Beschränkung, anzugeben. Auch zu veröffentlichen sind wesentliche vertragliche Verpflichtungen, die das bilanzierende Unternehmen beim Kauf, bei der Herstellung/Entwicklung oder Instandhaltung/Verbesserung der Immobilie eingegangen ist.

- **Offenlegungspflichten bei Bilanzierung zum *fair value* (*fair value model*)**

Hat das Unternehmen eine Bewertung zum *fair value model* nach IAS 40.32 vorgenommen, so ist durch das bilanzierende Unternehmen eine Übergangsrechnung, die

[460] Damit sind die Miet- und Pachterträge, die das bilanzierende Unternehmen aus den Investment Properties während der Berichtsperiode erwirtschaftet hat, gemeint. Die im Bilanzanhang offenlegungspflichtigen Aufwendungen umfassen die direkt mit dem Halten der Investment Properties verbundenen zurechenbaren Kosten, wie Verwaltungs-, Reparatur-, oder Vermarktungskosten.

den Buchwert der Investment Properties vom Beginn der Rechnungslegungsperiode auf den Buchwert am Ende der Rechnungslegungsperiode überleitet, gemäß IAS 40.76 zu erstellen. Für die Überleitungsrechnung[461] sind im Bilanzanhang folgende Informationen zu veröffentlichen:

- Zugänge von Immobilien während der Berichtsperiode, unterteilt nach Zugang durch Erwerb und Zugang aufgrund der Aktivierung nachträglicher Anschaffungs-/Herstellungskosten.
- Zugänge während der Berichtsperiode durch Unternehmenszusammenschlüsse.
- Vermögenswerte, die unter die Vorschriften des IFRS 5 fallen, und Abgänge.
- Nettogewinne *(net gains)* oder Nettoverluste *(net losses)*, die aufgrund der Veränderung des *fair values* während der Berichtsperiode entstanden sind.
- Nettoumrechnungsdifferenzen *(net exchange differences)*, die aus der Umrechnung einer Fremdwährung des Abschlusses einer Tochtergesellschaft stammen.
- Umbuchungen zu und von Vorräten und Immobilien, die eigentümergenutzt sind, sowie andere Änderungen.

Sollte für eine oder mehrere Immobilien die Bestimmung des *fair values* unmöglich sein, so sind ausschließlich diese Immobilien gemäß IAS 40.53 zum *cost model* nach IAS 16.30 zu bewerten. Für diese Immobilien sind nach IAS 40.78 getrennte Überleitungsrechnungen, die den Buchwert der Investment Properties vom Beginn der Rechnungslegungsperiode auf den Buchwert am Ende der Rechnungslegungsperiode überleiten, seitens des bilanzierenden Unternehmens zu erstellen. Darüber hinaus ist für solche Immobilien gemäß IAS 40.79 (e) offenzulegen:

- Eine Beschreibung des Investment Properties, die mit einer Begründung versehen ist, weshalb der *fair value* nicht ermittelt werden konnte. Sofern möglich, hat das bilanzierende Unternehmen ein Wertfenster anzugeben, innerhalb des-

[461] Zülch (2003), S. 349 f. schlägt für eine aufschlussreiche Darstellung der Wertentwicklung der Investment Properties die Erstellung eines „Zeitwertgitters" im Bilanzanhang vor. Aus diesem „Zeitwertgitter" lassen sich die Zeit- oder Buchwerte und deren Entwicklung, sowie die mengenmäßigen Veränderungen während der Berichtsperiode durch den Bilanzadressaten einfach entnehmen.

sen sich der beizulegende Zeitwert der Investment Properties mutmaßlich befindet.

- Sofern ein Investment Property, dessen *fair value* nicht zuverlässig ermittelt werden konnte, während der Berichtsperiode abgegangen ist, muss diese Tatsache neben Buchwert am Veräußerungstag sowie der durch den Verkauft erzielte Veräußerungsgewinn respektive Veräußerungsverlust im Bilanzanhang veröffentlicht werden.

- **Offenlegungspflichten bei Bilanzierung zum *cost model***

Bilanziert das Unternehmen seine Investment Properties zum *cost model,* müssen neben den bereits angeführten allgemeinen Angaben nach IAS 40.75 durch IAS 40.79 weitere Informationen verpflichtend veröffentlicht werden. Darunter fallen:

- Die verwendeten Abschreibungsmethoden und die prozentualen Abschreibungssätze respektive die zugrundeliegenden Nutzungsdauern *(depreciation rates).*
- Die Bruttobuchwerte *(cross carrying amount)* und die kumulierten Abschreibungen sowie außerplanmäßige Abschreibungen *(impairment)* zu Beginn und Ende der Berichtsperiode.
- Eine Überleitungsrechnung der Buchwerte der Investment Properties von Beginn bis Ende der Berichtsperiode, um die Entwicklung des Buchwertes darzustellen. Dafür müssen im Einzelnen folgende Informationen im Bilanzanhang veröffentlicht werden:
- Zugänge von Investment Properties während der Berichtsperiode, unterteilt nach Zugang durch Erwerb und Zugang aufgrund der Aktivierung nachträglicher Anschaffungs-/Herstellungskosten.
- Zugänge während der Berichtsperiode durch Unternehmenszusammenschlüsse.
- Vermögenswerte, die unter die Vorschriften des IFRS 5 fallen, und Abgänge.
- Umbuchungen durch Verwendungswechsel während der Berichtsperiode.
- Planmäßige und außerplanmäßige Abschreibungen *(impairment losses reversed)* nach IAS 36 sowie Zuschreibungen.

- Nettoumrechnungsdifferenzen *(net exchange differences),* die aus der Umrechnung einer Fremdwährung des Abschlusses einer Tochtergesellschaft stammen.
- Umbuchungen zu und von Vorräten und Immobilien, die eigentümergenutzt sind sowie andere Änderungen.

Unabhängig von der Bilanzierung zum *cost model* sind die *fair value* der Investment Properties im Bilanzanhang gemäß IAS 40.79 (e) offenzulegen. Ist eine Ermittlung des *fair values* nicht möglich, so ist im Bilanzanhang eine Beschreibung des Investment Properties, deren *fair value* nicht ermittelt werden konnte, abzugeben. Das bilanzierende Unternehmen hat darüber hinaus darzulegen, weshalb der *fair value* nicht ermittelt werden konnte und, sofern möglich, eine Bandbreite anzugeben, innerhalb derer sich der *fair value* der Investment Properties mutmaßlich befindet.[462] [463]

[462] Vgl. IAS 40.79 (e).

[463] Vgl. für eine umfangreiche Darstellung der Offenlegungspflichten bei der Bilanzierung von Investment Properties, Zülch (2003), S. 345 ff., und zum Überblick hierüber, Baumunk (2009), S. 102 f., Rz. 374 f.

5 Bewertungskonzepte zur Ermittlung des fair value von Investment Properties

5.1 Vorbemerkungen

Wie angeführt, ist die Bestimmung des *fair value* für Investment Properties auf Stufe eins des Stufenkonzeptes, vor dem Hintergrund der Marktvorstellung des IASB, ausgeschlossen. Auch die Ermittlung des *fair value* von Investment Properties auf Stufe zwei des Stufenkonzeptes ist, abgesehen von standardisierten Immobilen, wie Reihenhäusern, Eigentumswohnungen oder Grundstücken, hinsichtlich des Mangels von belastbaren und nachhaltigen Preisinformationen von annähernd identischen Immobilien, die auf aktiven Märkten gewonnen wurden, zumeist utopisch.[464] Verstärkt wird das Problem der Wertermittlung nochmals dadurch, dass die Preisinformationen den Marktteilnehmern, sofern sie überhaupt existieren, nur schwer zugänglich sind. So sind, zumindest in Deutschland, Kaufpreissammlungen von Immobilientransaktionen grundsätzlich nur für Gutachterausschüsse[465] und von Gericht bestellten Sachverständigen einsehbar. Allen anderen „Bewertergruppen" steht die Möglichkeit einer Einsichtnahme nur bei Nachweis eines berechtigten Interesses zu. Der überwiegende Anteil der öffentlich zugänglichen Preisinformationen beschränkt sich außerdem vornehmlich auf Bodenrichtwerte, die auf Sekundärdaten aufbauen und zudem durch Preisaggregation wesentlich von den ursprünglichen Einzeldaten abweichen und dadurch mitunter notwendige Details vermissen lassen können.[466] [467] Andere als Bewertungsgrundlage geeignete Preis- und Transaktionsinformationen sind, da sie häufig das „Geschäftskapital" von Immobilienberatungsunternehmen darstellen, auch nicht öffentlich einsehbar.[468]

---

464 Vgl. KoR (2008)b, S. 17.

465 Vgl. weiterführend zum Gutachterausschusswesen, Sommer/Kröll (2010), S. 405 ff.

466 Vgl. Baumunk (2009), S. 88 ff., Rz. 315 ff., KoR (2008)b, S. 27.

467 Kleiber (2005), S. 175 ff. führt allerdings aus, dass insbesondere in Deutschland ideale Bedingungen für die Marktbewertung von Immobilien herrschen. Aufgrund der gesetzlichen Bestimmung zur Kaufpreissammlung sämtlicher Grundstückstransaktionen durch § 195 des Baugesetzbuches (BauGB) existiere eine hohe Transparenz, die die Grundlage für eine fundierte Bewertung von Immobilien bilde.

468 Vgl. Baumunk (2009), S. 89, Rz. 318.

Obschon die Ermittlung des *fair value mark-to-market* formal durch das IASB präferiert wird, fällt diese Bewertungsmethode bei der Bestimmung des *fair values* von Investment Properties jedoch regelmäßig aus.[469] Dieser Umstand war unter anderem ausschlaggebend dafür, dass die Bilanzierung von Investment Properties zum *fair value* nicht obligatorisch wurde.[470] Im folgenden Abschnitt wird daher ausschließlich auf die für die Ermittlung des *fair value* geeigneten international anerkannten Bewertungsverfahren, den *sales comparsion approach* und den *income capitalisation approach*, gemäß Stufe drei des Stufenkonzeptes, also *mark-to-model*, überblicksartig eingegangen.

Da, mit der Ablösung der Wertermittlungsverordnung (WertV) durch die Immobilienwertermittlungsverordnung (ImmoWertV), zum 1. Juli 2010 eine weitgreifende, für die Ermittlung des *fair value* relevante, Annäherung nationaler an internationale Bewertungsverfahren erfolgte,[471] und vor dem Hintergrund, dass die Immobilienwertermittlungsverordnung nur für örtliche Gutachterausschüsse verpflichtend ist, wird auf eine gesonderte Darstellung derselben im Folgenden verzichtet.[472]

Zunächst werden allerdings die Harmonisierungsbestrebungen in der internationalen Immobilienbewertung kurz angerissen und der internationale Wertbegriff des *market value* erläutert sowie dessen Bezug zum *fair value* hergeleitet.

5.2 Die Harmonisierungsprozesse in der Immobilienbewertung

In den vergangenen zwei Jahrzehnten hat sich der Globalisierungstrend auch auf den Immobilienmärkten etabliert. Deutsche Anleger und Institutionen verstärkten ihre globalen Immobilieninvestments ebenso, wie ausländische Investoren den deutschen Immobilienmarkt zunehmend in ihren Investmentfokus aufnahmen. Dabei erschien vielen globalen Immobilieninvestoren der Aufbau eines länderübergreifenden und diversifizierten Immobilienportfolios gerade deswegen sinnvoll, um den Immobilienin-

---

469 Vgl. Kormaier (2006), S. 379.

470 Vgl. Baumunk (2009), S 89 f., Rz.321 f.

471 Das insbesondere durch die Aufnahme des mehrperiodigen Ertragswertverfahrens in § 17 Abs. 3 der ImmoWertV. Vgl. Kapitel 6.4.2.2, und zur Änderung der ImmoWertV, Kleiber (2010), S. 6 f.

472 Vgl. Huschke (2007), S. 49.

vestments (die teilweise sehr hohe Risiken in sich bergen), ein gewisses Abfederungspotential entgegenzusetzen.[473] Angestoßen durch den Internationalisierungstrend und dem weltweiten Agieren der Investoren auf den Kapitalmärkten, wurde auch der Ruf nach einheitlichen, globalen Bewertungsstandards für Immobilien immer lauter.[474] Ein wesentliches Fundament von Anlageentscheidungen sind, aussagekräftige und vor allem vergleichbare Informationen über den Wert einer Immobilie.

Während der Harmonisierungsprozess in der Rechnungslegung, durch die IFRS, mit Beschluss der EU-Kommission vom 19. Juli 2002 sowie die internationalen Harmonisierungsprozesse, durch die Anerkennung der IAS/IFRS, zumindest auf europäischer Ebene, abgeschlossen wurden, sind die Harmonisierungsprozesse im Bereich der Immobilienbewertung nach wie vor im Gange.[475] So existieren gegenwärtig, neben normierten deutschen Standards, auf europäischer Ebene, als auch international, unterschiedliche Standardsetter und Bewertungsstandards.

Europaübergreifend finden zur Immobilienbewertung vor allem die Regelungen der britischen Royal Institution of Chartered Surveyors (RICS) Anwendung.[476] [477] Diese werden, gegensätzlich zur deutschen Praxis, durch einen Berufsverband entwickelt. Normiert sind die Bestimmungen der RICS zur Immobilienbewertung im *Appraisal and Valuation Manual*, dem sogenannten „Red Book". Die Regelungen des „Red Book" un-

---

473 Vgl. White et. al. (2003), S. 9 f., und zur Internationalisierung der Immobilienmärkte weiterführend, Beyerle (2009), S. 113 ff.

474 Vgl. bspw. Kormaier (2006), S. 379.

475 Vgl. Huschke (2007), S. 263.

476 Vgl. Zülch (2003), S. 129 ff., Kormaier (2006), S. 379.

477 Darüber hinaus existiert seit 1997 The European Group of Valuers' Associations (TEGoVA) als europäischer Dachverband nationaler Immobilienbewertungsorganisationen. Die TEGoVA ist ausschließlicher Vertreter der Immobiliensachverständigen Europas und bemüht sich um die Entwicklung einheitlicher Immobilienbewertungsstandards – der European Valuation Standards (EVS). Diese werden im sogenannten *„Blue Book"* herausgegeben. Im Frühjahr 2009 ist die sechste Auflage der englischsprachigen Fassung der EVS erschienen. Diese sind eng an die „International Valuation Standards" (IVS) angelehnt. Vgl. TEGoVA (2010)a, http://www.tegova.de, sowie http://www.tegova.org/en/p48e32a519bec9, und für die EVS, TEGoVA (2010)b, http://www.tegova.org/en/p4912ae3909e49. Kritisch über die TEGoVA, Huschke (2007), S. 112.

terliegen dabei den Regelungen des *Case-Law* und bauen insofern, ebenso wie die IFRS, auf angelsächsischen Traditionen auf.[478]

Als globaler Standardsetter der Immobilienbewertung hat sich das International Valuation Standards Committee (IVSC) mit Sitz in London etabliert.[479] Das IVSC, das als Schwesterorganisation des IASB gilt, wurde 1994 gegründet und ging aus The International Assets Valuation Standards Committee (TIAVSC) hervor. Das Ziel des IVSC ist es, die Durchsetzung und weltweite Anerkennung der Generally Accepted Valuation Principles (GAVP) zu erreichen.[480] Nationale Bewertungsstandards sollen harmonisiert und uniforme globale Bewertungsstandards sichergestellt werden. Dabei konzentriert sich das IVSC, neben der Entwicklung und Veröffentlichung von Bewertungsstandards für materielle und immaterielle Werte, der Unternehmensbewertung oder der Bewertung von finanziellen Forderungen, vornehmlich auf die Bewertungsstandards von Immobilien.[481]

Für diesen Zweck fungiert das IVSC einerseits als übergreifende Organisation zwischen den nationalen und Berufsverbänden der Immobilienbewertung und anderseits als Bindeglied zwischen nationalen und internationalen Standardsettern der Rechnungslegung.[482] Im Fokus der IVSC steht deshalb auch, den Ansprüchen der Rechnungslegung nach IFRS gerecht zu werden und insofern zur Vermittlung entscheidungsrelevanter Informationen *(decision usefullness)* beizutragen.[483] So hat auch die Zusammenarbeit

---

478 Die RICS ist eine britische, auf das Jahr 1792 zurückgehende Berufsorganisation von Immobiliensachverständigen. 1868 wurde die RICS in London offiziell gegründet und 1881 mit königlicher Charta versehen. Ihre wesentlichen Tätigkeiten sieht die RICS in der Regulierung, der Förderung und Ausbildung des Berufsstandes; weltweit umfasst die RICS gegenwärtig über 100.000 Mitglieder. Vgl. weiterführend http://www.joinricsineurope.eu/de/articles/view/die-rics-weltweit-228, sowie http://www.rics.org/site/scripts/documents_info.aspx?categoryID=203&documentID=334&pageNumber=1

479 Das IVSC ist ein privatrechtlicher Zusammenschluss von internationalen Berufsverbänden und internationalen Standardsettern der Immobilienbranche. Vgl. http://www.ivsc.org/about/index.html und Vorwort (Preface) der IVS, S. 4 f.

480 IVS (2007), S. 3 ff.

481 IVS (2007), S. 8 ff.

482 Vgl. http://www.ivsc.org/about/index.html und IVS (2007) S. 5, 8.

483 Vgl. Zülch (2003), S. 135, 137.

mit dem IASB bei der Verabschiedung des IAS 40 zur Etablierung des IVSC als internationaler Standardsetter für Immobilienbewertungsstandards wesentlich beigetragen.[484]

Die für die vorbezeichneten Zwecke durch das IVSC entwickelten International Valuation Standards (IVS) werden im *„White Book"* herausgegeben.[485] Ergänzt bzw. erweitert werden die IVS um Anwendungsrichtlinien (International Valuation Applications, IVA), um Anwendungshilfen (Guidance Notes, GN) und die entsprechenden Kommentierungen der IVS (International Valuation Commentaries, IVC).[486] Diese sollen weltweit als der maßgebliche Bewertungsstandard für Immobilien fungieren. Seit 31. Juli 2007 sind die, gegenwärtig drei Standards umfassenden, IVS in ihrer 8. Auflage gültig.[487]

Relevant für die Ermittlung des *fair value* von Investment Properties nach IAS 40 ist allerdings nur der IVS 1 „Market Value Basis of Valuation" und die IVA 1.[488] [489] Der IVA 1 „Valuation for Financial Reporting" erklärt den im IVS 1 definierten Wertmaßstab *market value* zum Pendant des *fair value* von Investment Properties gemäß IAS 40.[490] Darüber hinaus verweist IVA 1, für deren Ermittlung des *market value*, respektive des *fair value*, auf die einschlägigen Vorschriften des IAS 40. Weitere detaillierte

484 Vgl. Huschke (2007), S. 105.

485 Zülch (2003), S. 132 zufolge vereinigen sich europäische und vor allem nordamerikanische Bewertungsstandards im *„White Book"*.

486 Vgl. für eine Übersicht über die Struktur (den Aufbau) der IVS Standards, Applications, Guidance Notes and Commantary, IVS (2007), S.10.

487 Gegenwärtig arbeitet das IVSC an der Herausgabe einer neuen Auflage. Im September 2010 ist die Kommentierungsfrist des *„Exporsure Draft"*, der im Juni 2010 veröffentlichten „Proposed New International Valuation Standards", abgelaufen. Vgl. weiterführend http://www.ivsc.org/standards/index.html

488 Der IVS 2 „Valuation Bases Other than *Market Value*" ist, vor dem Hintergrund der in IAS 40.38 geforderten Marktwertbestimmung, nicht einschlägig; IVS 3 „Value Reporting" hat ausnahmslos Hinweise zur Erstellung von Wertgutachten zum Inhalt.

489 IVS 1 Para. 4.1 fordert, dass bei Bewertungen die Rechnungslegungszwecke dienen, IVS 1 in Kombination mit IVA 1 gelesen werden sollte.

490 IVA 1 Para 2.3 führt aus: *„IFRSs adopt two models for the recognition of property assets in the balance sheet: a cost model, and a fair value model. Where the fair model is applied, a current revalutation of the asset is required, and this application focuses on these particular circumstances where market values are to be reported."*

Vorschriften oder Ausführungen zur Ermittlung des *fair value* von Investment Properties macht der IVA 1 jedoch nicht.[491]

5.3 Der *market value* der IVS

Im IVS 1 Para. 3.1 wird der *market value* als „... *the estimated amount for which a property should exchange on the date of valuation between a willing buyer and a willing seller in an arm´s length transaction wherein the parties had each acted knowledgeably, prudently, and without compulsion"* definiert. Der *market value* ist durch den annähernden Gleichklang zur *fair value*-Definition von Investment Properties nach IAS 40.5 als dessen materielles Äquivalent der IVS aufzufassen.[492] [493] [494] [495]

Für die Ermittlung des *market value* schreibt IVS 1 allerdings keine bestimmte Bewertungsmethode vor. Der IVS 1 Para. 1.3 führt vielmehr aus: „*The most common methods used to estimate market value include the sales comparsion approach, the income capitalisation approach, including the discounted cash flow analysis, and the cost approach."*[496]Angesichts dieser Ausführung und des expliziten Verweises der IVA 1 auf die *fair value*-Hierarchie des IAS 40[497], ergeben sich gegenwärtig keine weiteren Erläuterungen oder Erkenntnisse zur Bestimmung des *fair value* durch die IVS.

---

491 Ausschließlich IVA 1 Para. 6.7 macht zum IAS 40 einige kurze – im weiteren Zusammenhang nicht relevante – Erläuterungen.

492 Die materielle Äquivalenz der Begriffe wird im IVS 1 Para. 4.1.1 festgestellt: „*The fair value of fixed assets is usually their market value".* Dass dies allerdings nur prinzipiell der Fall ist, darauf weist IVA 5.3.3 mit „*fair value is not necessarily synonymous with market value. It is used throughout IFRSs in different contexts."* (Hervorh. in den Originalen) Vgl. in dem Zusammenhang auch Kapitel 2.3.1.

493 Vgl. für die Definition des *fair value* von Investment Properties Kapitel 4.5.1.

494 Materiell deckungsgleich mit der Definition des *fair value* von Investment Properties ist auch der Wertbegriff des *market value* gemäß des „Red Book" der RICS. Vgl. hierzu weiterführend Kleiber (2005), S. 179, Huschke (2007), S. 52.

495 Ebenso inhaltlich identisch mit dem *market value* der IVS und RICS ist auch der in § 194 BauGB definierte Verkehrswert (Marktwert). In § 194 BauGB heißt es: „*Der Verkehrswert (Marktwert) wird durch den Preis bestimmt, der in dem Zeitpunkt, auf den sich die Ermittlung bezieht, im gewöhnlichen Geschäftsverkehr nach den rechtlichen Gegebenheiten und tatsächlichen Eigenschaften, der sonstigen Beschaffenheit und der Lage des Grundstücks oder des sonstigen Gegenstands der Wertermittlung ohne Rücksicht auf ungewöhnliche oder persönliche Verhältnisse zu erzielen wäre."* Vgl. Kleiber (2005), S. 177 ff., und weiterführend zum Begriff des Verkehrswertes, Sommer/Kröll (2010), S. 4 ff.

496 Allerdings ist der *cost approach* (Sachwertverfahren) angesichts seiner Orientierung an Wiederbeschaffungskosten nicht oder nur im Ausnahmefall als Verfahren zur Ermittlung des *fair value* geeignet, weshalb er im IAS 40 auch keine Erwähnung findet. Vgl. hierzu FN 419.

497 Vgl. IVA Para. 6.7.2.1.

Lediglich der GN 1 *„Real Property Valuation"* und der GN 9 *„Discounted Cash Flow Analysis for Market Valuations and Investment Analyses"* sind für die Bestimmung des *market value* und damit des *fair value* von Bedeutung.

Nach GN 1 fußt die Ermittlung des *market value* auf dem Konzept der bestmöglichen Nutzung (*highest and best use, HABU*) der Immobilie. Hierunter wird die volle Nutzung des physischen Potentials einer Immobilie als Grundannahme für die Ermittlung des *market value* unterstellt.[498] In der Konsequenz bedeutet das Konzept der bestmöglichen Nutzung, dass der *market value*, und damit der *fair value*, eines Investment Property den hypothetisch besten Preis widerspiegelt, der sich auf dem Markt für diese Immobilie ergeben hätte.[499]

Der GN 9 hat Definitionen und Regeln zum DCF-Verfahren zum Inhalt. Danach ist es vor allem unabdingbar, dass alle Größen und Parameter, die in die DCF-Verfahren zur Ermittlung des *market value* und darüber in den *fair value*, einfließen auf Marktdaten basieren. Im gegensätzlichen Falle wird, mit Hilfe des DCF-Verfahrens, der Investitionswert bzw. der individuelle Nutzungswert *(value in use)* eines Investment Property ermittelt, was GN 9 Para. 5.8 auch definitiv klarstellt.[500]

5.4 Die Ermittlung des *fair value* von Investment Properties nach IAS 40.46

Wie gezeigt, ist die *mark-to-market*-Ermittlung des *fair value* von Investment Properties auf Stufe eins des Stufenkonzepts ausgeschlossen und muss auch auf Stufe zwei fast ausnahmslos entfallen.[501] IAS 40.46 erlaubt daher in Stufe drei die Lösung dieses Dilemmas durch mittelbaren Preisvergleich anhand von Vergleichswertverfahren (*sales comparsion approach)* und/oder durch *mark-to-model*-Simulation, mittels Barwert-

---

498 GN 1 Para 5.8.1 erklärt zum Konzept der bestmöglichen Nutzung :*„The concept of HABU is based on the notion that although two or more parcels of real estate may have physical similarities and closely resemble one another, there may be significant differences in how they can be used. How a property can be optimally utilized is a foundation for determining its market value."* (Hervorh. im Original) Auf das Konzept der bestmöglichen Nutzung, als Fundament der Ermittlung des *markte value*, nimmt aber auch IVS 2 in Para 3.4 Bezug.

499 Vgl. weiterführend zum Konzept der bestmöglichen Nutzung, Zülch (2003), S. 146 ff., oder Ernstberger/Kraus (2008), S. 390.

500 Vgl. hierzu auch Zülch (2003), S. 190, und Huschke (2007), S. 109.

501 Vgl. Kapitel 4.5.2.

verfahren, dem *income capitalisation approach*. Diese beiden Verfahren werden im Folgenden in ihren Grundzügen vorgestellt und hinsichtlich ihrer Eignung zur Ermittlung des *fair value* problematisiert.

Eine weiterführende detaillierte rechnerische Darstellung des *income capitalisation approach* wird allerdings nicht geleistet. Hinsichtlich des Umfangs von Rechenbeispielen in der einschlägigen Literatur, wird darauf ausdrücklich verzichtet.

5.4.1 Mittelbare Anpassung an Vergleichspreise

Die Möglichkeit, den *fair value* von Investment Properties durch qualitative oder zeitliche Änderungen im Vergleichsverfahren zu ermitteln, ist sehr beschränkt. Einerseits gestaltet sich der Vergleich nach qualitativen Prämissen umso schwieriger, je individueller die Immobilie gebaut ist. Andererseits ist die Anpassung anhand zeitlicher Kriterien bei durchgehend knappen und vergangenheitsbezogenen Kaufpreisinformationen problematisch. So ist es, vorausgesetzt, dass geeignete Bodenrichtwerte oder Kaufpreisinformationen von vergleichbaren Immobilien vorliegen, schwierig, diese an die zum Bilanzstichtag vorherrschenden Marktgegebenheiten anzupassen, da entsprechende Transaktionsinformationen, die über die Marktlage Auskunft geben könnten, zumeist nur begrenzt und somit nicht zum *fair value* verdichtbar oder aber gar nicht vorhanden sind.[502]

Das Vergleichswertverfahren wäre nur dann als ideal zu betrachten, wenn die Vergleichspreise, entweder gemäß IAS 40.46 (a) aus aktuellen Kaufpreisinformationen, die auf aktiven Märken gewonnen wurden stammen, oder nach IAS 40.46 (b) auf zumindest zeitnahen Kaufpreisinformationen basieren, die sich auch auf weniger aktiven Märkten gebildet haben dürfen, allerdings dann zwingend von ähnlichen Immobilien stammen müssen. Die Marktinformationen können allerdings den Bedingungen, die der IAS 40.46 an Vergleichswertverfahren stellt, nur im Ausnahmefall genügen. So

---

502 Nach IAS 40.46 (a) fußt das Vergleichsverfahren auf der Berücksichtigung von: *„current prices in an active market for properties of different nature, conditions or location (or subject to different lease or other contracts), adjusted to reflect those differences;“* und/oder nach IAS 40.46 (b) auf *"recent prices of similar properties on less active markets, with adjustments to reflect any changes in economic conditions since the date of the transactions that occurred that those prices"*.

können Vergleichspreise nicht ausschließlich die aktuellen Marktinformationen aktiver Märkte in sich vereinigen, sondern haben naturgemäß auf Vergangenheitsdaten aufzubauen, weshalb im Vergleichswertfahren die Maßgaben des IAS 40.46 (a), der ausdrücklich von *„current prices"* spricht, oftmals nicht erfüllt werden können.[503] Auch den Forderungen nach Ähnlichkeit der Vergleichsimmobilien, die IAS 40.46 (b) an Vergleichsverfahren stellt, kann die Realität zumeist nicht nachkommen.

Zwar erlaubt 40.46 wertmäßige Zu- bzw. Abschläge, um einen Anpassung an die Marktgegebenheiten zum Bilanzstichtag sicherzustellen, indes sind diese Wertanpassungen überwiegend nicht objektiv überprüfbar und unterliegen damit der Willkür des bilanzierenden Unternehmens, respektive des externen Bewerters. Vornehmlich bleibt das Vergleichswertverfahren, trotz und in gewissem Sinne auch wegen der Erlaubnis zu qualitativen oder zeitlichen Anpassungen durch IAS 40.46, nur bei unbebauten Grundstücken, Eigentumswohnungen oder standardisierten Immobilien zur *fair value* Ermittlung geeignet. Dies kann auch, wie bereits erklärt, grundsätzlich nach den einschlägigen Vorschriften des Vergleichswertverfahren gemäß §§ 15 und 16 der ImmoWertV vorgenommen werden.[504] [505]

5.4.2 Simulation des *fair value* durch Barwertverfahren

Die Simulation des *fair value* durch Barwertverfahren, dem *income capitalisation approach* oder den in der ImmoWertV normierten Ertragswertverfahren[506], ist besonders für Investment Properties geeignet, die zur Erzielung von Mieteinnahmen gehalten werden.[507]

Getragen wird die Wertermittlung durch Barwertverfahren von der Annahme, der zukünftige wirtschaftliche Nutzen einer Immobilie spiegele sich in sämtlichen Einzah-

503 Vgl. ähnlich Baumunk (2009), S. 91, Rz. 326 ff.

504 Vgl. für die materielle Identität des *fair value* mit dem Verkehrswert der ImmoWertV, FN 492.

505 Vgl. bspw. Hoffmann/Freiberg (2009), S. 720, Rz. 62, und zu Vergleichswertverfahren nach deutschen Vorschriften, Kleiber (2005), S. 185 ff., und detaillierter ders. (2010), S. 1437 ff., oder Sommer/Kröll (2010), S. 29 ff.

506 Vgl. bspw. Baumunk (2009), S. 92, Rz. 334, der durch die fehlende Angabe eines spezifischen Wertermittlungsverfahrens sowie bestimmter Diskontierungssätze die Verwendung des deutschen Ertragswertverfahrens für zulässig hält.

507 Vgl. bspw. Zülch (2005), S. 70, oder Ranker (2006), S. 326.

lungsüberschüssen,[508] die sie voraussichtlich erzielen wird, wider, weshalb sich unter Diskontierung dieser auf den Bewertungsstichtag (Bilanzstichtag) der *market value*, bzw. der *fair value*, ergibt.[509] Grundsätzlich sind dafür zwei existierende Ausprägungen des *income capitalisation approach* möglich und zulässig. Darunter die „ein- oder zweiperiodige" *direct capitalisation* sowie die *yield capitalisation* in Form des „mehrperiodigen" DCF-Verfahrens.[510]

5.4.2.1 Ein- und zweiperiodige Barwertverfahren

Im Zuge der einperiodigen *direct capitalisation* wird der Wert einer Immobilie statisch ermittelt, indem der erzielte Einzahlungsüberschuss (der Jahresreinertrag) einer Immobilie, ggf. vermindert um eine Instandhaltungspauschale[511], als Konstante, als ewige Rente, gesetzt und mit einem marktgerechten Vervielfältiger (Barwertfaktor bzw. Rentenbarwertfaktor) multipliziert wird. Voraussetzung für diese „einfache" Form der *direct capitalisation* ist allerdings, dass die erzielten Einzahlungsüberschüsse marktgerecht sind, indem Mieterträge auch den aktuellen marktlichen Gegebenheiten reflektieren (*rack-rented-properties*).

Der Vervielfältiger wird aus dem Kaufpreis einer Immobilie und deren Einzahlungsüberschuss ermittelt und ergibt sich durch die Division des Bruttokaufpreises mit dem Einzahlungsüberschuss der Immobilie. Reziprok, also durch Division des Einzahlungsüberschusses mit dem Bruttokaufpreis, ergibt sich die Nettoanfangsrendite, bzw. der *initial yield,* auch als statische Anfangsrendite bezeichnet[512],einer Immobilie.[513] Insofern stellt die Nettoanfangsrendite, der *initial yield,* einer Immobilie das in Prozenten ausgedrückte Verhältnis des im ersten Jahr erzielten Einzahlungsüberschusses einer

---

[508] Vgl. zum Einzahlungsüberschuss einer Immobilie, Kapitel 5.4.2.2.1.

[509] So bspw. GN 9 Para 5.0, der in dem Falle des DCF-Verfahrens definiert: *„Market Value is understood as the present value of the future benefits of ownership."*

[510] Kleiber (2010), S. 1633, Rz. 349, betont ausdrücklich, dass grundsätzlich jedes Ertragswertverfahren [und damit jedes Barwertverfahren, Anmerk. d. Verf.] ein DCF-Verfahren sei und vice versa.

[511] Vgl. weiterführend zur Berechnung einer ewigen Rente, Sommer/Kröll (2010), S. 307 ff.

[512] Vgl. Leopoldsberger/Thomas/Naubereit (2008), S. 502.

[513] Vgl. White et. al. (2003), S. 31 f., Leopoldsberger/Thomas/Naubereit (2008), S. 502, Huschke (2007), S. 138, Zülch (2003), S. 261 f., Ernstberger/Kraus (2008), S. 395.

Immobilie zu ihrem Bruttokaufpreis[514] dar. Ist dieses marktgerecht (*rack-rented properties*), so wird der *initial yield* auch *all risks yield (ARY) genannt.*[515] Hinsichtlich der impliziten Antizipation sämtlicher Risiken und Chancen, die mit dem Investment in Immobilien verbunden sind, so bspw. Mietwertsteigerungen, inflationäre Entwicklungen oder Mietausfälle und Instandhaltungsrisiken, wird die *direct capitalisation* auch als *growth implicit model* bezeichnet.[516]

Der Vervielfältiger kann, vor dem Hintergrund der nahezu analogen Erhebung, auch aus dem Liegenschaftszinssatz abgeleitet werden, den die örtlichen Gutachterausschüsse zu veröffentlichen haben.[517] [518] Dieser wird ebenso wie der *all risks yield* auf Grundlage von Einzahlungsüberschüssen und Bruttokaufpreisen von vergleichbaren Immobilen bestimmt. [519] Allerdings fordert die Ermittlung des Liegenschaftszinssatzes die Zugrundelegung nachhaltiger Erträge, was eine Ausrichtung des Liegenschaftszins-

---

514 Damit ist der Nettokaufpreis zuzüglich der objektbezogenen Erwerbskosten gemeint. Vgl. Baumunk (2009), S. 93, Rz. 339 und hinsichtlich einer weiterführenden Definition von Anfangsrenditen, gif (2008).

515 Ggf. hat auch der Bewerter bzw. das bilanzierende Unternehmen vorliegende *initial yields* durch ent-sprechende Zu- oder Abschläge zum objektspezifischen *all risks yield (ARY)* zu verdichten. Vgl. ähnlich Kormaier (2006), S. 383, der das als *„zweiten Schritt"* bezeichnet.

516 Vgl. hierzu Ernstberger/Kraus (2008), S. 395, Huschke (2007), S. 138, Schulte (2007), S. 569, Leopoldsberger/Thomas/Naubereit (2008), S. 503 f., White et. al. (2003), S. 31 f.

517 Vgl. Ernstberger/Kraus (2008), S. 395, Schulte (2007), S. 569.

518 Alternativ kann, unter Verzicht einer Instandhaltungspauschale, der Vervielfältiger, unter Berücksichtigung einer Restnutzungsdauer, ermittelt werden. So wird nach § 17 Abs. 2 Satz 2 im allgemeinen Ertragswertverfahren und dem im selben Paragrafen jedoch schon unter Satz 1 geregelten vereinfachten Ertragswertverfahrensvorgegangen. Prinzipiell sind diese normierten „deutschen" Wertermittlungsverfahren daher analog zur *direct capitialisation* – beides sind einperiodige Barwertverfahren. Allerdings wird bei diesen Verfahren eine Teilung in einen Boden- und Gebäudewert vorgenommen. So wird bei der Ermittlung des Verkehrswertes einer Immobilie im vereinfachten Ertragswertverfahren nach Er-mittlung des Ertragswertes des Gebäudes diesem der abgezinste Bodenwert, der nicht selbstständig nutzbar ist, hinzuaddiert. Ähnlich aufgebaut ist auch das allgemeine Ertragswertverfahren nach § 17 Abs. 1 der ImmoWertV. Hier wird vom Reinertrag der Immobilie zunächst die Verzinsung des Bodenwertes abgezogen und, nach Ermittlung des Gebäudeertragswertes, der Bodenwert wieder hinzuaddiert. Die in diesem Verfahren zu verwendenden Vervielfältiger bestimmen sich durch die Restnutzungsdauer der Immobilie und den zu verwendenden Liegenschaftszinssatz. Diesen definiert § 14 Abs. 3 der ImmoWertV als *„... Zinssatz, mit dem der Verkehrswert von Liegenschaften im Durchschnitt marktüblich verzinst wird."* Für die Ermittlung ortsüblicher Liegenschaftszinssätze sind die entsprechenden Gutachterausschüsse, gemäß der Ableitungspflicht nach § 14 Abs. 2 der ImmoWertV, zuständig. Vgl. zur Ableitung des Vervielfältigers, weiterführend Kleiber (2005), S. 199 f., und damit einhergehend zur Ermittlung vom Liegenschaftszinssatz, Sommer/Kröll (2010), S. 164 ff., 210 ff., und für einen Vergleich des vereinfachten Ertragswertverfahren mit dem allgemeinen Ertragswertverfahren, S. 183 f., sowie detailliert zu den in der ImmowertV normierten Ertragswertverfahren, Kleiber (2010), S. 1673 ff.

519 Vgl. Leopoldsberger/Thomas/Naubereit (2008), S. 517.

satzes an statistischen Daten, also an Durchschnittsmieten und nicht an Vertragsmieten, bedingt.[520] [521]

Schulte (2007) sieht die Beschaffung und Verwendung von Liegenschaftszinssätzen allerdings mit Problemen behaftet. Einerseits würden, vornehmlich in ländlichen Regionen, die Gutachterausschüsse – wegen der nur unzureichenden Anzahl von Immobilientransaktionen, oder wegen personeller Engpässe – keine Liegenschaftszinssätze ermitteln. Auch sei oftmals keine Vergleichbarkeit der errechneten Liegenschaftszinssätze gegeben, da keine übergreifende Spezifikation der einzelnen Immobilienarten vorhanden sei. Andererseits bauten Liegenschaftszinssätze auf vergangenheitsbezogenen Durchschnittsdaten auf, die mitunter erst auf Anfrage ermittelt und mit großem zeitlichen Verzug zur Verfügung gestellt würden.[522]

Entsprechen die aus der Immobilie erwirtschafteten Einzahlungsüberschüsse nicht dem aktuellen Marktniveau, da mietvertragliche Bindungen entweder eine Anpassung an die zum Bilanzstichtag herrschenden marktlichen Gegebenheiten verhindern *(under-rented-properties)* oder aber diese – aufgrund des zwischenzeitlichen Sinkens der ortsüblichen Mietspiegels – zu Einzahlungsüberschüssen führen, die sich oberhalb der Marktniveaus befinden *(over-rented-properties)*, kann die *direct capitalisation* auch in zweiperiodiger Form – als *two-income-model* – durchgeführt werden.

Hierbei werden, gemäß der gegenwärtigen Mietsituation, der Immobilie zunächst zwei Blöcke gebildet, die die unterschiedlichen Einzahlungsüberschüsse der Perioden einzeln kapitalisieren; anschließend werden die beiden Kapitalwerte addiert.[523]

Allerdings ist die Bestimmung mittels der *direct capitalisation* ausschließlich im Falle einfacher und unkomplizierter Mietverhältnisse, die entweder marktgerechte Einzahlungsüberschüsse aufweisen oder höchstens eine einmalige Anpassung an die Marktgegebenheiten verlangen, für die Ermittlung des *fair value* geeignet. Bei der weit

---

520 Den Liegenschaftszinssatz definiert die ImmoWertV in § 14 Abs. 3 als *„... Zinssatz, mit dem der Verkehrswert von Liegenschaften im Durchschnitt marktüblich verzinst wird."*

521 Vgl. Leopoldsberger/Thomas/Naubereit (2008), S. 516, Schulte (2007), S. 569.

522 Vgl. Schulte (2007), S. 574 f.

523 Vgl. zum *two-income-model*, Kormaier (2006), S. 381 ff., und Ernstberger/Kraus (2008), S. 396 f., sowie weiterführend White et. al. (2003), S. 98 ff., oder Sommer/Kröll (2010), S. 384 ff.

überwiegenden Anzahl der Immobilien muss *direct capitalisation* ausfallen, da entweder die Komplexität der Mietverhältnisse und/oder die Findung des geeigneten Vervielfältigers, insbesondere vor dem Hintergrund der langen Restnutzungsdauer von Immobilien, eine annähernd verlässliche Bewertung ausschließt.

Da allerdings der IVS 1 Para. 1.3 dieses Wertermittlungsverfahren implizit umfasst und es zweifellos, wenn auch vergleichsweise selten, Bewertungssituationen gibt, die den obigen Prämissen genügen, kann die *direct capitalisation* in diesen Fällen als geeignet für die *fair value* Ermittlung betrachtet werden. Dies besonders vor dem Hintergrund des Kosten-Nutzen-Postulats *(balance between benefit and cost)* und unter Abwägung der qualitativen Anforderungen an den Abschluss *(balance between qualitative characteristics),* wie es das Framework in den Nebenbedingungen F. 44 und F.45 anmahnt.[524]

5.4.2.2 Mehrperiodige Barwertverfahren – das DCF-Verfahren

Differenzierter und damit realitätsbezogener, wie es die *direct capitalisation* naturgemäß vermag, ist der *income capitalisation approach* als *yield capitalisation.*[525] In Form eines mehrperiodigen DCF-Verfahrens diskontiert die *yield capitalisation* die individuellen (im Zeitablauf wechselnden) Einzahlungsüberschüsse, die eine Immobilie prognostisch in der Zukunft erwirtschaften wird, ab; was dieses Verfahren besonderes für Simulation des *fair value*, bei komplexen Mietstrukturen, geeignet macht.[526] [527] Mit diesem Hintergrund sind DCF-Verfahren auch für die Ermittlung des *fair value* von Investment Properties vorherrschend.[528]

---

524 Vgl. Kapitel 2.2.3.3

525 Vgl. bspw. Ernstberger/Kraus (2008), S. 397.

526 Vgl. bspw. Zülch (2003), S. 158 ff., Ernstberger/Kraus (2008), S. 397, KoR (2008)b, S. 30.

527 Prinzipiell analog zum Verfahrensablauf des DCF-Verfahren ist das seit 1. Juli 2010 in der ImmoWertV unter § 17Abs. 3 normierte Ertragswertverfahren, welches den Immobilienwert ebenfalls auf Grundlage periodisch unterschiedlicher Erträge ermittelt. Vgl. zum mehrperiodischen Ertragswertverfahren, Kleiber (2010), S. 1686 ff., Rz. 48 ff., und Sommer/Kröll (2010), S. 186 ff.

528 Vgl. Deloitte (2004), S. 70, Huschke (2007), S. 59. Eine andere Ansicht findet sich in KoR (2008)b., S. 30. Hiernach sind die DCF-Verfahren nicht international dominierend, sondern nur weit verbreitetes Wertermittlungsinstrument. Gleicher Ansicht ist auch Kleiber (2010), S. 1633, Rz. 350, der bemängelt, dass „... *für die Ertragswertermittlung auf der Grundlage prognostischer Erträge fälschlicherweise der Anspruch erhoben [werde], es sei die international dominierende Methode der Er-*

Gegensätzlich zum einperiodigen *direct capitalisation*, das „verfahrensimmanent" zukünftige Mietwertsteigerungen im Vervielfältiger antizipiert – deshalb auch als *growth implicit model* bezeichnet wird – spiegeln sich im DCF-Verfahren die Erwartungen zukünftiger Mietwertsteigerungen in den prognostischen Einzahlungsüberschüssen wider, wodurch das DCF-Verfahren ein *growth explicit model* darstellt.[529]

Ursprünglich allerdings wurde das, auf dem dynamischen Barwertverfahren basierende, DCF-Verfahren zur Unternehmensbewertung entwickelt und für die Bestimmung eines Investment Value[530] herangezogen. Der Fokus dieses Verfahrens lag daher auch im Immobilieninvestmentbereich vornehmlich darin, Berechnungsverfahren zur Ermittlung eines Immobilieninvestitionswertes zu sein, also ähnlich wie im Rahmen der Unternehmensbewertung, als Analyseinstrument und Entscheidungshilfe zu fungieren.[531] Zur Ermittlung des *market value* werden DCF-Verfahren insofern nur „alternativ" verwandt.[532]

Für die Ermittlung eines Marktwerts müssen die Bewertungsparameter der DCF-Verfahren somit auch zwingend marktgestützt sein und dürfen nicht die Verzinsungswünsche des Investors reflektieren, und zwar auch dann nicht, wenn diese rational begründbar und die marktübliche Verzinsung als irrational erscheint. Kleiber (2005) führt in diesem Zusammenhang daher aus: *„Vereinfacht gesagt bestimmt sich der Marktwert (Verkehrswert) nicht nach dem, was eine Immobilie nach Auffassung des Bewerters wert sein soll oder kosten darf, sondern was sie (gegebenenfalls auch auf einem irrational handelnden Markt) tatsächlich wert ist."*[533]

Jedoch ist die Bestimmung vor allem zweier wesentlicher Parameter auch im marktorientierten DCF-Verfahren mit großen Problemen behaftet, und zwar die Schätzung der

---

tragswertermittlung und stelle mithin die „internationale Bewertungsmethode" dar. Tatsächlich dominiert aber international das vereinfachte Ertragswertverfahren." (Hervorh. im Original).

529 Vgl. Huschke (2007) S. 52 f., Kormaier (2006), S. 380, Ernstberger/Kraus (2008), S. 394, Leopoldsberger/Thomas/Naubereit (2008), S. 511 f.

530 Vgl. zur Definition und Ermittlung eines Investment Value weiterführend, IVS 2.

531 Vgl. bspw. Leopoldsberger/Thomas/Naubereit (2008) S. 511, und weiterführend über die Verwendung von DCF-Verfahren im Rahmen von Immobilieninvestments, Wöhle (2005), S. 209 ff.

532 Vgl. Kleiber (2005), S. 190.

533 Kleiber (2005), S. 190 (Hervorh. im Original).

Einzahlungsüberschüsse *(cash-flows)* einer Immobilie sowie die Findung eines geeigneten, weil immobilienmarktgerechten, Diskontierungszinssatzes.

5.4.2.2.1 Schätzung der Einzahlungsüberschüsse

Als Einzahlungsüberschuss oder als Reinertrag einer Immobilie gilt die tatsächliche oder die geschätzte, nachhaltig erzielbare ortsübliche Miete – „der Jahresrohertrag" –, abzüglich der mit dem Unterhalt der Immobilie verbundenen Auszahlungen in Form der Bewirtschaftungskosten. Dazu zählen gemeinhin das Mietausfallwagnis, die nicht umlegbaren Betriebskosten sowie Verwaltungs- und Instandhaltungskosten.[534]

Bei der Berechnung des Jahresreinertrages ist die Höhe der Einzahlungen, aufgrund vorliegender Mietverträge, gemäß IAS 40.40 bis zum Ende des Mietvertrages bindend zu berücksichtigen. Für den danach liegenden Zeitraum müssen diese marktorientiert geschätzt werden. Grundlage dieser Schätzung sind – gemäß IAS 40.40 – *„...supportable assumptions that represent what knowledgeable, willing parties would assume about rental income from future leases in the light of current conditions."*[535]

Während die Schätzung der vergleichsweise „sicheren" Einzahlungen, die aufgrund existierender Mietverträge zu verzeichnen sein werden, weitgehend unkompliziert ist, bereitet die Schätzung der „unsicheren" Einzahlungen, die die gegenwärtige nachhaltige realisierbare ortsübliche Miete darstellen sollen, Probleme. Die realistische Prognose zukünftiger Einzahlungsüberschüsse, die eine Immobilie erwirtschaften wird, gestaltet sich aber wiederum ungleich schwerer und wird mit zunehmendem Zeithorizont, angesichts der vielen berücksichtigungswürdigen Wertfaktoren, gar unmöglich. Kleiber (2005) führt über die Prognose von Immobilienerträgen aus: *„Erfahrungsgemäß können diese nicht hinreichend antizipiert werden, mögen die Annahmen auch mit noch so großer Überzeugungskraft begründet werden. Kein Mensch vermag über den*

534 Vgl. für eine Aufschlüsselung sowie etwaiger Bandbreitenangaben dieser Kosten, Hoffmann/Freiberg (2009), S. 723, Rz. 68 ff., und Preuß/Schöne (2009), S. 101, Leopoldsberger/Thomas/Naubereit (2008), S. 480 ff., sowie zu den Betriebskosten einer Immobilie, § 1 BetrKV.

535 Die Berücksichtigung von Einzahlungsüberschüssen *(cash-flows)*, die durch zukünftige Investitionen, bspw. zum Zwecke der Verbesserung oder der Umwidmung, voraussichtlich generiert werden, sind bei der Ermittlung der Einzahlungsüberschüsse durch IAS 40.51 explizit ausgeschlossen. Vgl. Kapitel 4.5.1.

Zeitraum, über den es die Erträge zu kapitalisieren gilt, die künftigen Erträge und sonstigen Entwicklungen zu prognostizieren."[536]

Die Prognose künftiger Einzahlungsüberschüsse ist allerdings nicht nur deswegen komplex, weil diejenigen Wertfaktoren, die die voraussichtlichen Einzahlungen berühren, wie bspw. Mietpreisanpassungen, die an voraussichtliche Inflationsraten, mögliche Leerstandszeiten oder die demographische und ökonomische Entwicklung einer Region mit Unwägbarkeiten behaftet sind. Auch die Schätzung der Auszahlungen, die die Unterhalterung einer Immobilie zukünftig bedingen wird, ist vielfach nur schwer vorzunehmen. Zwar ist die Ermittlung voraussichtlicher Betriebskosten, angesichts der aus den vorangegangen Jahren vorliegenden Betriebskostenabrechnungen, zumeist einfach durchführbar, für die Instandhaltungskosten, die für die Erhaltung einer vollumfänglichen Vermietbarkeit einer Immobilie anfallen, gilt dies allerdings oftmals nicht.[537] [538]

Im Hinblick auf die Schwierigkeiten der Abschätzbarkeit der Einzahlungsüberschüsse baut das DCF-Verfahren auf zwei Phasen auf. In der ersten Phase, der Detailphase, werden die individuellen Einzahlungsüberschüsse für jedes einzelne Jahr prognostiziert; die zweite Phase besteht allgemein aus einer „Restwertschätzung" der Immobilie.[539] [540]

Der „Restwert" *(residual/terminal value)* wird hierbei ermittelt, indem die jährlichen Einzahlungsüberschüsse, die die Immobilie nach Ablauf der Detailphase prognostisch

---

536 Kleiber (2005), S. 192.

537 Deren Schätzung sollte vor dem Hintergrund des Alters und der Nutzungsart sowie der letzten Instandsetzungsmaßnahme der Immobilie erfolgen. Vgl. Huschke (2007), S. 62.

538 Vgl. weiterführend über die Kriterien der Unsicherheit zukünftiger *cash-flows* und deren Auswirkungen auf die Verlässlichkeit von Barwerten, Kümmel (2002), S. 210 ff.

539 Vgl. bspw. Baumunk (2009), S. 92 f., Rz. 336, Hoffmann/Freiberg (2009), S. 724, Rz. 72.

540 Sollte die zu bewertende Immobilie nur noch eine vergleichsweise kurze Lebensdauer aufweisen, so kann die Restwertschätzung im Zuge der Diskontierung einer ewigen Rente problembehaftet sein. Insofern wird teilweise vorgeschlagen, den Restwert auf Basis der zu erwartenden Restnutzungsdauer zu ermitteln oder alternativ einen höheren Diskontierungszinssatz zu wählen. Vgl. Erstberger/Kraus (2008), S. 398, Böckem/Schurbohm-Ebneth (2003), S. 340 f. Hoffmann/Freiberg (2009), S. 724, Rz. 72, äußern sich hierzu allerdings kritisch, indem sie darauf hinweisen, dass ein fiktiver Erwerber von einer vollen Restnutzungsdauer ausginge und die gegenwärtige Abnutzung sowie etwaige Instandhaltungsrisiken einer Immobilie in einer plausiblen Verringerung der prognostischen Einzahlungsüberschüsse berücksichtigen würde.

erwirtschaftet, als ewige Rente gesetzt und mit einem markgerechten Vervielfältiger (Rentenbarwertfaktor) multipliziert und anschließend entsprechend der Dauer der Detailphase abgezinst wird.[541] [542] [543]

Wie lange die erste Phase allerdings zu sein hat, ist in der einschlägigen Literatur strittig und lässt sich letztlich nur Einzelfallbezogen, also vor dem Hintergrund der Laufzeiten der existierenden Mietverträge, festmachen. White et. al. (2003) gehen von einem Eintritt in die Phase zwei nach 10 Jahren aus. Kleiber (2005) bezweifelt die Abschätzbarkeit von Einzahlungsüberschüssen über diesen Zeitraum[544]– GN 9 Para. 5.1 gibt für den Detailzeitraum weitgefasst fünf bis zehn Jahre vor.[545] Huschke (2007) allerdings hält, *„Sofern mit starken Schwankungen bei Investitionen und Investitionsschwerpunkten zu rechnen ist oder konkrete Informationen über weiter in die Zukunft reichende Mietvertragsmodalitäten, welche zu hinreichend sicher bestimmbaren Einzahlungen führen, bestehen ... , eine Ausdehnung des Detailplanungszeitraumes auf 15 oder mehr Jahre möglich und sinnvoll."*[546]

Der Gesamtwert und damit der *fair value* einer Immobilie ergibt sich deshalb durch Addition der einzelnen Barwerte der Detailphase und des „Restwertes" der Immobilie. Angesichts des hohen Anteils, den der „Restwert" der Immobilie im Allgemeinen am „Gesamtwert" und damit am *fair value* ausmacht, ist nicht nur der Detailphase besondere Beachtung zu schenken, sondern auch die Restwertschätzung verlangt entsprechende Prognosefähigkeiten vom Bewertenden bzw. dem bilanzierenden Unternehmen.

---

541 Vgl. bspw. Deloitte (2004), S. 70.

542 Vgl. für eine Beispielrechnung, White et. al. (2003), S. 115 f.

543 Als geeigneter Kapitalwertfaktor zur Berechnung des Restwertes gilt die marktübliche Nettoanfangsrendite, bzw. der *initial yield*, als *all risks yield (ARY)*. Vgl. Zülch (2003), S. 276, sowie Ernstberger/Kraus (2008), S. 398.

544 Vgl. Kleiber (2005), S. 192.

545 GN 9 Para. 5.1 gibt an: *„For example, the analysis term for investment properties typically runs between five and ten years."*

546 Huschke (2007), S. 64.

5.4.2.2.2 Bestimmung des Diskontierungszinssatzes

Sofern die Marktrisiken nicht schon bei der Prognose künftiger Einzahlungsüberschüsse berücksichtigt wurden, müssen diese sich, gemäß IAS 40.46 (c), in der Wahl des Diskontierungssatzes widerspiegeln.[547] [548] [549] Gemeinhin entspricht die Höhe des Diskontierungszinssatzes dem aktuellen Kapitalmarktzinssatz für risikofreie Anlagen, der um einen „Risikozinssatz" korrigiert wird. Dieser hat diejenigen Risiken Rechnung zu tragen, die aus einem Investment in Immobilien, im Vergleich zu einer risikofreien Anlage, resultieren[550], so bspw. dem Mietausfall-, Leerstands-, oder dem Instandhaltungsrisiko einer Immobilie.[551]

Über die Höhe oder die Quelle geeigneter Diskontierungszinssätze macht das IASB keine Vor- bzw. Angaben.[552] Das IVSC empfiehlt hingegen in GN 9 Para. 5.0, den Diskontierungszinssatz an marktüblichen Konditionen festzumachen, die eine hinreichende Übereinstimmung hinsichtlich ihrer Wertfaktoren bieten.[553] Ideal wäre daher ein Diskontierungszinssatz, der die Berechnungsgrundlage von Immobilienwertgutachten bildet, die zu aktuellen Markttransaktionen führen und insofern einen „Vergleichsdiskontierungszinssatz" darstellen. Dies entspräche auch GN 9 Para. 5.1.2, der fordert: *„The cash flows and sale prices of comparable properties may be analysed to derive market discount rates or internal rates of return (IRR)."*[554]

---

547 IAS 40.46 (c) verlangt die Wahl eines Diskontierungszinssatzes, welcher *„...reflect current market assessements of the uncertainty in the amount and timing of the cash flows."*

548 Vgl. Vgl. Böckem/Schurbohm (2002), S. 47, Hoffmann/Freiberg (2009), S. 725, Rz. 73.

549 Böckem/Schurbohm (2002) präferieren die Risikoberücksichtigung bei der Schätzung von Einzahlungsüberschüssen und deshalb für die Wahl eines Diskontierungszinssatzes, der dem Kapitalmarktzinssatz risikofreier Anlagen entspricht. Vgl. Böckem/Schurbohm (2002), S. 47.

550 Hier kann die Rendite einer langfristigen – ggf. einer laufzeitäquivalenten – Bundesanleihe oder langfristiger Pfandbriefe zugrunde gelegt werden. Vgl. KoR (2008)b, S. 28.

551 Vgl. bspw. Böckem/ Schurbohm (2002), S. 47, Deloitte (2004), S. 70, Hoffmann/Freiberg (2009), S. 724 f., Rz. 73.

552 Vgl. Baumunk (2009), S. 92, Rz. 334.

553 Vgl. auch Ernstberger/Kraus (2008), S. 269.

554 Ähnlich lautet auch GN 9 Para. 5.0, der ausführt: *„Discount rates should be selected from comparables properties or business in the market. In order for these properties to be comparable, the revenue, expenses, risk, inflation, real rates of return, and income projections for these properties must be similar to those of the subject property."*

Allerdings eröffnet sich die Frage, ob, bei Vorliegen des internen Zinssatzes *(IRR)*,[555] ein DCF-Verfahren zur Ermittlung des *fair value* – hinsichtlich der Vorgaben der *fair value*-Hierarchie – überhaupt angewendet muss, da offensichtlich Markttransaktionsinformationen vorliegen, die dazu geeignet sind, den *fair value* durch Vergleichswertverfahren, im Sinne des IAS 40.46 (a) und/oder IAS 40.46 (b), zu bestimmen.[556]

Da insofern von der Abwesenheit eines „Vergleichsdiskontierungszinssatzes" generell ausgegangen werden kann, werden in der einschlägigen Literatur die Verwendung von ortsüblichen Nettoanfangsrenditen bzw. *intitial yields*, in Form des *ARY*,[557] und der ortsübliche Liegenschaftszinssatz[558] als geeigneter, weil risikogerechter, Diskontierungszinssatz vorgeschlagen.[559]

Allgemein werden aktuelle Nettoanfangsrenditen von Immobilienberatungsunternehmen bzw. Maklerunternehmen, Sachverständigenvereinigungen, Marktforschungsun-

---

555 Der interne Zinssatz *(internal rate of return – IRR)* stellt den Zinssatz dar, mit dem sich eine Immobilie durchschnittlich verzinst. Damit entspricht der Kaufpreis einer Immobilie der Summe der einzelnen Einzahlungsüberschüsse der Detailphase zuzüglich des „Restwertes" einer Immobilie. Abhängig davon, ob künftiges Mietwachstum sich im *IRR* oder in den prognostischen Einzahlungsüberschüssen widerspiegelt, wird der IRR in *equated yield* und *equivalent yield* unterteilt. Der *equated yield* stellt den IRR dar, wenn er keine Mietwachstumserwartungen enthält; liegt der IRR als *equivalent yield* vor, so sind Mietwachstumserwartungen berücksichtigt. Die Berechnung des internen Zinssatzes einer Immobilie ist allerdings nur durch Iteration durchführbar, indem die DCF-Formel nach dem Zinssatz aufgelöst wird. Vgl. Huschke (2007), S. 139, Zülch (2003), S. 263 f., Leopoldsberger/Thomas/Naubereit (2008), S. 503, White et. al. (2003), S. 33 f., und für eine Beispielrechnung dies. (2003), S. 74 f.

556 Vgl. bspw. Ernstberger/Kraus (2008), S. 397 f.

557 Vgl. Zülch (2003), S. 261 f., Baumunk (2009), S. 93, Rz. 338 und einschränkend hinsichtlich der Eignung derer bei Nutzungsänderungen, Ernstberger/Kraus (2008), S. 398, sowie kritisch, Huschke (2003), S. 138.

558 Allerdings hat der Liegenschaftszinssatz oder ggf. die verfügbare Nettoanfangsrendite schon zukünftige markttypische Wachstums- und Inflationserwartungen implizit antizipiert. Insofern ist, im Rahmen der DCF-Verfahrens, der ortsübliche Liegenschaftszinssatz und ggf. die verfügbare Anfangsrendite nur dann als risikogerechter Diskontierungszinssatz geeignet, wenn die dort implizit enthaltenen Wachstums- und Inflationserwartungen bei der Bestimmung des geeigneten risikogerechten Diskontierungszinssatzes – um einen doppelten Einfluss zu verhindern – berücksichtigt und der Diskontierungszinssatz entsprechend verändert wird. Vgl. hierzu Ernstberger/Kraus (2008), S. 397., Huschke (2007), S. 147 f., sowie Schulte (2007), S. 578.

559 So resümiert Zülch (2003) nach einer umfangreichen Diskussion über geeignete Diskontierungszinssätze, dass die (Netto-)anfangsrendite der zu präferierende Diskontierungszinssatz sei, da lediglich (Netto-)anfangsrendite – gegensätzlich zu anderen Diskontierungszinssätzen, die oftmals aus subjektiven Schätzungen resultieren, als zuverlässig und intersubjektiv überprüfbar, zu bezeichnen sind. Vgl. Zülch (2003), S. 259 ff., 273 f., aber auch White et. al. (2003), S. 34, (die allerdings von der „Anfangsrendite" sprechen) und zu den am Markt verfügbaren Nettoanfangsrenditen als geeigneter Diskontierungszinssatz, Baumunk (2009), S. 93, Rz. 338 f.

ternehmen und Kreditinstituten veröffentlicht. Für die Ermittlung ortsüblicher Liegenschaftszinssätze sind die entsprechenden Gutachterausschüsse gemäß der Ableitungspflicht, aufgrund § 14 Abs. 2 der ImmoWertV, verantwortlich.[560] Vielfach können die Liegenschaftszinssätze aber auch analog zu den Nettoanfangsrenditen in Erfahrung gebracht werden.[561]

Die Gewinnung eines dem Immobilienrisiko entsprechenden Diskontierungszinssatzes aus Kapitalmarktdaten, also auf Grundlage des Capital Asset Pricing Model (CAPM), ist hingegen abzulehnen. Zwar wird die theoretische Verwendung dieses Modells zur Ermittlung eines geeigneten Zinssatzes in der einschlägigen Literatur grundsätzlich diskutiert, aber mit dem Hinweis auf die Unpraktikabilität, aufgrund der unterschiedlichen Fungibilität von Aktien im Vergleich zu Immobilien, jedoch unisono abgelehnt bzw. kritisch gesehen.[562]

Grundsätzlich aber verlangt insbesondere die Ermittlung eines geeigneten Diskontierungszinssatzes erhöhte Aufmerksamkeit und Sensibilität für die Marktuntersuchungen, da dieser den Marktwert, bzw. den *fair value*, bedeutend beeinflusst. Minimale Abweichungen vom marktrisikogerechten Diskontierungszinssatz können immense Fehlbewertungen nach sich ziehen.[563]

5.5 Die Relevanz des *fair value* von Investment Properties

Empirische Untersuchungen unterstreichen die Relevanz des *fair value* von Investment Properties und damit seine institutionelle Existenz als Kapitalmarktintermediär.[564]

---

560 Vgl. Preuß/Schöne (2009), S. 102, Ranker (2006), S. 329.

561 Vgl. hierzu bspw. die Veröffentlichung von Liegenschaftszinssätzen des IVD (Immobilienverband Deutschland), die dann nur angesetzt werden können, wenn keine qualifizieren Liegenschaftszinssätze vorhanden sind.
http://www.ivd.net/files/Anhang_Tabelle_Liegenschaftszinssaetze_060206.pdf

562 Vgl. bspw. Hoffmann/Freiberg (2009), S. 724, Rz. 73, Ernstberger/Kraus (2008), S. 39, Lenz (2009), S. 303 f., Schulte (2007), S. 577 und weiterführend, Zülch (2003), S. 264 ff., oder Huschke (2007), S. 140 ff.

563 Vgl. Schulte (2007), S. 576, und detailliert, auch hinsichtlich der Auswirkungen auf den Restwert einer Immobilie, Zülch (2003), S. 305 ff.

564 Vgl. hierzu Kapitel 3.6.2

So erzeugen, nach der Studie von Christensen/Nikolaev (2009), diejenigen europäischen Immobilienunternehmen, die ihre Investment Properties zum *fair value* bilanzieren, weniger Informationsasymmetrie und eine bessere Vergleichbarkeit am Kapitalmarkt.[565] Inhaltlich stimmen die Ergebnisse der Studie von Christensen/Nikolaev mit den Ergebnissen, die aus einer Studie von Muller/Riedl/Sellhorn (2008) hervorgehen, überein. Danach reduzieren Immobilienunternehmen, die den *fair value* ihrer Investment Properties offenbaren, gegenüber den Immobilienunternehmen, die auf die Angabe des *fair values* ihrer Investment Properties verzichten, die Informationsasymmetrie am Kapitalmarkt. Der Abbau der Informationsasymmetrie durch die Angabe der *fair values* zeigte sich danach in wesentlich geringeren Geld-Brief-Spannen.[566]

Danbolt/Rees (2008) untersuchen in einer Studie die Wertrelevanz der *fair value* von britischen Immobiliengesellschaften und Immobilienfonds, die beide einen Großteil ihrer Vermögenswerte zum *fair value* bilanzieren, im Vergleich.[567] Darin ergibt sich die höhere Wertrelevanz des bilanziellen Ansatzes zum *fair value model* gegenüber dem Ansatz zum *cost model.*

Darüber hinaus erweist sich in dieser Studie, dass die *fair values* von Immobilienunternehmen weniger verlässlich und deshalb auch weniger wertrelevant, somit höhere bilanzpolitische Spielräume eröffnen, als diejenigen von Investmentfonds. Begründet wird dies damit, dass für die Bewertung der *fair values* der Investmentfonds verlässliche, auf aktiven Märkten gewonnene Schätzungen der *fair values* vorlägen und demgegenüber die *fair values* bei Immobiliengesellschaften aus subjektiven Schätzungen resultierten.[568] [569] [570]

---

565 Vgl. Christensen/Nikolaev (2009) und hierzu auch, Beck/Rehkugler (2009), S. 493.

566 Als Geld-Brief-Spanne (Bid Ask Spread oder Spread) wird die Differenz zwischen Geldkurs (Kaufkurs) und Briefkurs (Verkaufskurs) bezeichnet. Die Geld-Brief-Spanne gibt insofern an, wie weit Kauf- und Verkaufsangebote voneinander abweichen. Mit steigender Marktliquidität, womit ein Sinken der Markttransaktionskosten einhergeht, nähern sich die beiden Kurse einander an, da die Einschätzung der Marktakteure sich hinsichtlich des Wertes der Aktie annähert; bei einer großen Differenz dieser Werte kann der Handel zum Erliegen kommen. Vgl. bspw. Deutsche Bank (2011). http://www.deutsche-bank.de/lexikon/lexikon_de/content/index_717.htm#611

567 Vgl. Danboldt/Rees (2008).

568 Vgl. hierzu auch Pellens et. al. (2008)b, S. 285 f., Wagenhofer (2008), S. 188 f., Wagenhofer/Ewert (2007), S. 162.

569 Vgl. zur Verlässlichkeit des *fair value* von Investment Properties Kapitel 5.6.

Bei verbrieften Anlagen in Immobilien[571] hat sich der *net asset value* (NAV) als international dominierendes und damit relevantes Analyseverfahren zur Marktbewertung der Immobilienunternehmen etabliert,[572] als Saldo zwischen den – zum Market bzw. *fair value* angesetzten – Vermögenswerten und Schulden eines Unternehmens, und entspricht in seiner Höhe dem ökonomischen Reinvermögen eines Unternehmens.[573] [574]

Da im Falle von Immobilienunternehmen unterstellt werden kann, dass ihre Ertragskraft sich im Wesentlichen aus Immobilienvermögenswerten ergibt und der wertmäßige Einfluss von *goodwill*, Synergieeffekten usw. vergleichsweise gering ist,[575] stellt der NAV eine – auf dem *fair value* von Investment Properties aufbauende – und für den Investor in verbriefte Immobilienanlagen weiterführende, relevante Wertinformation dar.[576] So ist insbesondere bei Immobilienunternehmen, die eine größere Anzahl von Immobilien im Portfolio haben, der Eintritt eines Glättungseffektes zu erwarten, der die im folgenderen beschriebenen Verlässlichkeitsprobleme bei der Bestimmung einzelner *fair values* etwas nivellieren wird.[577]

Durch die hohe Approximation zum inneren Wert eines kapitalmarktorientierten Immobilienunternehmens, kann der NAV daher auch als „fairer" Unternehmenswert verstanden werden, der als wesentliche ökonomische Größe direkt mit den Informati-

---

570 Wagenhofer (2008), S. 189 bemängelt an den Wertrelevanzstudien prinzipiell zu Recht, dass es i.d.R. keine ausschließliche Bilanzierung zum *fair value model*, mit der zum *cost model* verglichen werden (könne), da sich beide Wertansätze im Jahresabschluss fänden. So führt Wagenhofer aus: *„Insofern handelt es sich bei empirischen Tests regelmäßig um den marginalen Informationsgehalt von fair values. Es bleibt unklar, wie die Value Relevance empirisch aussehen würde, wenn tatsächlich nur eine der beiden Bewertungsalternativen bekannt wäre."* Vgl. ebenfalls kritisch zur Aussagefähigkeit von Wertrelevanzstudien, Ballwieser (2008)b, S. 5 ff.

571 Vgl. für einen Überblick über verbriefte bzw. indirekte Anlagen in Immobilien Rehkugler/Sotelo (2009,) S. 5

572 Vgl. Rehkugler (2005)a, S. 308 ff., sowie Lenz (2009), S. 317 f.

573 Vgl. Rehkugler (2005)b, S. 280; Beck/Rehkugler (2009), S. 493.

574 Der *NAV* eines Immobilienunternehmens kann ermittelt werden, indem die *fair values* der einzelnen Investment Properties sowie die *fair values* sonstiger Vermögenswerte summiert werden; von dieser Summe ist das Fremdkapital des Immobilienunternehmens abzuziehen. Vgl. hierzu sowie zu einem alternativen Berechnungsschema, Rehkugler (2005)a, S. 310, sowie Rehkugler/Goronczy (2009), S. 81.

575 Vgl. Rehkugler (2005)a, S. 309, sowie ders. (2005)b, S. 280.

576 Vgl. Beck/Rehkugler (2009), S. 493.

577 Vgl. Rehkugler (2005)b, S. 282.

onsinteressen eines Investors korrespondiert.[578] Angesichts dessen sollte der NAV auch bei Immobilien-AGs und G-REITs, also bei bestandshaltenden Immobiliengesellschaften, die unter die Bestimmungen der IFRS fallen, bilanziell, bzw. im Jahresabschluss, ausgewiesen werden.[579]

International hat sich der NAV als Standardbewertungsverfahren von kapitalmarktorientierten Immobilienaktiengesellschaften durchsetzen können – auch national verstärkt sich daher der Wunsch, den NAV als Standartbewertungsverfahren von kapitalmarktorientierten Immobilienunternehmen einzuführen.[580]

Wesentlich geringer als die Relevanz des NAV betrachtet Rehkugler (2005)b den konkreten periodischen Ausweis der Wertveränderungen der Investment Properties. So sei der ergebniswirksame Ausweis des (unrealisierten) periodenbezogenen Erfolges dazu geeignet, hohe Ergebnisvolatilitäten zu erzeugen, die nicht im Zusammenhang mit dem direkten Unternehmenserfolg stehen. Hierdurch können Verwirrungen und Fehlinvestments am Kapitalmarkt ausgelöst werden, weshalb auch der ergebniswirksame Ausweis des Periodenerfolges nach IAS 40 mitunter nur eingeschränkt nützlich für die informative Unterstützung bei Investmententscheidungen sein kann. Vielmehr läge daher auch das Interesse der Bilanzadressaten an der langfristigen Tendenz der Wertveränderungen der Investment Properties.[581] Angesichts dessen spricht Rehkugler (2005)b sich dafür aus, eine Aufspaltung zwischen realisierten und unrealisierten Erfolgsbeiträgen der Investment Properties vorzunehmen und die hypothetischen bzw. unrealisierten Erfolgsbeiträge, aufgrund der Wertveränderungen von Investment Properties, gesondert auszuweisen. Damit wäre eine Unterteilung in regelmäßige und unregelmäßige Gewinne oder Verluste möglich.[582] Inwiefern das allerdings von der ei-

578 Vgl. hierzu Kapitel 3.6.3. und 3.6.4., und zur Gruppenbewertung von Investment Properties Kapitel 4.7 sowie zur Abweichung des Börsenwertes vom *NAV* bei kapitalmarktorientierten Immobilien-AGs, Rehkugler (2003), S. 20 ff., und Rehkugler/Goronczy (2009), S. 90 ff.

579 Vgl. Beck/Rehkugler (2009), S. 493.

580 Vgl. Rehkugler (2005)a, S. 309 f., Rehkugler (2005)b S. 280, Lenz (2009), S. 317.

581 Vgl. Rehkugler (2005)b S. 280 f.,und Beck/Rehkugler (2009), S. 493.

582 Vgl. Rehkugler (2005)b S. 280 f., und Beck/Rehkugler (2009), S. 493.

gentlichen Intention des IASB getragen wird, ist fraglich, da der IAS 40 – wie dargelegt – die (hypothetische) Veräußerbarkeit der Immobilie am Bilanzstichtag unterstellt.[583]

Als grundsätzlich erklärungswürdig hält Zülch (2003) – sofern der *fair value* auf Stufe drei der *fair value*-Hierarchie ermittelt wurde – vom bilanzierenden Unternehmen die Angabe einer Wertbandbreite, innerhalb derer sich der *fair value* von Investment Properties befinden kann, und zwar unabhängig davon, ob letztlich die Bestimmung des *fair value* als Punktwert begründbar ist. Besonders relevant sei es – um den Bilanzadressaten über das Bewertungsrisiko zu informieren – ihn über den unteren Bandbreitenwert in Kenntnis zu setzen, da dieser angebe, mit welcher Wertminderung zu rechnen sei, *„...wenn die Marktverhältnisse die denkbar schlechteste Entwicklung nehmen."*[584]

Hierin besteht indessen ein Widerspruch gegen IAS 40.38 und IAS 40.39. Generell aber ist der Forderung unbedingt zuzustimmen. Allerdings nicht aufgrund des Umstandes einer schlechteren Marktentwicklung, sondern – wie im Folgenden gezeigt wird – aufgrund der markttransaktionskostenbedingt nur sehr eingeschränkten Fähigkeit des *fair value* von Investment Properties, stichtagsbezogene Markterwartungen auf den Immobilienmärkten relativ verlässlich antizipieren zu können. Dieser Umstand macht erst die Angabe einer Wertbandbreite für die Bilanzadressaten relevant.

5.6 Die Verlässlichkeit des *fair value* von Investment Properties

Ranker (2006) führt zu den im DCF-Verfahren erforderlichen Schätzungen und Annahmen, angesichts ihrer vielen Unwägbarkeiten, aus: *„Die Cashflow Schätzung als Wesensmerkmal jedes DCF-Verfahrens hat den Charakter einer im hohen Maße prognostischen Schätzung und unterliegt der Unsicherheit, die jedem Blick in die sprichwörtliche Kristallkugel anhaftet."*[585] Kleiber (2005) formuliert knapper: *„Das Discounted Cashflow-Verfahren bleibt letztlich stets ein Prognoseverfahren und Prognosen haben sich in*

583 Vgl. Kapitel 4.6.
584 Zülch (2003), S. 186.
585 Ranker (2006), S. 328.

aller Regel als falsch erwiesen",[586] und merkt zu dessen Schwächen, die für ihn namentlich darin bestehen, apokryphe Annahmen über die zukünftige Zins-, Miet- und Wertentwicklung zu verlangen, an, dass diese sich schon bei einer Überprüfung nach nur wenigen Jahren, in Form von Fehleinschätzung, eindrucksvoll offenbaren.[587]

Dies allerdings stellt nicht die Schwäche von DCF-Verfahren dar, sondern ist – wie gezeigt – das Ergebnis der Abwesenheit vollkommener Märkte und insofern grundsätzlich als „systemimmanent" aufzufassen. Deshalb sind die im Vergleichswertfahren – genauso wie die im DCF-Verfahren – gewonnen Ergebnisse per se als Abweichungen vom neoklassischen Optimum, also vom neoklassischen Marktwert, zu verstehen.

Generell zeigt der *fair value* die Knappheit eines Gutes (eines Vermögenswertes) zu einem bestimmten Zeitpunkt (dem Bilanzstichtag) und hat daher immer Zukunftsbezug. So auch die Definition des GN 9 Para. 5.0: *„Market value is understood as the present value of the future benefits of ownership."*[588] Ob diese sich in prognostizierten, zukünftigen Einzahlungsüberschüssen, die zu diskontieren sind, widerspiegeln, oder direkt aus Vergleichspreisen gewonnen werden, ist deshalb unerheblich. Beide Verfahren antizipieren letztlich die kommenden Erträge des bestimmten Vermögenswertes, angesichts der vorherrschenden Markterwartungen, zu einem bestimmten Zeitpunkt (Bilanzstichtag). Ob der *fair value* von Investment Properties daher durch Vergleichswertverfahren, oder hilfsweise durch Barwertverfahren ermittelt wurde, ist – zumindest aus diesem Blickwinkel – gleichgültig.

Zwar führt Kleiber (2010) über DCF-Verfahren aus: *„Sie erweisen sich i.d.R. nachträglich als falsch, weil sie nicht vorhersehbar sind"* und merkt zum klassischen Ertragswertverfahren an, dass dieses im Vergleich zum DCF-Verfahren erfahrungs-

---

586 Kleiber (2005), S 191, (Hervorh. im Original) inhaltlich identisch auch, ders. (2010), S. 1658, Rz. 439.

587 Kleiber (2010) führt hierzu eine Beispielrechnung aus dem Jahre 1994 an, in dem ein Diskontierungszinssatz von 9 Prozent und eine Steigerung der jährlichen Mieteinnahmen um 5 Prozent bis 2003 angenommen wurde – der sich im Jahre 2003 ergebende Reinertrag wurde anschließend über die Dauer der Restnutzung der Immobilie kapitalisiert. Tatsächlich seien aber die Mieten in den ersten vier Jahren um 16 Prozent gefallen; ebenso sie in diesem Zeitraum ein wesentliches Fallen des Diskontierungszinssatzes zu verzeichnen gewesen. Vgl. Kleiber (2010), S. 1657 f., Rz. 437, und hierzu auch Ranker (2006), S. 332.

588 Vgl. Kapitel 5.3

gemäß ein ehrlicheres Verfahren sei; allerdings kann, vor dem Hintergrund der vorherigen Ausführungen, dieser Argumentation hier nicht gefolgt werden.[589] Vielmehr kann, angesichts der dauernden Abwesenheit vollkommener Märkte, auch nicht retrospektiv die Verlässlichkeit einer Marktwertermittlung bzw. des *fair value* zu einem bestimmten Zeitpunkt qualifiziert werden. So können Annahmen über Markterwartungen, die in der Vergangenheit getroffen wurden, nicht generell als deshalb falsch erachtet werden, weil sie, retrospektiv betrachtet, nicht oder nur bedingt eingetroffen sind.

Der Wert bzw. der Preis eines Vermögenswertes stellt erst dann einen absoluten Knappheitsindikator desselben dar, wenn keine positiven Markttransaktionskosten angenommen werden. Dadurch ergibt sich auch, dass Markttransaktionskosten die Übereinstimmung von Einschätzungen bzw. Prognosen künftiger Ein- und Auszahlungen von Immobilien und damit von Markterwartungen verhindern. Das macht erst die beabsichtigte preisliche Knappheitsanzeige auf den Immobilienmärkten verfahrensübergreifend unverlässlich und bedingt Zweifel an ihrer Relevanz. Insofern stellt der *fair value* auch ausnahmslos einen unverlässlichen Knappheitsindikator dar. Eine Perspektive aus der sich der – bereits diskutierte – *trade-off*[590] des *fair value* ebenfalls interpretieren lässt.

Fraglich ist daher, wie genau diese Verfahren die gegenwärtigen Markterwartungen zu einem „verlässlichen" *fair value* verdichten können. Zweifellos ist das im Falle vorliegender Vergleichswerte – wie IAS 40. 46 (a) und IAS 40.46 (b) –, die die *fair value* Ermittlung vorsehen, wahrscheinlicher, weil dadurch eine zu zuversichtliche Marktprognose, oder gar eine bewusste Manipulation verhindert bzw. eingeschränkt wird. Zwei-

---

589 Vgl. Kleiber (2010), S. 1657, Rz. 436 geht aufgrund allgemeiner Erfahrungswerte davon aus, dass DCF-Verfahren – gegensätzlich zu klassischen Ertragswertverfahren (also gemäß § 17 Abs. 2 der ImmoWertV, Anmerk. d. Verf.) – regelmäßig zu höheren Ergebnissen des Immobilienwertes führen. Als ursächlich dafür können – nach Ansicht Kleibers – ein Interesse des Anwenders der DCF-Verfahren und eine allgemeine positive Einstellung bei der Beurteilung künftiger Entwicklungstendenzen auf Immobilienmärkten gesehen werden. Infolgedessen werden, über die Bewertung von Immobilien, selbstinitiierte Preissteigerungen ausgelöst, *„....die dann irgendwann von der Realität wieder eingeholt werden."* Gegensätzlich zur Ansicht Kleibers attestiert Schulte (2007), S. 578, aber, dass die Ergebnisse von DCF-Verfahren oftmals eine hohe Übereinstimmung mit den Ergebnissen des normierten Ertragswertverfahrens aufweisen.

590 Vgl. zum *trade-off*, Kapitel 2.3.2

felhaft – hinsichtlich einer relativ „verlässlichen" Abbildung gegenwärtiger, oder an einem Bilanzstichtag existierenden Markterwartungen – kann der, anhand von Vergleichswerten bestimmte *fair value* von Investment Properties aber ebenso sein, wie wenn er im Zuge von Barwertverfahren ermittelt wurde. Immobilienvergleichswerte sind, analog zu denen im Zuge von Barwertverfahren ermittelten Immobilienwerte und wie letztlich (fortgeführte) Anschaffungs-/Herstellungskosten von Immobilien auch,[591] grundsätzlich zukunftsbezogene Prognosen.

Im kommenden Kapitel wird, aufbauend auf den Ausführungen dieses Kapitels, die Korrelation zwischen Markttransaktionskosten auf Immobilienmärkten und der „relativen" Verlässlichkeit des *fair value* von Investment Properties untersucht. Grundlage dessen sind immobilienzyklische Entwicklungen. Diese bestimmten die Veränderung von Markterwartungen auf den Immobilienmärkten und damit diejenigen Veränderungen des *fair value* von Investment Properties zu erfassen und periodisch abzubilden hat.

Hierfür werden im nächsten Kapitel zunächst Immobilienzyklen und deren Ursachen dargestellt, anschließend erfolgt eine Erläuterung des Zusammenhangs und der Auswirkungen von Immobilienzyklen hinsichtlich der Entscheidungsrelevanz des *fair value* von Investment Properties.

[591] So stellen das handelsrechtliche Realisationsprinzip und das handelsrechtliche Imparitätsprinzip – da sie auch als eine „vorsichtsbezogene" Zukunftsantizipation verstanden werden können – letztlich Prognoseprinzipien dar. Und zwar solange, bis die Gewinne auch tatsächlich realisiert wurden oder Vermögensgegenstände nur noch mit einem symbolischen Erinnerungswert bilanziell valutieren.

6 Die Zyklizität der Immobilienmärkte und deren Bedeutung für den *fair value* von Investment Properties

6.1 Grundlagen

Obschon die Immobilienwirtschaft[592] in Deutschland eine maßgebliche volkswirtschaftliche Bedeutung hat, ist ihre tragende Rolle – einer Studie des Instituts für Wirtschaftsforschung in 2005 zufolge – nur wenig bekannt.[593] Vor diesem Hintergrund werden – zur Verdeutlichung dieser Bedeutung und, damit zusammenhängend, zur theoretischen Grundlage des Forschungsgebietes der Immobilienwirtschaft – die wesentlichsten empirischen Ergebnisse dieser Studie wiedergegeben und anschließend die Eigenschaften von Immobilen und Immobilienmärkten dargestellt.

6.1.1 Die Bedeutung der Immobilienwirtschaft

Nach der vorbezeichneten Studie, umfasste das – zu Wiederbeschaffungskosten bewertete und in der VGR (Volkswirtschaftliche Gesamtrechnung) erfasste – gesamte deutsche Nettoanlagevermögen zum Anfang des Jahres 2003 mehr als 6.500 Mrd. EUR. Darunter entfielen 85 Prozent auf Wohn- und Nichtwohnbauten, mithin 5.533 Mrd. EUR.[594] Unter zusätzlicher Berücksichtigung von Grundstückswerten, bezifferte sich das Immobilienvermögen im Jahr 2003 mit 7.217 Mrd. sogar auf knapp 88 Prozent des erweiterten Anlagevermögens.[595]

Eindrucksvoll demonstrieren aber auch die folgenden Stromgrößen der VGR die Bedeutung der Immobilienwirtschaft. So lag 2004 der Bauanteil am Bruttoinlandsprodukt bei 10,2 Prozent. Die Anteile der Immobilienwirtschaft an der Bruttowertschöpfung betrugen 2002 für das Grundstücks- und Wohnungswesen 12,7 Prozent und das Bauge-

[592] Darunter versteht das Ifo-Institut „*...den funktional oder institutionell abgegrenzten Teilbereich einer Volkswirtschaft, der sich beschäftigt mit den Immobilienbeständen und mit ihren Veränderungen sowie mit der Bewirtschaftung und Nutzung von Immobilien.*" Vgl. Ifo (2005), S. 21.

[593] Vgl. Ifo (2005), S. 5.

[594] Die Erhebung legt Wiederbeschaffungspreise zugrunde. Vgl. Ifo (2005), S. 6 f.

[595] Das der Berechnung zugrundeliegende erweiterte Anlagevermögen umfasst Ausrüstungsgüter und sonstige Anlagen und belief sich – der Ifo-Studie zufolge – im Jahre 2003 auf ca. 8.210 Mrd. EUR.

werbe 4,5 Prozent.[596] Entsprechend dieser Größen ergibt sich auch der Einfluss der Immobilienwirtschaft auf die Beschäftigungszahlen und insofern auf die volkswirtschaftliche Prosperität.[597]

Selbst der Immobilienbestand der 30 im Dax gelisteten größten deutschen Unternehmen, ist beachtlich und umfasst im Jahre 2007 einen Buchwert von 106,2 Mrd. EUR – zu Anschaffungs-/Herstellungskosten *(cost model)* bewertet beläuft sich die Summe mithin auf 172,9 Mrd. Euro. Durchschnittlich beziffert sich das zu Buchwerten bewertete Immobilienvermögen der Dax-Unternehmen auf 3,5 Mrd. Euro. Dabei werden die *fair values* der Immobilienbestände nochmals erheblich über den Buchwerten liegen.[598]

Für die Zukunft wird durch die Steigerung des Anteils an Bruttowertschöpfung und des Beitrages zum Bruttoinlandsprodukt ein weiteres Anwachsen des Gewichts und der relativen Bedeutung der Immobilienwirtschaft erwartet. Verstärkt wird dieser Trend durch die steigende Kapitalmarktorientierung der Immobilienmarktakteure und die Zunahme internationaler Immobilieninvestments, die nicht zuletzt durch immobilienbezogene, innovative Anlagevehikel, wie G-REITs, ausgelöst wurden.[599] [600]

6.1.2 Immobilien und Immobilienmärkte

Die physischen Eigenschaften von Immobilen sind direkt für die ökonomischen Charakteristika des Immobilienmarktes verantwortlich, der sich deshalb auch von den ökonomischen Charakteristika der meisten anderen Märkte unterscheidet. So existiert nicht ein Immobilienmarkt, sondern der Immobilienmarkt ist stark fragmentiert, was eine Unterscheidung in räumliche und sachliche Immobilienteilmärkte bedingt.[601]

---

596 Vgl. Ifo (2005), S. 8 f.

597 Vgl. weiterführend Bone-Winkel/Müller/Pfrang (2008), S. 34 f.

598 Vgl. Bone-Winkel/Müller/Pfrang (2008), S. 32. Die Erhebung erfolgte auf Grundlage der Konzernabschlüsse der Dax-Unternehmen. Nicht berücksichtigt wurde hierbei allerdings die Deutsche Bank.

599 Gegenwärtig wird der Begriff der Immobilienwirtschaft in den „offiziellen Systematiken" nicht genannt. Die Ifo Studie (2005) geht davon aus, dass damit eine Unterschätzung des gesamtwirtschaftlichen Gewichts der Immobilienwirtschaft einhergeht. Vgl. Ifo (2005), S. 12.

600 Vgl. Schulte/Sturm/Wiffler (2008), S. 24, sowie Beyerle (2008), S. 113 ff.

601 Räumliche Teilmärkte sind das Ergebnis von regionalen Unterschieden (Landkreise, Städte, Stadtteile) in Angebot und Nachfrage nach Immobilien. Sachliche Teilmärkte resultieren aus unterschied-

Nachfolgend werden deshalb die wesentlichsten Eigenschaften von Immobilien kurz erläutert und ihre Auswirkungen auf die Immobilienmärkte erklärt. Zum Überblick werden zunächst jedoch die Zusammenhänge schaubildlich dargestellt.

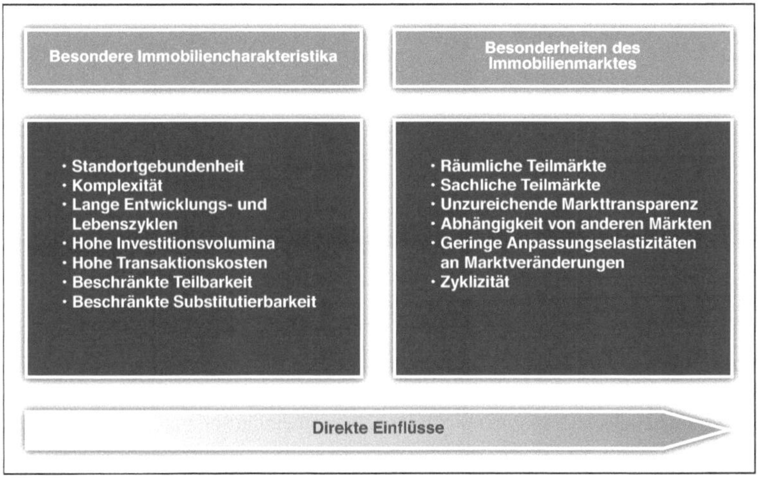

Abbildung 7: Charakteristika von Immobilien und Immobilienmärkten
Quelle: Schulte (2000), S. 37.

- Immobilien sind allgemein langlebige Wirtschaftsgüter, deren Nutzungsdauer – je nach Art und Zweck der Immobilie – mitunter weit mehr als 100 Jahre betragen kann. Das macht den Immobilienmarkt zu einem Bestandsmarkt, an dessen Status die vergleichsweise wenigen jährlichen Neubauten oder etwaige Rückbauten nichts ändern. Die Produktionsdauer von Immobilien, die von der Projektierung bis zur Fertigstellung durchschnittlich 2-5 Jahre umfasst, bedingt, dass Marktreaktionen auf sich ändernde Nachfrage nach Immobilien – welcher Art auch immer – nur sehr langsam stattfinden und daher – zumindest kurzfristig – nur durch Preisänderungen hervorgerufen werden. Die Langlebigkeit und die lange Produktionsdauer von Immobilien verursacht die geringe Angebotselastizität auf Immobilienmärkten.

- Immobilien zeichnen sich allgemein durch Heterogenität aus, was – wie bereits angeführt – die Vergleichbarkeit von Immobilien verhindert oder unter Berücksich-

lichen Immobilientypen – so Mietwohnungen, Eigentumswohnungen, Einfamilienhäuser, Bürogebäude, Handelsimmobilien usw. Vgl. Schulte/Sturm/Wiffler (2008), S. 17 f.

tigung von Standards ermöglicht. Marktpreise sind oftmals nicht im Vergleich ermittelbar. Die Heterogenität bewirkt aber auch, dass Immobilien nur bedingt substituierbar sind. Beide Faktoren sind ursächlich dafür, dass etwaige Veränderungen der Nachfrage nur schwerlich registriert werden und die Informationsfunktion von Preisen auf Immobilienmärkten eingeschränkt wird. Entsprechende Verwerfungen im Angebot, die langfristige Marktungleichgewichte auslösen, können hierdurch hervorgerufen oder intensiviert werden.

- Die Standortgebundenheit von Immobilien führt dazu, dass sich der Immobilienmarkt in regionale Märkte aufteilt, zwischen denen keine Arbitrage erwirtschaftet werden kann. Daher ist es möglich, dass auf einem Markt ein Angebotsüberhang und im „Nachbarmarkt" ein Nachfrageüberhang existiert, zwischen denen es nur sehr langsam zu Ausgleichserscheinungen kommt.[602]

- Die Volumina, die ein Investment in Immobilien gemeinhin verlangt, sind vergleichsweise hoch. Entsprechend hoch sind auch die Markteintrittsbarrieren, die Rolle der Fremdfinanzierung und demgegenüber die geringe Anzahl möglicher Immobilienmarktakteure. Als daraus folgende Konsequenz hängt die Neubautätigkeit vielfach vom Kreditvergabeverhalten der Banken ab und die Immobilienmärkte werden zumeist von wenigen Großinvestoren dominiert.[603]

- Die Transaktionskosten[604] und die Dauer der rechtlichen Übertragung einer Immobilie verhindern oftmals ein zügiges Transaktionsgeschehen auf Immobilienmärkten. So werden kurzfristige Investments zum Ausnutzen von Marktungleichgewichten regelmäßig vermieden, was dazu beiträgt, dass Preisverzerrungen auf Immobilienmärkten längerfristig bestehen bleiben können.

602 In diesem Zusammenhang ist auch die „Nichtlagerfähigkeit" von Immobilien zu nennen, was ein Ausnutzen von Preisdifferenzen durch Lagerhaltung – also als Puffer – verhindert.

603 Losgelöst davon sind freilich indirekte Anlagen in Immobilien, die einen geringeren Kapitaleinsatz verlangen. Darunter geschlossene und offene Immobilienfonds, Aktien von Immobiliengesellschaften sowie in G-REITs. Vgl. Schulte/Sturm/Wiffler (2008), S. 16.

604 Hiermit sind diejenigen Transaktionskosten gemeint, die sich nicht einer ökonomischen Messbarkeit entziehen. Darunter fallen bspw. die Grunderwerbssteuer, Notar-/Gerichtsgebühren, Steuerberatungskosten und Maklergebühren und ebenso die mit dem Erwerb der Immobilien zusammenhängenden Beratungsaufwendungen. Vgl. für eine Markttransaktionskostendefinition, Kapitel 3.2.5.

- Aus der nur bedingten Teilbarkeit von Immobilien[605] resultiert auch die beschränkte Möglichkeit zum anteiligen Immobilieninvestment; diese existiert nur in der indirekten Form. Dies ist aus zweierlei Sicht problematisch. Einerseits sind dadurch graduelle Anpassungen bei existierenden Immobilienportfolios schwierig, andererseits können deshalb nur schwerlich, auf Immobilien bezogenen Derivate, die zur Allokation von Immobilienrisiken dienen, in Form von Optionen oder Futures gebildet werden.[606]

- Die Entwicklung auf den Immobilienmärkten ist von der konjunkturellen Entwicklung auf anderen Märkten und Wirtschaftszweigen abhängig. Die Nachfrage nach Büroräumen wird von den Entwicklungen im Dienstleistungssektor bestimmt – analog dazu, die Nachfrage nach Wohn- und Handelsflächen von der Höhe des verfügbaren Einkommens der Haushalte.[607]

- Immobilienmärkte sind zyklische Märkte – Schwankungen der Preise von Wohn- und Bürogebäuden konnten in der Vergangenheit in vielen größeren Industrienationen der Welt festgestellt werden.[608] Die sogenannte Subprime-Krise, in deren Folge gewaltige Wertschwankungen – insbesondere auf angelsächsischen – Immobilienmärkten zu verzeichnen waren, kann insofern nur als das aktuelle Synonym, bzw. der jüngste Beweis, der Zyklizität der Immobilienmärkte und deren Auswirkungen auf die Realwirtschaft aufgefasst werden.[609]

Milleker (2004) betrachtet insofern Immobilienzyklen, bzw. Preiszyklen,[610] nicht als die Ausnahme, sondern als international gültige Regel, auch wenn die Immobilienzyklen internationaler Immobilienmärkte unterschiedlich stark ausgeprägt sind.[611]

---

605 Die Teilbarkeit einer Immobilie sieht nur das Wohnungseigentumsgesetz (WoEigG) gemäß § 8 vor.

606 Vgl. Wernecke (2004), S. 25.

607 Vgl. zu den Charakteristika von Immobilien und Immobilienmärkten, Schulte/Sturm/Wiffler (2008), S. 14 ff., und Bone-Winkel/Schulte/Focke (2008), S. 16 ff., sowie Ifo (2005), S. 27 f., und Wernecke (2004), S. 21 ff.

608 Vgl. bspw. Patel (2006), S. 32 f.

609 Vgl. für eine dezidierte Beschreibung der Ursachen und der Auswirkungen der Subprime-Krise, Budzinski/Michler (2010).

610 Milleker (2004), S. 27 spricht anstatt von Immobilienzyklen von Preiszyklen. Im Folgenden wird aber die Bezeichnung Immobilienzyklus beibehalten.

611 Vgl. Milleker (2004), S. 27.

Rottke (2008) demonstriert den Immobilienzyklus eindrucksvoll am Berliner Büroimmobilienmarkt, dessen Spitzenmieten in zentraler Lage von 1985 bis 1991 um 290 Prozent stiegen, von 1991 bis 1997 um 45 Prozent fielen, in den Jahren von 1997 bis 2001 wiederum um 15 Prozent anzogen und im Verlauf der Jahre 2001-2005 nochmals um 25 Prozent fielen.[612] Im Jahre 2009 betrug die Spitzenmiete in Berlin, nach Berechnungen der Gesellschaft für immobilienwirtschaftliche Forschung (gif), auf den qm bezogen, 20,1 EUR;[613] 16 Jahre früher, also 1993, belief sich die Spitzenmiete für Büromieten noch auf umgerechnet mehr als 33 EUR.[614] [615]

Die Auslöser und die Prozesse des Immobilienzyklus werden im folgenden Abschnitt gesondert betrachtet. Für ein grundlegendes Verständnis des „Phänomens" Immobilienzyklus muss allerdings ein bestimmter, auf den Standort und die Objektart bezogener Immobilienteilmarkt nochmals in seine vier Komponenten aufgeteilt werden. Zu diesen Komponenten zählen der Flächennutzungsmarkt (Leistungsmarkt), der Immobilieninvestmentmarkt (Anlagemarkt), der Neuprojektentwicklungsmarkt und exogen der Kapitalmarkt. Obschon auf diesen Teilmärkten unterschiedliche immobilienbezogene Güter- und Dienstleistungen gehandelt werden, reagieren sie interdependent. Daher basieren die folgenden Ausführungen auf komparativ-statischen Annahmen.[616]

6.2 Der Immobilienzyklus

Die RICS versteht unter dem Immobilienzyklus: „*Property cycles are recurrent but irregular fluctuations in the rate of all-property total return, which are also apparent in many other indicators of property activity, but with varying leads and lags against the*

612 Vgl. Rottke (2008), S. 172.

613 Vgl. gif (2010), S. 3.

614 Vgl. o.V. (1993), S. 128.

615 Die Spitzenmiete eines Teilmarktes ist nicht als repräsentativ für einen Gesamtmarkt anzusehen. So betrug die Durchschnittsmiete für Büroimmobilien im Jahre 2009 in Berlin, nach den Berechnungen der gif, 10,7 EUR/qm. Vgl. gif (2010) S. 3, und zur Entwicklung der Spitzen- und Durchschnittsmieten von 125 Städten im Laufe der Jahre 1992-2005, Bulwien (2008), S. 231 f.

616 Vereinfacht, als komparativ-statische Gleichgewichtsanalyse, werden die Wirkzusammenhänge auf den genannten Immobilienteilmärkten im Vier-Quadranten-Modell von DiPasquale/Wheaton (1992) dargestellt. Vgl. DiPasquale/Wheaton (1992), S. 181 ff., und zum Vier-Quadranten-Modell, S. 187, sowie Patel (2006) S. 36, und hierzu weiterführend Wernecke (2004), S. 74 ff.

all-property cycle."[617] Dieser Definition wird in dieser Arbeit gefolgt, weshalb sie auch Grundlage der weiteren Ausführungen ist.[618]

Allerdings existiert nicht ein bestimmter Immobilienzyklus, der diese Beschreibung für sich in Anspruch nehmen könnte. Immobilienmärkte unterliegen vielmehr einer Anzahl interdependenter zyklischer Einflüsse, die von Markt zu Markt (von Region zu Region und/oder Objekttyp) unterschiedlich verlaufen können und daher nicht unbedingt mit dem Marktgeschehen auf Makroebene identisch sein müssen.[619] Auch unterliegt die Zyklizität der Immobilienmärkte nicht feststehenden Determinanten. Vielmehr tritt – wie der Definition der RICS zu entnehmen ist – der Immobilienzyklus weder mit bestimmter mathematischer Regelmäßigkeit auf, noch ist zu erwarten, dass der Immobilienzyklus wiederkehrend, identisch in seiner Amplitude abläuft. Grundlegend ist nur die tendenzielle Systematik des Immobilienzyklus, der *„recurrent but irregular fluctiatons"*, in Bezug auf die Gesamtrenditen und insofern über die Preise von Immobilien, darstellt.[620]

Aufgeteilt wird der Immobilienzyklus in vier Phasen, die generell eine Persistenzcharakteristik aufweisen.[621] Zum *down-cycle* des Immobilienzyklus gehört die Phase der Marktbereinigung und der Marktstabilisierung; der *up-cycle* setzt sich aus den Phasen der Projektentwicklung und der Überbauung zusammen.[622] Innerhalb dieser Phasenschwünge existiert theoretisch eine Gleichgewichtssituation.[623] Schumpeter (1961)a versteht darunter eine Gleichgewichtsnähe im nicht mathematischen Sinne.[624]

---

617 RICS (1994), S. 9.

618 Obschon der Terminus „Immobilienzyklen" offenbar noch nicht abschließend geklärt und im unterschiedlichen Kontext verwendet wird, findet die Definition der RICS auf internationaler Ebene zunehmend Zuspruch. Vgl. Schulte/Holzmann (2006), S. 19 f. sowie hinsichtlich der Schwächen der Definition der RICS, Wernecke (2004), S. 49 f.

619 Schulte/Holzmann (2006), S. 19 f.

620 Vgl. für den komparativ-statischen Zusammenhang zwischen Miet- und dem Investmentmarkt anhand der Kapitalisierungsrate sowie dem Effekt einer plötzlichen Veränderung anhand des Modells von DiPasquale/Wheaton (1992), Patel (2006), S. 36 ff.

621 Vgl. Patel (2006), S. 40 f.

622 Vgl. Rottke/Wernecke (2002), S. 11-14.

623 Vgl. weiterführend zum schematischen Verlauf der Phasen des Immobilienzyklen Rottke/Wernecke (2002), S. 9-14, oder Wernecke (2004), S. 41, sowie Patel (2006), S. 41 f.

624 Vgl. Schumpeter (1961)a, S. 78.

Die Zyklizität der Immobilienmärkte kann insbesondere anhand der von Jones LangLaSalle quartalsmäßig veröffentlichten „Europäischen Immobilienuhr" nachvollzogen werden. Die Immobilienuhr stellt die Einschätzung von Jones LangLaSalle hinsichtlich der europäischen Mietpreis-Kreisläufe von Büroimmobilien dar. Hierbei setzt sich der *up-cycle* aus den Phasen des verlangsamten Mietpreiswachstums und dem beschleunigten Mietpreisrückgang zusammen; der *down-cycle* stellt den verlangsamten Mietpreisrückgang und das beschleunigte Mietpreiswachstum dar.[625]

6.3 Exogene Auslöser von Immobilienzyklen

Die zyklische Veränderung der Immobilienpreise wird durch vielfältige, exogene Faktoren ausgelöst, die nicht notwendigerweise ökonomischer Natur sein müssen und deren Veränderung zumeist nicht ex-ante vorausgesagt werden kann und die auch, bezogen auf die Immobilienart, unterschiedlich ist.[626] [627]

Als wesentlich an der Veränderung der Immobilienpreise beteiligt werden die nachfolgend aufgezählten exogenen Faktoren in der einschlägigen Literatur angesehen: die Reaktion darauf wird von den endogenen Variablen, die unter 7.3 beschrieben werden, bestimmt.[628]

- **Konjunkturelle Einflüsse**

Konjunkturelle Zyklen[629] wirken übergreifend auf Immobilienzyklen. So bewirkt c.p. ein steigendes Inlandsprodukt steigende Realeinkommen der Haushalte, wodurch sich,

---

[625] Vgl. für das dritte Quartal 2010, Jones Lang LaSalle (2010), S. 1.

[626] Vgl. Patel (2006), S. 40.

[627] Mit der Annahme, dass nicht nur monetäre Gründe die Auslöser für konjunkturelle Schwankungen sind, weist die Theorie der Immobilienzyklen Analogien zur Theorie der „Real Business Cycles" auf. Auch hier sind nicht nur monetäre, sondern realwirtschaftliche Veränderungen das Ergebnis der Zyklizität. Vgl. weiterführend Teichmann (1997), S. 23., und für einen Überblick über Konjunkturtheorien im Allgemeinen, ders., S. 4 ff.

[628] Allerdings existieren gegenwärtig vier grundlegende Erklärungsansätze für den Immobilienzyklus. Hierbei wird hinsichtlich der Dominanz endogener oder exogener Faktoren unterschieden oder der Auslöser des Immobilienzyklus aus Faktoren, die nicht ökonomischer Natur sind, begründet oder aber der Immobilienzyklus als mixtum compositum bzw. als Ergebnis des gleichrangingen Zusammenspiels der vorbezeichneten Erklärungsansätze, betrachtet. Vgl. Becker (2006), S. 54 ff.

[629] Teichmann (1997), S. 1 definiert: *„Die Schwankungen der Gesamtnachfrage – zusammengesetzt aus Konsum, Investition, Staatskäufen und Exportüberschuß (und damit des Auslastungsgrades des Produktionspotentials) – um eben diesen Wachstumspfad werden als Konjunkturzyklen bezeichnet."*

nach einer Phase der Konsumglättung, ein um die entsprechende Sparquote verminderter Mehrkonsum der Haushalte einstellt. Dieser Mehrkonsum bewirkt eine Veränderung der Nachfrage der Haushalte nach Wohnraum in qualitativer und quantitativer Hinsicht. Analog zu der konjunkturell bestimmten Nachfrage nach Wohnraum stellt sich, durch ein Anziehen der Konjunktur, c.p., auch eine steigende Nachfrage nach Büro-/Handelsflächen ein. Allgemein werden konjunkturelle Schwankungen als bedeutungsvollster Auslöser von Immobilienzyklen angesehen. Zweifellos allerdings muss der konjunkturelle Zyklus eine gewisse zeitliche Dauer und Intensität umfassen, um als Transmissionsvariable auf den Immobilienzyklus zu wirken.[630]

- **Kreditvergabe der Banken**

Die Kreditvergabe der Banken erfolgt überwiegend prozyklisch. Nach längeren Zeiten des Aufschwungs werden bzw. wurden – durch die geringe Kreditausfallrate und der Unterstellung explorativer Erwartungen[631] seitens der Kreditinstitute – fast allen Finanzierungsanfragen stattgegeben, wobei in Boomphasen auch vielfach eine vollständige Fremdfinanzierung der Immobilienkäufe erfolgte. Mit dem Rückgang positiver Marktentwicklungen, der Marktbereinigung, und einem dementsprechenden Kreditausfall reduzieren die Banken gemeinhin die Neuvergabe von Krediten.[632] [633] So bedeuteten in der Vergangenheit häufig Abschwünge auf den Immobilienmärkten eine erhebliche Verminderung der Kreditvergabe der Banken. Auch stellten Abschwünge an Immobilienmärkten vielfach Vorläufer einer Finanzkrise dar.[634]

---

630 Vgl. Rottke/Wernecke (2002), S. 9-11, Wernecke (2004), S. 81 ff., Moll-Amrein (2009), S. 47 f.

631 Über den Begriff der Erwartung führt Wittmann (1959), S. 32 aus: *„Im allgemeinen bezeichnet man als Erwartungen Urteile über die zukünftige Situation oder eine bevorstehende Entwicklung, denen eine mehr oder minder große Überzeugungskraft zukommt. Es handelt sich bei diesen Urteilen um Vorausschätzungen, durch zukunftsgerichtete Überlegungen vorgenommene Festlegungen von Größen, Vorstellungen dessen, von dem man annimmt oder glaubt annehmen zu können, daß es eintreffen wird."*

632 Vgl. Rottke/Wernecke (2002), S. 9-11, Wernecke (2004), S. 83 f.

633 Vgl. hierzu und hinsichtlich einer Zeitreihe des Anteils von Wohnungsbaukrediten und Krediten von für gewerbliche Immobilien an Gesamtkrediten Deutsche Bundesbank (2011) http://www.bundesbank.de/statistik/statistik_iwf_fsierlaeuterungen.php

634 Vgl. Deutsche Bundesbank (2011). http://www.bundesbank.de/statistik/statistik_iwf_fsierlaeuterungen.php

- **Kapitalmarktzinssatz**

Bei gleichbleibenden Einzahlungsüberschüssen (Mietreinerträgen) fällt – bei steigenden Kapitalmarktzinsen –,c.p., der Barwert bzw. Ertragswert (der *fair value*) einer Immobilie und vice versa.[635] Daran in umgekehrter Folge gekoppelt, die Kapital-nutzungskosten in Form des Mietzinses.

Dieser Zusammenhang löst c.p. bei fallenden (steigenden) Zinsen ein Ansteigen (Rückgang) der Bautätigkeit aus. So lässt sich aus Beobachtungen entnehmen, dass tendenziell die Höhe der durchschnittlichen Spitzenmieten von Büroimmobilienmärkten mit dem Basiszinssatz der EZB schwankt: allerdings mit einem Nachlauf von etwa einem Jahr.[636] Die Immobilienmärkte reagierten hinsichtlich der hohen Fremdkapitalquoten, derer Immobilieninvestments gemeinhin bedürfen, besonderes zinssensitiv. Lange Niedrigzinsperioden führen daher zur steigenden Nachfrage nach Immobilien und bedingen ein zeitversetztes Anziehen der Immobilienpreise.[637]

- **Demografische Faktoren/Struktureller Wandel**

Mit demografischen Veränderungen gehen, c.p., Veränderungen der Nachfrage nach Immobilien einher. Dieser exogene Einfluss ist allerdings vergleichsweise lange vorhersehbar, da sich die Entwicklung der Bevölkerung, aufgrund der Geburtenzahlen, langfristig bestimmen lässt. Die gegenwärtige Geburtenrate wird erst in ca. 20 Jahren auf den Immobilienmärkten nachfragewirksame Auswirkungen haben.[638]

Für den strukturellen Wandel gilt das zumeist ebenso. Hier sind Tendenzen (bspw. Zunahme der Singlehaushalte, Stadt-/Landflucht, Veränderung in der Bedeutung von Regionen oder Städten, neue technologische Entwicklungen, ökologische Bewusstseinsänderungen, Tertiärisierung, Globalisierungsprozesse usw.) langfristig beobachtbar. Ausgenommen sind strukturelle Änderungen, denen der Immobilienmarkt unvorberei-

[635] Vgl. zur Wahl des marktgerechten Diskontierungszinssatzes bei DCF-Verfahren, Kapitel 5.4.2.2.2.
[636] Vgl. Rottke/Wernecke (2002) S. 9-11, Wernecke (2004), S. 85 f.
[637] Vgl. Milleker (2004), S. 26 f.
[638] Vgl. zu einer Darstellung der demographischen Entwicklung und deren Auswirkungen auf die Immobilienwirtschaft weiterführend, Maennig/Mayer (2008), S. 319 ff.

tet begegnet und die insofern Schockwirkungen auslösen können. So bspw. politische Umbrüche, wie die deutsche Wiedervereinigung.[639]

- **(Steuer) Politische Faktoren**

Steuerpolitische Änderungen, in Bezug auf Immobilien, wirken sich auf das Investitionsverhalten der Anleger aus. Steuerliche Anreize, die ein Immobilieninvestment auslösen, können sich verändern, sich zeitlich verschieben oder aufgegeben werden. So bspw. aufgrund der Verlängerung der Spekulationsfrist für Immobilien von 2 auf 10 Jahre im Jahre 1999; oder die Abschaffung der Eigenheimzulage in 2004.

Politische Erwägungen oder Gesetzgebungen, die Immobilen bezogene Regulierungen oder Deregulierungen beinhalten, können aber ebenso die Immobilienmärkte beeinflussen und entsprechende Veränderung hervorrufen. Darunter die Beschränkung des Ausweises von neuen Baugrundstücken oder die Beschränkung von Bauvorhaben durch Bauauflagen[640] oder – gegensätzlich dazu – expansive, staatliche Maßnahmen, um in Phasen des Immobilienbooms der Knappheit, welche vornehmlich bei Wohnraum auftritt, entgegenzuwirken.

Einfluss auf das Geschehen auf Immobilienmärkten kann von hoheitlicher Seite durch den Verkauf von hoheitlichen bzw. öffentlichen Liegenschaften (auf dem Anlagemarkt) oder durch das Auftreten als Nachfrager (auf dem Flächenmarkt) ausgeübt werden. Überwiegend erfolgen die staatlichen Einflüsse auf das Gesehen der Immobilienmärkte – gleichsam zur Kreditvergabeverhalten der Banken – prozyklisch.[641]

Unter der Maßgabe vollkommener Märkte würden die angeführten Veränderungen exogener Faktoren sofort zum ökonomischen Ausgleich auf den Immobilienmärkten führen und entsprechend antizipiert, also „eingepreist" werden. Angesichts der hohen Markttransaktionskosten, die aus den beschriebenen Charakteristika von Immobilien resultieren, sind die marktlichen Gleichgewichtsbestrebungen jedoch nur zeitversetzt erkennbar.

---

[639] Vgl. Rottke/Wernecke (2002) S. 9-11, sowie Wernecke (2004), S. 91 ff., Rottke (2008), S. 178.
[640] Vgl. Patel (2006), S. 36.
[641] Vgl. Wernecke (2004), S. 87 ff.

Freilich ist dieses zeitversetzte Reaktionsverhalten nicht auf allen Immobilienteilmärkten identisch, sondern variiert hinsichtlich räumlicher und sachlicher Kriterien, weshalb auch Schulte/Holzmann (2006) darauf verweisen, dass „der“ Immobilienzyklus nicht existiere.[642] Auch haben sich die Reaktionszeiten auf den Immobilienmärkten offenbar verkürzt. Indes wird auf dem Büroentwicklungsmarkt von zeitlichen Verzögerungen von einem bis zu vier Jahren ausgegangen.[643]

6.4 Endogene mikroökonomische Anpassungsprozesse auf Immobilienmärkten

Immobilienmarktreaktionen unterliegen somit, markttransaktionskostenbedingt besonderen Timelags, die gemeinhin in drei Arten unterteilt werden können, und zwar in den Preismechanismus-Lag, den Entscheidungs-Lag und den Konstruktions-Lag.[644] Sie bestimmen die Dauer der Verzögerung der ökonomischen Gleichgewichtsanpassungsprozesse auf Immobilienmärkten.

Der Preismechanismus-Lag umfasst die zeitliche Dauer, bis Änderungen in Angebot und Nachfrage Auswirkungen auf das Preisniveau auf Immobilienmärkten haben. Als Entscheidungs-Lag wird die zeitliche Dauer, von der Feststellung der Preisänderung bis zur Entscheidungsfindung hinsichtlich einer Anmietung oder Kündigung von Mietverhältnissen, einem Immobilieninvestment oder Immobiliendesinvestment der Immobilienmarktakteure, bezeichnet.

Der Konstruktions-Lag indes steht für die zeitliche Dauer, die vergeht, bis die registrierte Nachfrageveränderung in Neubauprojekten oder Umbauten/-widmungen von Immobilien mündet.

Erklärt wird der Preismechanismus-Lag in der Phase des Aufschwungs vor allem damit, dass zunächst ein Abbau des Leerstandes erfolgt. Erst wenn der markttypische Leerstand erreicht ist, beginnt der Marktausgleich über die Veränderung der Mietpreise. Ebenso bewirken Preisrigiditäten im Aufschwung des Immobilienzyklus einen Preisme-

---

642 Vgl. Schulte/Holzmann (2006), S. 19 f.

643 Vgl. Wernecke (2004), S. 99.

644 Vgl. hinsichtlich der Einteilung der Timelags, Rottke/Wernecke (2006), S. 79.

chanismus-Lag. So verhindert teilweise das Fehlen entsprechender Vertragsmodalitäten in Mietverträgen die Anpassung an einen marktgerechten Mietpreis, was direkt die Bewertung der einzelnen Immobilie berührt und indirekt auf den Immobilienteilmarkt Auswirkungen haben kann. Analog zur Aufschwungsphase existiert der Preismechanismus-Lag auch im Abschwung des Immobilienzyklus. Hier erzeugt der Nachfragerückgang vielfach eine Preisrigidität nach unten, weil Vermieter teilweise eine gewisse Leerstandsrate einer Vollvermietung vorziehen, da hieraus ein geringerer Mietertragsausfall resultieren kann, als er sich durch die Anpassung der Mietpreise an das aktuelle Marktgeschehen für die Vermieter ergeben würde. Insofern zeigen sich Nachfragerückgänge im Mietpreis mitunter erst dann, wenn diese Informationsasymmetrie abgebaut wird.

Der Entscheidungs-Lag auf Immobilienmärkten entsteht, wenn die Änderung der Marktstrukturen des Immobilienmarktes zwar bekannt sind, die Immobilienmarktakteure allerdings darauf noch nicht reagiert haben, da sich dahingehende Entscheidungsprozesse verzögern. So bspw. unternehmensintern durch die zeitliche Dauer der Entscheidungsabläufe im Unternehmen und/oder durch die zeitliche Dauer, die öffentliche Genehmigungsverfahren in Anspruch nehmen.

Direkt an den Entscheidungs-Lag knüpft der Konstruktions-Lag an. Eine Reaktion auf die veränderte Nachfragesituation auf den Immobilienmärkten kann der Neubaumarkt, nur um die Konstruktionsdauer der Immobilien verlängert, nachkommen. Angesichts dieser langen zeitlichen Dauer können Immobilienmärkte zum Überhitzen neigen, was sich in entsprechenden Preisverwerfungen zeigt. Verlängert werden diese Preisverwerfungen nochmals, wenn Investoren Neubauprojekte an die überzogenen Erwartungen koppeln, was wiederum ein Preismechanismus-Lag erzeugen kann.[645] Hierdurch werden Erwartungen extrapoliert, was nochmals eine zeitliche Verzögerung – also ein Timelag – bedingen kann.

[645] Vgl. für die drei Arten der Timelags auf Immobilienmärkten, Rottke/Wernecke (2002) S. 6-8, sowie Wernecke (2004), S. 96 ff., auch Rottke/Werncke (2006), S. 79 f., sowie Rottke (2008), S. 177 f. Eine ähnliche Einteilung der Timelags – wie Rottke/Wernecke (2002) sie vornehmen – findet sich auch bei Becker (2006), S. 52, jedoch unterteilt er nur in zwei Timelag-Gruppen: den Entscheidungs-Lag erwähnt er nicht.

Becker (2006) unterstellt daher, dass die endogenen Anpassungsprozesse eine fortwährende Zyklizität der Immobilienmärkte hervorrufen, ohne dass es weiterer exogener Beeinflussungen bedarf.[646] Thalmann (2010) geht allerdings von einem generellen Zusammenhang zwischen dem Konjukturzyklus und dem Immobilienzyklus aus, der nur bei „naiven" Erwartungen der Immobilienmarktakteure – also bei Erwartungen, die nicht die fundamentalen Wirtschaftsdaten im Einklang stehen – unabhängig bzw. losgelöst vom Konjunkturzyklus verläuft.[647]

Nachfolgende Abbildung veranschaulicht die Timelags auf Immobilienmärkten:

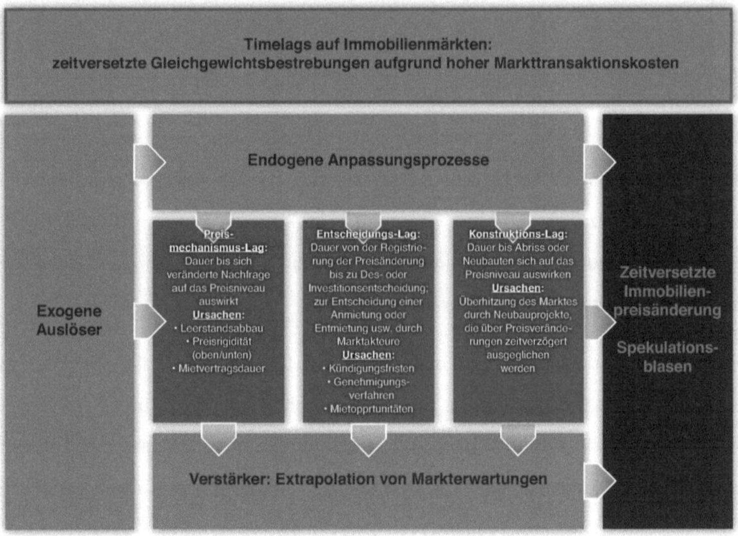

Abbildung 8: Timelags auf Immobilienmärkten

Quelle: Eigene Darstellung – Die Einteilung der Timelags auf Immobilienmärkten und der dazugehörenden Ursachen wurde von Rottke/Wernecke (2002), S. 6-8 übernommen.

646 Vgl. exemplarisch für den Verlauf und die Variablen des endogenen Anpassungsprozess vor dem Hintergrund von Timelags weiterführend, Becker (2006), S. 56 ff.

647 Vgl. Thalmann (2010), S. 7.

6.5 Preisreaktionen auf Immobilienmärkten

Die hohen Markttransaktionskosten bewirken – wie gezeigt – zeitversetzte Ausgleichsbewegungen[648] auf den Immobilienmärkten. Vielfach werden diese „langsamen" und dem Marktgeschehen nachläufigen Preisbildungsprozesse durch explorative Erwartungen der Immobilienmarktakteure zusätzlich verfälscht. So gehen explorative Erwartungen z.B. vom Anhalten des aktuellen Nachfrage und Wachstumsverhaltens aus, weshalb sie auch ein Weiterbestehen des gegenwärtigen – negativen oder positiven – Trends prognostizieren. Hierdurch entfernt sich der Preis einer Immobilie von den fundamentalen Wirtschaftsdaten und baut insofern nicht auf nachhaltigen gesamtwirtschaftlichen Indikatoren auf.

Thalmann (2010) erklärt die Extrapolation von Trends auf Immobilienmärkten aus dem Auseinandertriften von „rationalen"[649] und „naiven" Erwartungen der Immobilienmarktakteure hinsichtlich der Prognose und Analyse des Immobilienzyklus. Rationale Erwartungen und damit rationale Prognosen spiegeln die Entwicklung der wirtschaftlichen Rahmenbedingungen, hinsichtlich demographischer Faktoren, Zins- und Einkommensentwicklungen, in den Investitionsentscheidungen und Preisen auf den Immobilienmärkten wider. Extrapolation der Trends durch „naive" Erwartungen hingegen, lassen Spekulationsblasen entstehen, weil die Immobilienmarktakteure davon ausgehen, vom vermeintlich anhaltenden *up-cycle* noch partizipieren zu können, indem sie Spekulationsgewinne realisieren.[650] Die „naiven" Erwartungen bedingen insofern die Extreme des Immobilienzyklusses und damit die Extrapolation von Trends. Thalmann weist allerdings explizit darauf hin, dass zwischen diesen beiden Formen der Erwartungen nicht unterschieden werden kann.[651] [652]

648 Schumpeter (1961)a, S. 61 spricht von dem Vorhandensein einer Gleichgewichtstendenz.

649 Mit rationalen Erwartungen sind keine Erwartungen gemeint, wie sie dem *homo oeconomicus* vorliegen. Thalmann (2010), S. 6 versteht unter rationalen Erwartungen eine Orientierung der Investoren *„...an den bestmöglichen Prognosen, die auf den verfügbaren Daten und wirtschaftlichen Zusammenhängen beruhen."*

650 Vgl. Thalmann (2010), S. 6 f.

651 Thalmann (2010), S. 7 konstatiert, dass daher im Allgemeinen davon ausgegangen werden kann, dass der Immobilienzyklus unter rationalen Erwartungen beginne und unter naiven Erwartungen zu den Extremen getrieben werde.

Wird die Diskrepanz zwischen den naiven bzw. explorativen und den rationalen Erwartungen durch den Abbau von Informationsasymmetrien offenbar, so sind als Marktreaktion umso intensivere, weil zeitversetzte, Preiskorrekturen bzw. Preisausschläge auf den Immobilienmärkten, durch das Platzen der Spekulationsblase, als dessen Konsequenz erwartbar.[653] Diese übertriebenen Reaktionen können wiederum naive, in diesem Falle übertrieben negative, Erwartungen, die zur Extrapolation führen, nach sich ziehen. Die hohen Markttransaktionskosten bewirken insofern nicht nur eine durch Timelags bedingte Nachläufigkeit der Preisbildung zum Marktgeschehen, sondern begünstigen zudem das Entstehen von Spekulationsblasen, mit den damit verbunden allgemeinwirtschaftlichen Dysfunktionen.

Rottke/Wernecke (2002) sehen, angesichts der aufgezeigte Prozesse, in den zyklischen Zeitreihen des Immobilienzyklus eine Analogie zu dem von Jan Tinbergen beschrieben Zyklen des Schiffsbaus. Tinbergens Schiffsbauzyklus weise, ebenso wie der Immobilienzyklus, durch Timelags verzögerte Anpassungsprozesse auf. Beide Güter seien Investitionsgüter und hinsichtlich ihrer Lebensdauer vergleichbar.[654]

Allerdings wird, durch die offensichtliche national und international zunehmende Transparenz auf Immobilienmärkten, wodurch ein Abbau der Markttransaktionskosten erfolgt, eine immer bessere, weil verlässlichere, Marktlagenantizipation möglich, wodurch in Zukunft ein Abnehmen der Ausschläge sowie der Dauer des Immobilienzyklus erwartbar sein wird. Die zukünftige Prognosefähigkeit von exogenen Einflüssen und

---

652 Als *„...dem Irrtum nahe verwandter Deus ex machina"* ist für Schumpeter (1961)a die Antizipation. So führt er in diesem Zusammenhang aus: *"Wenn wir nicht wissen, weshalb die Menschen erwarten, was sie erwarten, ist jeder Beweisgang wertlos, der sich auf sie als causae efficientes beruft. (...) Wenn wir aber unabhängig davon verstehen, wie die Lagen zustande kommen, in denen z.B. Marktlagengewinne, steigende Preise usw. Wellen des Optimismus hervorrufen, dürfen wir von dieser Tatsache Gebrauch machen, daß dieser Optimismus sich selbst fortpflanzt und so kristallisiert, daß er seinerseits ein Element des Mechanismus der zyklischen Ereignisse und die „Ursache" sekundärer Phänomene wird."* Schumpeter (1961)a, S. 149 f. (Hervorh. Im Original).

653 Vgl. Rottke (2006), S. 445.

654 Deshalb entspricht der Immobilienzyklus auch eher dem Schiffsbauzyklus, denn dem bekannten Schweinezyklus, dessen Timelag die Dauer, von der Ferkelerzeugung bis zur Schlachtfähigkeit der Schweine, umfasse, was regelmäßig eine versetzte Reaktion des Angebots von Schweinefleisch auf den Marktpreis bedingt. Vgl. Rottke/Wernecke (2002), S. 3-6, und zur Wirkweise des Schiffsbauzyklus als auch zum Schweinezyklus, kritisch und ergänzend, Schumpeter (1961)b, S. 541.

Schocks selbst, sowie ihrer Auswirkungen auf die Zyklizität der Immobilienmärkte ist freilich nicht anzunehmen.[655]

Born/Phyrr (1994), S. 476 stellen den idealtypischen Verlauf der Angebots- und Nachfragefunktion auf Immobilienmärkten graphisch wie folgt dar. Hierbei entsprechen die Punkte A und B – abhängig vom *up-* bzw. *downcycle* des Immobilienzyklus – dem Marktgleichgewicht.[656] Die grau unterlegten Flächen (1 und 2) symbolisieren einen Nachfrage-, die schraffierten Flächen einen Angebotsüberhang. Explorative Erwartungen – aufgrund mangelnder Antizipationsfähigkeit einer veränderten Marktlage durch die Immobilienmarktakteure – ergeben sich, durch die gedankliche Verlängerung der Markttrends über den Gipfel bzw. unter die Talsohle der Angebots- bzw. Nachfragefunktion hinaus.

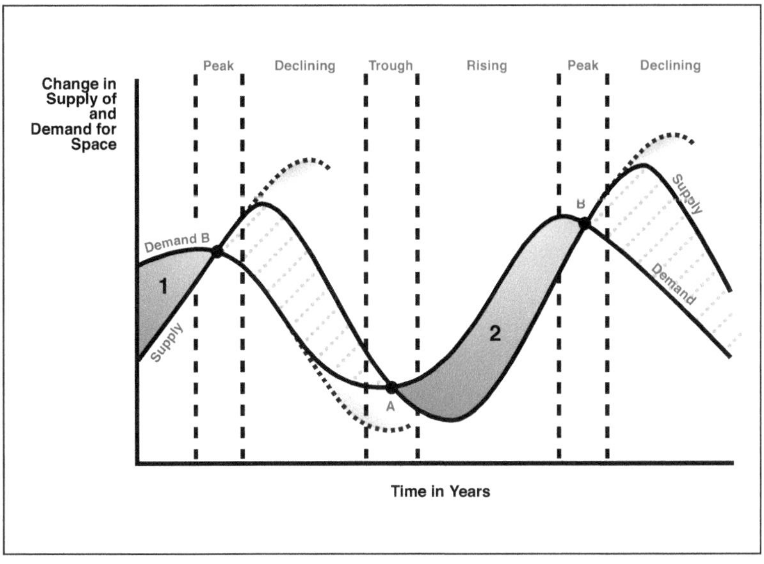

Abbildung 9: Idealtypischer Verlauf von Markterwartungen auf Immobilienmärkten
Quelle: In Anlehnung an Born/Phyrr (1994), S. 476.[657]

655 Vgl. hierzu weiterführend Rottke (2006), S. 444 f.

656 Vgl. Born/Phyrr (1994), S. 456.

657 Die Verlängerungen der Angebots- bzw. Nachfragefunktion sind nachträglich vom Verfasser in die Grafik von Born/Phyrr (1994) eingefügt worden. Eine ähnliche Grafik – hier im Zusammenhang mit Büroimmobilienmärkten – findet sich bei Rottke/Wernecke (2002), S. 6-8.

6.6 Markttransaktionskosten, Immobilienzyklen und die Entscheidungsrelevanz des *fair value* von Investment Properties: Ein Resümee

Im neoklassischen Modell reflektieren Preise die absolute Knappheit von Gütern und Dienstleistungen. Wie gezeigt, schränkt jedoch die Annahme von positiven Markttransaktionskosten die Fähigkeit zur Knappheitsanzeige von Preisen ein. So können Preise, im Falle positiver Markttransaktionskosten, nur noch bedingt die Knappheit von Gütern und Dienstleistungen ausweisen; ein Faktum, das reale Märkte permanent ungleichgewichtig hält und ein generelles Verfehlen der *Pareto-Effizienz* bedingt.

Dafür ursächlich ist das von Williamson in seinem „The Organizational Failures Framework" beschriebene Zusammenspiel von Environmental und Human Factors, welches insbesondere Immobilienmärkte sehr markttransaktionskostenintensiv macht. Markttransaktionskosten können daher als Grund, sowie als beherrschende Determinante ihres mikroökonomischen Reaktionsverhaltens von Immobilienmärkten und, damit eng in Verbindung stehend, als ursächlich für die schwierige Antizipation der auf diesen Märkten vorherrschenden Markterwartungen verstanden werden. Gleichbedeutend mit der Existenz hoher Markttransaktionskosten auf Immobilienmärkten ist freilich die nur sehr beschränkte Fähigkeit von Immobilienpreisen, als Knappheitsanzeige zu fungieren.

Die sich aus diesen Problemen ergebenden Unwägbarkeiten hinsichtlich der Entscheidungsrelevanz des *fair value* von Investment Properties sind unter dem Synonym des *trade-offs* bereits grundlegend diskutiert worden. Danach ist die Entscheidungsrelevanz des *fair value* nur dann als sichergestellt anzunehmen, wenn die Verlässlichkeit desselben weitgehend, d.h. möglichst intersubjektiv, überprüfbar ist. Inwiefern aus den hohen Markttransaktionskosten mikroökonomische Besonderheiten der Immobilienmärkte erwachsen, die das Problem des *trade-off* des *fair value* von Investment Properties verschärfen, war – von der grundlegenden Diskussion um den *trade-off* ausgehend – Gegenstand der vorangegangen Ausführungen.

Dabei hat sich ergeben, dass Preisbildungsprozesse auf Immobilienmärkten, angesichts der hohen Markttransaktionskosten – die vor allem aus der Spezifität von Immobilien resultieren – verschiedenartig bedingte Timelags aufweisen. Diese lassen Immobilienpreisänderungen nur zeitversetzt offenbar werden und begünstigen zudem Trendextrapolationen. Beides wiederum Faktoren, die „Immobilienblasen" hervorrufen und Preisbildungsprozesse auf Immobilienmärkten einer Zyklizität unterwerfen.

Inwiefern deutsche Immobilienmärkte einer Zyklizität unterliegen können, lässt sich aus den nachfolgenden, retrospektiven Grafiken über die Entwicklung der Spitzenmieten und Spitzenrenditen am Büroimmobilienmarkt im Raum Frankfurt am Main[658] exemplarisch entnehmen. Das erste Schaubild stellt die Entwicklung der Spitzenrenditen, das zweite Schaubild die der Spitzenmieten dar. Beides jeweils über den Verlauf von zehn Jahren.

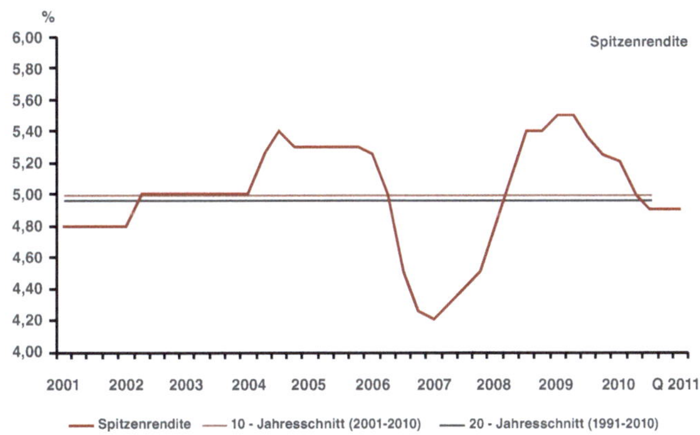

Abbildung 10: Entwicklung der Spitzenrendite für Büroimmobilien in Frankfurt am Main
Quelle: Jones Lang LaSalle (2011)[659]

---

658 Dieser umfasst Frankfurt, Eschborn und Offenbach-Kaiserlei.
659 Jones Lang LaSalle (2011): http://www.joneslanglasalle.de/Germany/DE-DE/Pages/Research_OfficeMarketProfiles.aspx.

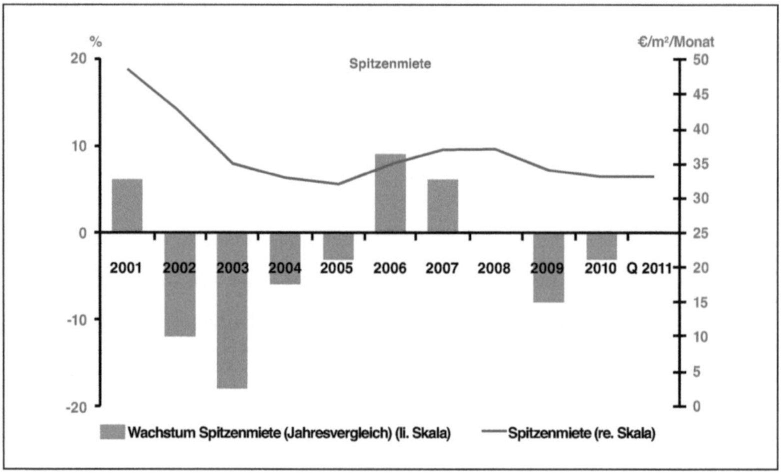

Abbildung 11: Entwicklung der Spitzenmiete für Büroimmobilien in Frankfurt am Main
Quelle: Jones Lang LaSalle (2011)[660]

Den sich aus den Entwicklungen der Spitzenrendite und Spitzenmiete ergebenden idealtypischen Verlauf eines Immobilienpreises über den Zeitraum von zehn Jahren lässt sich der folgenden Grafik ersehen.[661]

660 Jones Lang LaSalle (2011): http://www.joneslanglasalle.de/Germany/DE-DE/Pages/Research OfficeMarketProfiles.aspx.

661 Die Berechnung der Immobilienpreise erfolgte im Zuge der einperiodigen *direct capitalisation*. Sie stützt sich auf eine einfache, idealtypische Annahme einer 550 qm großen Büroimmobilie in Frankfurt am Main, die jeweils zum 4. Quartal des entsprechenden Jahres zu marktgerechten Konditionen (Spitzenmiete), vollvermietet, war. Ausgenommen ist jedoch das Jahr 2011. Der Berechnung liegt hier das 3. Quartal zugrunde. Vgl. zur *direct capitalisation* weiterführend, Kapitel 5.4.2.1

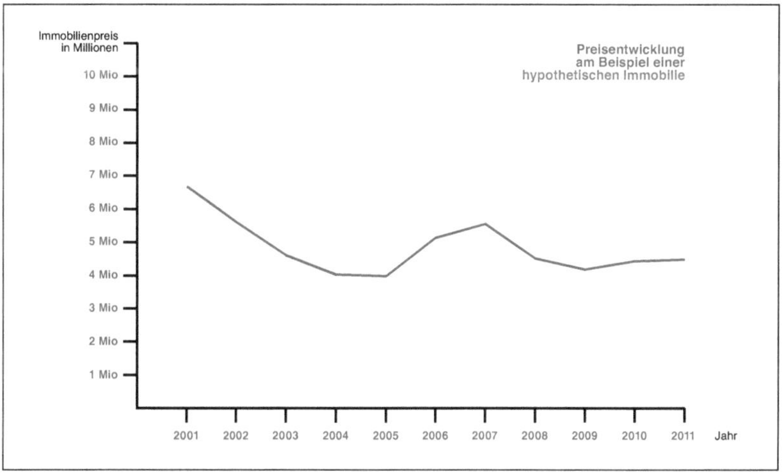

Abbildung 12: Preisentwicklung einer idealtypischen Büroimmobilie in Frankfurt am Main
Quelle: Eigene Darstellung – Daten: Jones Lang LaSalle (2011)[662]

Exemplarisch steht die Grafik auch für die bilanziellen Auswirkungen, die durch zyklisch bedingte Wertschwankungen des *fair value* von Investment Properties hervorgerufen werden können. So kann die Gewichtigkeit der Wertschwankungen von Investment Properties Volatilitäten – insbesondere hinsichtlich ihrer Auswirkungen auf die Eigenkapitalhöhe – in die IFRS-Bilanzen tragen, aus denen weitere entsprechende wirtschaftliche Probleme des bilanzierenden Unternehmens resultieren können.

Für die Entscheidungsrelevanz des *fair value* von Investment Properties selbst ist es allerdings unerheblich, ob die auf den Immobilienmärkten vorherrschenden Markterwartungen zum Bewertungszeitpunkt (Bilanzstichtag) über- oder untertrieben sind.

Dieses, von der Art der Markterwartungen und Zyklizität unabhängige, Ziel des *fair value* wird vom Problem des *trade-offs* konterkariert. So kann die eigentliche Absicht des *fair value* von Investment Properties nur dann erfüllt werden, wenn er die am Bilanzstichtag vorherrschenden Markterwartungen auf den Immobilienmärkten „relativ"

662 Jones Lang LaSalle (2011) http://www.joneslanglasalle.de/Germany/DE-DE/Pages/Research_OfficeMarketProfiles.aspx.und Jones Lang LaSalle 2011 Daten per E-Mail.

verlässlich – also möglichst exakt – reflektiert. Wie gezeigt, kann eine reziproke Beziehung zwischen der Höhe der Markttransaktionskosten und der Fähigkeit des *fair value*, vorherrschende Markterwartungen auf Immobilienmärkten antizipieren zu können, unterstellt werden.

In den vorgegangen Ausführungen zu den Preisbildungsprozessen an Immobilienmärkten sind Ursachen und Wirkungen des *trade-offs* des *fair value* von Investment Properties verdeutlicht worden. Danach sind Timelags und Extrapolationen als besondere Spielarten des allgemeinen Verlässlichkeitsproblems zu begreifen und insofern dem *trade-off* des *fair value* von Investment Properties regelmäßig als immanent anzusehen. Wie die Markttransaktionskosten auch, müssen sich der *trade-off* und seine speziellen Eigenheiten in Form der Timelags und Extrapolationen naturgemäß einer hinreichenden Quantifizierung entziehen. Ein Umstand, der auch eine aussagefähige empirische Erfassung und Darstellung des für die Frage der Entscheidungsrelevanz notwendigen Kriteriums grundsätzlich sehr schwierig macht.

Bezeichnend für die bilanzielle Legitimation des *fair value model* und des *cost model* sind aber letztlich die Annahmen der Standartsetter bzw. der Gesetzgeber über die Existenz und das Ausmaß des *trade-off*. So liegt dem *fair value model* die positive Annahme der Standartsetter zugrunde, den *trade-off* soweit überwinden zu können, dass sich die Institutionalisierung des *fair value model* auch legitimieren lässt. Demgegenüber unterstellt das *cost model* gegenteiliges und speist seine institutionelle Rechtfertigung eben daraus, dass eine weitgehende Überwindung des *trade-offs* nicht möglich ist. Sicherlich ist diese Annahme auch als das Ergebnis historischer Erfahrungen zu betrachten.

Die Markttansaktionskosten können deshalb ebenso als Schlüssel zur Legitimation des *fair value model* wie des *cost model*, sowie als Ursache des – in der deutschen Geschichte mehrmals zu verzeichnenden – Wandels zwischen diesen Alternativen verstanden werden.

Bedeutend erscheint somit die Frage, wie Markttransaktionskosten abgebaut werden können, um den *trade-off* weiter zu schließen, damit das *fair value model* eine uneingeschränktere institutionelle Legitimation besitzt. Die von Williamson im „Organizational Failures Framework“ aufgezählten, Markttransaktionskosten verursachenden Faktoren bieten Anhaltspunkte dafür.

Hinsichtlich des *fair value* von Investment Properties erscheint dabei vor allem der Faktor der Spezifität (von Immobilien) essentiell, da dieser wesentlichen zum *trade-off* beiträgt.

„Heruntergebrochen“ auf die Ebene des bilanzierenden Unternehmens, ist als Lösungsansatz eine auf die Spezifitäten der zu bilanzierenden Immobilien bezogene Bildung von Kriterien sicherlich hilfreich. Darauf aufbauend kann eine dementsprechende Indexierung erfolgen, die dann Grundlage der anzuwendenden Bewertungsverfahren ist.

Wünschenswert wäre aber vor allem auch eine zeitnahe Sammlung und Veröffentlichung von Transaktionsinformationen unter wesentlich weiterführenden Angaben zu den Spezifitäten der Immobilien. Hier sind vor allem die Gutachterausschüsse und immobilienwirtschaftliche Forschungsverbände gefordert. Die Sammlung und Veröffentlichung von Transaktionsinformationen wird zur Senkung der Markttransaktionskosten beitragen und eine Verringerung des *trade-off* bewirken. Sinnvoll wäre hierbei zweifellos eine weitreichende Nutzung moderner Informationstechnologien.

Diese Maßnahmen tragen nicht nur zur übergreifenden Akzeptanz der Gutachterausschüsse und immobilienwirtschaftliche Forschungsverbände selbst bei, sondern erhöhen auch die Legitimation des *fair value* von Investment Properties, da sie wesentlich zu seiner Entscheidungsrelevanz beitragen können.

7 Zusammenfassung und Ausblick

Im Zuge der Anerkennung der IFRS durch die EU, kehrte 2005 – getragen von der Intention der Vermittlung entscheidungsrelevanter Informationen an Investoren – mit dem *fair value* die Zeitwertbilanzierung in die deutsche Bilanzierungspraktik zurück. Definitionsgemäß genügt der *fair value* der ihm zugedachten Intention auch, wenn die durch ihn vermittelte Information einen *predictive* oder *feedback value* besitzen. Erst dann besitzt der *fair value* grundsätzlich die Eigenschaft, dem Investor als Prognose bzw. Prognosebestätigung oder als Performancemaßstab zu fungieren, aus der er die aus seinem Investment zu erwartenden *cash-flows* am Unternehmen ableiten kann. Angesichts der Abwesenheit vollkommener Märkte existiert jedoch grundsätzlich ein *trade-off* zwischen Relevanz und Verlässlichkeit des *fair value*. Das macht den *fair value* zu einem hypothetischen Marktwertsurrogat, da es seine intersubjektive Überprüfbarkeit verhindert und somit Zweifel an seiner Entscheidungsrelevanz nährt.

Ursächlich für die Unverlässlichkeit und damit für den *trade-off* des *fair value* sind die auf realen Märkten existierenden Markttransaktionskosten. Diese ergeben sich nach Oliver E. Williamsons „The Organizational Failures Framework" aus dem Zusammenspiel von Umweltfaktoren und Verhaltensannahmen. Das Zusammenspiel dieser Faktoren ist Markttransaktionskosten bestimmend und bedingt die eingeschränkte Verlässlichkeit des *fair value*. Hierdurch lässt sich auch von einer negativen Korrelation zwischen der Höhe der Markttransaktionskosten und der „relativen" Verlässlichkeit des *fair value* ausgehen.

Durch die theoretische Verortung des *fair value* als Marktwert, adaptiert der *fair value* das Marktversagen desjenigen Marktes, auf dem der zu bilanzierende Vermögenswert oder die Schuld auch gehandelt wird, weshalb – institutionenökonomisch betrachtet – die IFRS auch als Kapitalmarktintermediär aufzufassen sind. So obliegt es, um dieser Funktion zu genügen, der Institution *fair value* hypothetisch, die eigentlichste Marktaufgabe selbst zu übernehmen: die der Preissetzung. Das ist besonders beim *fair value* von Investment Properties problembehaftet, da Immobilienmärkte, angesichts der ökonomischen Charakteristika von Immobilien, sehr markttransaktionskostenintensiv sind.

Vor dem Hintergrund der hohen Markttransaktionskosten hat die Ermittlung des *fair value* auch mit Hilfe einer dreistufigen *fair value*-Hierarchie zu erfolgen. Deren Ausgangspunkt ist das in IAS 40.36 definierte neoklassische Ideal des *fair value* – der Gleichgewichtspreis auf vollkommenen Märkten. Stufe zwei (IAS 40.45) sieht die Ermittlung durch direkten Preisvergleich vor; Stufe drei (IAS 40.46) erlaubt die Anwendung mittelbarer Vergleichswertverfahren sowie die Simulation des *fair value* durch Barwertverfahren.

Neben der Stufe eins muss allerdings auch regelmäßig – abgesehen von Grundstücken, standardisierten Gebäuden oder Eigentumswohnungen – Stufe zwei der *fair value*-Hierarchie ausfallen. Immobilien sind im Allgemeinen Unikate. Überwiegend ist daher auch die Simulation des *fair value* durch Barwertverfahren, auf Stufe drei der *fair value*-Hierarchie, erforderlich. Die Ermittlung des *fair value* anhand von Barwertverfahren ist jedoch insbesondere mit zwei wesentlichen Problemen behaftet: der Ermittlung der Einzahlungsüberschüsse der zu bewertenden Immobilie und die Findung des geeigneten marktgerechten Multiplikators bzw. eines risikoadäquaten Diskontierungssatzes. Hierin eröffnen sich – als besonderer Ausdruck des *trade-off* – große Potentiale für Fehlbewertungen und bilanzpolitische Kalküle. Die bedingte Fähigkeit des *fair value*, vorherrschende Markterwartungen antizipieren zu können, zeigt sich insbesondere in Timelags und Extrapolationen auf Immobilienmärkten.

Angestoßen durch exogene Einflüsse, bewirken, bedingt durch die hohen Markttransaktionskosten, endogene Faktoren in Form von Timelags, verzögerte Gleichgewichtsbestrebungen auf den Immobilienmärkten. Hierdurch kann der *fair value* von Investment Properties nur, um die entsprechenden Timelags verzögert, Markterwartungen widerspiegeln. Aus den hohen Markttransaktionskosten resultiert aber auch die Gefahr von Immobilienblasen, also extrapolativer Markterwartungen auf den Immobilienmärkten, die, via *fair value*, bilanzielle und damit wirtschaftliche Dysfunktionen nach sich ziehen können.

Die Fähigkeit des *fair value* von Investment Properties, ein *predictive* oder *feedback value* für den Investor zu erzeugen und einen periodengerechten Ausweis des Anteils der Investment Properties am ökonomischen Erfolg des Unternehmens darzustellen, wird somit durch die Markttransaktionskosten auf Immobilienmärkten bedingt. Damit können Markttransaktionskosten als Schlüssel zur Antizipationsfähigkeit von Markterwartungen auf Immobilienmärkten und – darauf aufbauend – als Schlüssel zur Entscheidungsrelevanz des *fair value* von Investment Properties verstanden werden.

Obschon die auf Immobilienmärkten vorherrschenden hohen Markttransaktionskosten regelmäßig zu Zweifeln an der Entscheidungsrelevanz des *fair value* von Investment Properties führen müssen, haben Studien ergeben, dass sich bei Immobilienunternehmen, die den *fair value* offenlegen, Informationsasymmetrien abbauen. Insofern scheinen die IFRS ihrer Intention und damit ihrer institutionellen Daseinsberechtigung, hinsichtlich der Bilanzierung des *fair value* von Investment Properties, offenbar genügen zu können.

Die durch den *fair value* von Investment Properties bestehende Gefahr, unverlässliche Informationen und/oder wirtschaftliche Dysfunktionen in die Bilanzen zu tragen, wird aber naturgemäß nicht auszuschließen sein. Mit zunehmender Transaktionshäufigkeit und dem Abbau von Informationsasymmetrien jedoch, ist ein Abnehmen der Timelags und explorativen Erwartungen sowie – damit verbunden – eine Glättung zyklischer Prozesse auf den Immobilienmärkten anzunehmen. So ist auch zu erwarten, dass der Grad der Verlässlichkeit des *fair value* von Investment Properties und damit seine Entscheidungsrelevanz für den Investor bedeutender wird.

Die Transparenz von Transaktionsinformationen und somit die von Preisinformationen wird national wie international zunehmen – schon alleine durch die weitere Entwicklung der Informationsmedien. Damit einher geht auch ein Sinken der *„... most obvious cost of "organising" production through the price mechanism ... ."* Und zwar: *„... discovering what relevant prices are."*[663] Durch den Abbau von Markttransaktionskos-

[663] Coase (1937), S. 390.

ten, wird sich daher die Geld-Brief-Spanne bei Immobiliengesellschaften weiter schließen.

Ob allerdings schon im Jahre 2005 der richtige Zeitpunkt der Wiedereinführung der Zeitwertbewertung für nicht finanzielle Vermögensgüter bzw. Vermögenswerte war, oder ob dies gegenwärtig der Fall wäre, oder dieser Zeitpunkt erst in näherer oder weiterer Zukunft liegt, bleibt fraglich. Die IFRS als Kapitalmarktintermediär haben aber, zumindest theoretisch, mit dem *fair value*, die richtige Tür aufgestoßen, da der *fair value* dazu beitragen kann, die *„... costs of running the economic system ...“*[664] der Kapitalmärkte zu senken und somit zur Wohlstandssteigerung beizutragen. So ist auch prinzipiell zu konstatieren, dass der *fair value* von Investment Properties nicht nur trotz oder obschon seiner nur „relativen“ Verlässlichkeit bilanziellen Ansatz finden sollte, sondern explizit aufgrund dieser. Erst dadurch können die IFRS ihrer institutionellen Daseinsberechtigung hinreichend Rechnung tragen. Insofern kann auch das Argument einer mangelnden Objektivierbarkeit des *fair value* von Investment Properties nicht zur unumstößlichen Prämisse, mit der eine Ablehnung dieses Ansatzes einhergeht, erhoben werden. Die von den IFRS angesprochenen Bilanzadressaten dürften sich der mangelnden Objektivierbarkeit des *fair value* von Investment Properties wohl vielmehr ausnahmslos bewusst sein.

Das Voranschreiten der Informationstechnologie und der globalen Vernetzung wird dem Ziel der IFRS mutmaßlich in die Hände spielen und der Intention der IFRS, durch den Zeitwertansatz *fair value* den Investoren entscheidungsrelevante Informationen zur Verfügung zu stellen – in näherer oder weiterer Zukunft – gegenüber Einwendungen hinsichtlich mangelnder Verlässlichkeit, uneingeschränkter zu rechtfertigen sein. Allerdings muss (auch) hier Wittmann (1959) gelten, der ausführt: *„Zukünftiges wird nie gewiss, sondern höchstens sehr wahrscheinlich oder, wie man sagt, praktisch gewiß sein können.“*[665]

[664] Arrow (1969), S. 48.
[665] Wittmann (1959), S. 15.

Quellenverzeichnis

Rechtsprechung:

Entscheidung des Reichsoberhandelsgericht (ROHG) vom 03.12.1873, Rep. 934/73, ROHGE (1874) Bd. 12, S. 15-23.

Entscheidung des Bundesgerichtshof (BGH) vom 26. 04.1991, V ZR 61/90. In: Betriebs-Berater (BB), Heft 21/1991, Frankfurt, 1991, S. 1448 ff.

Gesetze und Verordnungen:

EG-Vertrag: Vertrag zur Gründung der Europäischen Gemeinschaft
In der Fassung vom 02.10.1997, zuletzt geändert durch den Vertrag über den Beitritt der Republik Bulgarien und Rumäniens zur Europäischen Union vom 25.4.2005 m.W.v. 1.1.2007, ABl. EG Nr. L 157/11.

„Die aktienrechtlichen Vorschriften der Verordnung des Reichspräsidenten über Aktienrecht, Bankenaufsicht und über eine Steueramnestie." vom 19. September 1931, RGBl. I 1931, S. 493-509.

ADHGB (1861), Allgemeines Deutsches Handelsgesetzbuch vom 5. Juni 1869, in: BGBl. des Norddeutschen Bundes 1869, Bd. 1869, Nr. 32, S. 601-602.

AEUV: Vertrag über die Arbeitsweise der Europäischen Union - Fassung aufgrund des am 1.12.2009 in Kraft getretenen Vertrages von Lissabon, Konsolidierte Fassung bekanntgemacht im ABl. EG Nr. C 115 vom 9.5.2008, S. 47.

AktG (1937): Gesetz über Aktiengesellschaften und Kommanditgesellschaften auf Aktien (Aktiengesetz) vom 30. Januar 1937, RGBl. I, S. 107.

AktG (1965): Aktiengesetz vom 6. September 1965, BGBl. I, S. 1089-1184.

Allgemeines Landrecht für die Preußischen Staaten vom 5. Februar 1794.

BauGB: „Baugesetzbuch in der Fassung der Bekanntmachung vom 23. September 2004 Baugesetzbuch" BauGB (BGBl. I S. 2414), das zuletzt durch Artikel 4 des Gesetzes vom 31. Juli 2009 (BGBl. I S. 2585) geändert worden ist.

BetrKV: „Verordnung über die Aufstellung von Betriebskosten" (Betriebskostenverordnung - BetrKV) Betriebskostenverordnung vom 25. November 2003, BGBl. I, S. 2346, 2347.

BilMoG: Gesetz zur Modernisierung des Bilanzrechts (Bilanzrechtsmodernisierungsgesetz-BilMoG) vom 25. Mai 2009, 25. Mai 2009 BGBl I S. 1102 -1137.

BilReG: „Gesetz zur Einführung internationaler Rechnungslegungsstandards und zur Sicherung der Qualität der Abschlussprüfung" (Bilanzrechtsreformgesetz-BilReG) vom 4. Dezember 2004, BGBl. I 2004, S. 3166-3182.

BiRiLiG: „Gesetz zur Durchführung der Vierten, Siebten und Achten Richtlinie des Rates der europäischen Gemeinschaften zur Koordinierung des Gesellschaftsrechts" (Bilanzrichtlinien-Gesetz) vom 19.12.1985, BGBl. I 1985, S. 2355-2433.

EG-Verordnung: Verordnung (EG) Nr. 1606/2002 des Europäischen Parlaments und des Rates vom 19. Juli 2002 betreffend die Anwendung internationaler Rechnungslegungsstandards, in: Amtsblatt der EG Nr. L 243 vom 11.09.2002, S. 1-4.

EStG: Einkommensteuergesetz in der Fassung der Bekanntmachung vom 8. Oktober 2009 (BGBl. I S. 3366, 3862), das durch Artikel 8 des Gesetzes vom 9. Dezember 2010 (BGBl. I S. 1900) geändert worden ist.

Gesetz, betreffend die Kommanditgesellschaften auf Aktien und die Aktiengesellschaften vom 11. Juli 1870, BGBl. Bd. 1870, Nr. 21, S. 375-386.

Gesetz, betreffend die Kommanditgesellschaften auf Aktien und die Aktiengesellschaften vom 18. Juli 1884, RGBl. Bd. 1884,Nr. 22, Seite 123 -170.

HGB: Handelsgesetzbuch vom 10. Mai 1897, RGBl. 1897 S. 219-436 das zuletzt durch Artikel 18 des Gesetzes vom 8. Dezember 2010 (BGBl. I S. 1768) geändert worden ist.

IFRS: **I**nternational Financial Reporting Standard IFRS einschließlich International Accounting Standards IAS und Interpretationen - Die amtlichen EU-Texte Englisch-Deutsch Stand: Januar 2008, 4. aktualisierte Auflage, Düsseldorf 2008.

ImmoWertV: Verordnung über die Grundsätze für die Ermittlung der Verkehrswerte von Grundstücken (Immobilienwertermittlungsverordnung-ImmoWertV) vom 19. Mai 2010, BGBl. I S. 639.

IVS (2007): International Valuation Standards - Eighth Edition 2007, London 2007.

KapAEG: „Gesetz zur Verbesserung der Wettbewerbsfähigkeit deutscher Konzerne an Kapitalmärkten und zur Erleichterung der Aufnahme von Gesellschafterdarlehen" (Kapitalaufnahmeerleichterungsgesetz – KapAEG) vom 20.04.1998, BGBl. I 1998, S. 707-709.

REITG: „Gesetz über die deutsche Immobilien-Aktiengesellschaften mit börsennotierten Anteilen"(REIT-Gesetz - REITG) vom 28. Mai 2007 (BGBl. I S. 914), das durch Artikel 37 des Gesetzes vom 19. Dezember 2008 (BGBl. I S. 2794) geändert worden ist.

Vierte Richtlinie 78/660/EWG des Rates vom 25. Juli 1978 aufgrund von Artikel 54 Abs. 3 Buchst. g) des Vertrages über den Jahresabschluß von Gesellschaften bestimmter Rechtsform, in: Amtsblatt der EG Nr. L 222 vom 14.08.1978, S. 11-31.

WertV: Wertermittlungsverordnung (WertV) vom 6. Dezember 1988, BGBl. I S.2209, geändert durch Artikel 3 des Gesetzes vom18. August 1997, BGBl. I S.2081, 2110.

WoEigG: „Gesetz über das Wohnungseigentum und das Dauerwohnrecht" (Wohnungseigentumsgesetz) WoEigG: Wohnungseigentumsgesetz in der im Bundesgesetzblatt Teil III, Gliederungsnummer 403-1, veröffentlichten bereinigten Fassung, das zuletzt durch Artikel 9 des Gesetzes vom 7. Juli 2009 (BGBl. I S. 1707) geändert worden ist.

WpHG: Wertpapierhandelsgesetz in der Fassung der Bekanntmachung vom 9. September 1998" (BGBl. I S. 2708), das zuletzt durch Artikel 7 des Gesetzes vom 19. November 2010 (BGBl. I S. 1592) geändert worden ist.

Literaturverzeichnis

Adam, Dietrich (1997): Planung und Entscheidung. 4. vollst. überarb. und wesentlich erw. Aufl., Nachdr., Wiesbaden, 1997.

Arrow, Kenneth J. (1969): The Organization of Economic Activity: Issues Pertinent to the choice of Market Versus Nonmarket Allocation. In: The Analysis and Evaluation of Public Expenditures – Joint Economic Committee, Vol. 1., Washington, 1969, S. 47-64.

Baetge, Jörg (1970): Möglichkeiten der Objektivierung des Jahreserfolges. Düsseldorf, 1970.

Baetge, Jörg/Zülch, Henning (2001): Fair Value-Accounting. In: Betriebswirtschaftliche Forschung und Praxis (BFuP). 53 Jg., Heft 06/2001, Herne, S. 543-562.

Baetge, Jörg/Zülch, Henning/Matena, Sonja (2002)a: Fair Value-Accounting – Ein Paradigmenwechsel auch in der kontinentalen Rechnungslegung? In: Zeitschrift NWB Unternehmenssteuern und Bilanzen (StuB). Heft 08/2002, Herne, S. 365-372.

Baetge, Jörg/Zülch, Henning/Matena, Sonja (2002)b: Fair Value-Accounting – Ein Paradigmenwechsel auch in der kontinentalen Rechnungslegung? In: Zeitschrift NWB Unternehmenssteuern und Bilanzen (StuB). Heft 09/2002, Herne, S. 417-422.

Baetge, Jörg/Kirsch, Hans-Jürgen/Thiele, Stefan (2007): Bilanzen. 9. aktual. Aufl., Düsseldorf, 2007.

Ballwieser, Wolfgang (2009): IFRS-Rechnungslegung – Konzepte, Regeln und Wirkungen. 2. überarb. u. erw. Aufl., München, 2009.

Ballwieser, Wolfgang (2008)a: IAS 40 Als Finanzinvestition gehaltene Immobilien (Investment Property). In:Rechnungslegung nach IFRS – Kommentar auf Grundlage des deutschen Bilanzrechts – Teil B: Kommentierung der IASB-Standards. Stand 12/2003 unter Berücksichtigung der Änderungen bis 17. Januar 2008. Baetge et. al. (Hrsg.), 7. EL. Dezember 2008, Stuttgart.

Ballwieser, Wolfgang (2008)b: Empirische Wirkungen einer Rechnungslegung nach IFRS. In: Private und öffentliche Rechnungslegung – Festschrift für Hannes Streim zum 65. Geburtstag. Wagner, Franz W./Schildbach, Thomas/Schneider, Dieter (Hrsg.), Wiesbaden, 2008, S. 1-22.

Ballwieser, Wolfgang/Küting, Karlheinz/Schildbach, Thomas (2009): Fair Value in der Krise (Gastkommentar). In: Der Betrieb, Heft 49, Düsseldorf, 2009.

Ballwieser, Wolfgang/Küting, Karlheinz/Schildbach, Thomas (2004): Fair Value – erstrebenswerter Wertansatz im Rahmen einer Reform der handelsrechtlichen Rechnungslegung? In: Betriebswirtschaftliche Forschung und Praxis 2004 (BFuP), Heft 06/2004, Herne, S. 529-549.

Barth, Mary E./Landsmann, Wayne R. (1995): Fundamental Issues Relating to Using Fair Value Accounting for Financial Reporting. In: Accounting Horizons, Vol. 9. No.4, 1995, S. 97-107.

Baumunk, Henrik (2009): Anlageimmobilien (IAS 40). In: IFRS Immobilien – Praxiskommentar der wesentlichen immobilienrelevanten International Financial Reporting Standards. Weber, Ernst/Baumunk, Henrik/Pelz Jürgen A. (Hrsg.), 2. Aufl., Köln, 2009, S. 75-103.

Baumunk, Henrik (2005): Anlageimmobilien (IAS 40). In: IFRS Immobilien – Praxiskommentar der wesentlichen immobilienrelevanten International Financial Reporting Standards. Weber, Ernst/Baumunk, Henrik (Hrsg.), 1. Aufl., Köln, 2005, S. 71-97.

Baumunk, Henrik/Beyhs, Oliver (2009): Wertminderung von Immobilien (IAS 36). In: IFRS Immobilien – Praxiskommentar der wesentlichen immobilienrelevanten International Financial Reporting Standards. Weber, Ernst/Baumunk, Henrik/Pelz Jürgen A. (Hrsg.), 2. Aufl., Köln, 2009, S. 135-170.

Beck, Martin (2004): Bilanzierung von Investment Properties nach IAS 40 – Anwendungsprobleme bei der Implementierung und Lösungsansätze. In: Zeitschrift für internationale und kapitalmarktorientierte Rechnungslegung (KoR), Heft 12/2004, Düsseldorf, S. 498-505.

Beck, Martin/Rehkugler, Heinz (2009): Das Fair Value-Konzept für investment properties nach IFRS – Ein sinnvoller und notwendiger Ansatz aus Sicht des Kapitalmarktes? In: Zeitschrift für internationale und kapitalmarktorientierte Rechnungslegung (KoR), Heft 09/2009, Düsseldorf, S. 488-494.

Becker, Kurt (2006): Ursachen von Immobilienzyklen. In: Praxishandbuch Immobilienzyklen. Rottke, Nico/Wernecke, Martin (Hrsg.), Köln, 2006, S. 50-70.

Beyerle, Thomas (2008): Internationalisierung der Immobilienmärkte. In: Immobilienökonomie Bd. 4 – Volkswirtschaftliche Grundlagen. Schulte, Karl-Werner (Hrsg.), München, Wien, 2008, S. 112-129.

Bieg, Hartmut et. al. (2006): Handbuch der Rechnungslegung nach IFRS – Grundlagen und praktische Anwendung. Düsseldorf, 2006.

Bieker, Marcus (2007)a: Zum IASB-Diskussionspapier „Fair Value Measurements". In: Praxis der internationalen Rechnungslegung (PiR), Heft 04/2007, Herne, S. 91-97.

Bieker, Marcus (2007)b: Zum IASB-Diskussionspapier „Fair Value Measurements". In: Praxis der internationalen Rechnungslegung (PiR), Heft 04/2007, Herne, S. 132-138.

Bieker, Marcus (2005): Ökonomische Analyse des Fair Value Accounting. In: Betriebswirtschaftliche Studien, Rechnungs- und Finanzwesen, Organisation und Institution – Bd. 73. Ballwieser, Wolfgang/Kuhner, Christoph/Ordelheide, Dieter (Hrsg.), Frankfurt am Main u.a., 2006. zugl.: Bochum, Univ., Diss., 2005.

Blaufus, Kay (2005): Fair Value Accounting – Zweckmäßigkeitsanalyse und konzeptioneller Rahmen. Berlin, Wiesbaden, 2005. zugl.: Berlin, Freie Univ., Diss., 2005.

Böckem, Hanne/Schurbohm, Anne (2009): Klassifizierung von Immobilien. In: IFRS Immobilien – Praxiskommentar der wesentlichen immobilienrelevanten International Financial Reporting Standards. Weber, Ernst/Baumunk, Henrik/Pelz Jürgen A. (Hrsg.), 2. Aufl.,Köln, 2009, S. 5-22.

Böckem, Hanne/Schurbohm, Anne (2002): Die Bilanzierung von Immobilien nach den International Accounting Standards. In: Zeitschrift für internationale und kapitalmarktorientierte Rechnungslegung (KoR), Heft 01/2002, Düsseldorf, S. 38-51.

Böckem, Hanne/Schurbohm-Ebneth, Anne (2003): Praktische Fragestellungen der Implementierung von IAS 40 – Als Finanzanlagen gehaltene Immobilien (investment properties). In: Zeitschrift für internationale und kapitalmarktorientierte Rechnungslegung (KoR), Heft 07/2003, Düsseldorf, S. 335-343.

Böcking, Hans-Joachim/Lopatta, Kerstin/Rausch, Benjamin (2005): Fair Value -Bewertung versus Anschaffungskostenprinzip – ein Paradigmenwechsel in der Rechnungslegung? In: Fair Value – Bewertung in Rechnungswesen, Controlling und Finanzwirtschaft. Bieg, Hartmut/Heyd, Reinhard (Hrsg.), München, 2005, S. 85-105.

Bone-Winkel, Stephan/Müller, Tobias/Pfrang, Dominique C. (2008): Bedeutung der Immobilienwirtschaft. In: Immobilienökonomie Bd. 1 – Betriebswirtschaftliche Grundlagen. Schulte, Karl-Werner (Hrsg.), München, Wien, 2008, S. 27-46.

Bone-Winkel, Stephan/Schulte, Karl-Werner/Focke, Christian (2008): Begriff und Besonderheiten der Immobilie als Wirtschaftsgut. In: Immobilienökonomie Bd. 1 – Betriebswirtschaftliche Grundlagen. Schulte, Karl-Werner (Hrsg.), München, Wien, 2008, S. 3-25.

Born, Karl (2007): Rechnungslegung international – IAS/IFRS im Vergleich mit HGB und US-GAAP. 5. aktual. und erw. Aufl., Stuttgart, 2007.

Born, Waldo L./Phyrr, Stephen A. (1994): Real Estate Valuation: The Effect of Market and Property Cycles. In: The Journal of Rea Estate Research. Fall 1994, Vol. 9. No. 4, New York, S. 455-485. http://aux.zicklin.baruch.cuny.edu/jrer/papers/pdf/past/vol09n04/v09p455.pdf

Budzinski, Oliver/Michler, Albrecht F. (2010): Stichwort: Subprime-Krise. In: Gabler Online-Wirtschaftslexikon, 2010. http://wirtschaftslexikon.gabler.de/Archiv/72525/subprime-krise-v7.html

Bulwien, Hartmut (2008): Büroimmobilienmärkte. In: Immobilienökonomie Bd. 4 – Volkswirtschaftliche Grundlagen. Schulte, Karl-Werner (Hrsg.), München, Wien, 2008, S. 223-237.

Cadmus, Alan (2009): REIT-Strukturen: Forderungen und Folgen. In: Die Immobilie als Kapitalmarktprodukt. Rehkugler, Heinz (Hrsg.), München, 2009. S. 38-56.

Christensen, Hans B./Nikolaev, Valeri (2009): Who uses Fair Value accounting for non-financial assets after IFRS adoption? Chicago Booth Working Paper No. 9-12. http://areas.kenanflagler.unc.edu/Accounting/Documents/ChristensenNikolaev2009_FairPaper.pdf

Coase, Ronald H. (1960): The problem of social cost. In: Journal of Law and Economics, Oktober 1960, S. 1-44.

Coase, Ronald H. (1937): The nature of the firm. In: Economica, November 1937, S. 386-405.

Coenenberg, Adolf G. (2005): Jahresabschluss und Jahresabschlussanalyse – Betriebswirtschaftliche, handelsrechtliche, steuerrechtliche und internationale Grundsätze – HGB, IFRS und US-GAAP, 20., überarb. Aufl., Stuttgart, 2005.

Danbolt, Jo/Rees, William (2008): An experiment in Fair Value accounting: UK investment vehicles. In: European Accounting Review (EAR). Vol. 17 (2), Madrid, S. 217-303.

Dawo, Sascha (2004): Fair Value - Bewertung nicht finanzieller Positionen – der Weg zur entobjektivierten Bilanz? In: Herausforderungen und Chancen durch weltweite Rechnungslegungsstandards – Kapitalmarktorientierte Rechnungslegung und integrierte Unternehmenssteuerung. Küting, Karlheinz/Pfitzer, Norbert/Weber, Claus-Peter (Hrsg.), Stuttgart, 2004, S. 43-79.

Deloitte (2004): IAS, IFRS & Immobilien – Grundlagen der IAS/IFRS-Bilanzierung, Unterschiede zur HGB-Rechnungslegung, Besonderheiten für Immobilienunternehmen, organisatorische Herausforderungen,Klinger, Franz/Müller, Michael (Hrsg.), Berlin, 2004.

Demsetz, Harold (1969): Information and Efficiency: Another Viewpoint. In: Journal of Law and Economics, Vol. 12, No.1, April 1969, S. 1-22.

Deutsche Bank (2011): Bank- und Börsenlexikon. http://www.deutsche-bank.de/lexikon/lexikon_de/content/index_717.htm#611

Deutsche Bundesbank (2011): Statistik – IWF Statistiken. 2011. http://www.bundesbank.de/statistik/statistik_iwf_fsiindikatoren.php#i39 (25.09.2011).

Deutsche Wohnen – Geschäftsbericht (2007). http://www.ir.deutsche-wohnen.com/websites/deuwo/German/4100/geschaeftsberichte.html (08.07.2011).

Deutsche Wohnen (2011): Internetpräsenz – Unternehmen/Profil. http://www.deutsche-wohnen.com/html/profil.php

DiPasquale, Denise/Wheaton, William C. (1992): The Markets for Real Estate Assets and Space: A Conceptual Framework. In: Journal of the American Real Estate and Urban Economics Association (AREUEA), Vol. 20, 1992, S. 181-197.

Dohrn, Matthias (2004): Entscheidungsrelevanz des Fair Value-Accounting am Beispiel von IAS 39 und IAS 40. In: Rechnungslegung und Wirtschaftsprüfung – Bd. 2. Baetge Jörg/Kirsch, Hans-Jürgen/Thiele, Stefan (Hrsg.), Lohmar, Köln, 2004. zugl.: Hannover, Univ., Diss., 2004.

DZ Bank (2006): Real Estate Investment Trusts als neue Anlageklasse. Frankfurt am Main, 2006. S. 1-20 http://www.finanzstandort.de/uploads/tx_omseifd/documents/Immobilien_-_Real_Estate_Investment_Trusts_als_neue_Anlageklasse.pdf

Endres, Alfred/Martiensen, Jörn (2007): Mikroökonomik – Eine integrierte Darstellung traditioneller und moderner Konzepte in Theorie und Praxis. Stuttgart, 2007.

Engel-Ciric, Dejan (2006): § 16 Als Finanzinvestition gehaltene Immobilien (Investment Properties). In: Haufe IAS/IFRS-Kommentar. Lüdenbach, Norbert/Hoffmann, Wolf-Dieter (Hrsg.), 4. Aufl., Freiburg u.a., 2006, S. 633-674.

Erlei, Mathias (1998): Institutionen, Märkte und Marktphasen – Allgemeine Transaktionskostentheorie unter spezieller Berücksichtigung der Entwicklungsphasen von Märkten. In: Schriften zur angewandten Wirtschaftsforschung – Bd. 79, Tübingen, 1998.

Erlei, Mathias/Leschke, Martin/Sauerland, Dirk (2007): Neue Institutionenökonomik. 2. überarb. u. erw. Aufl., Stuttgart, 2007.

Ernstberger, Jürgen/Kraus, Christian (2008): Immobilienbewertung nach den Vorschriften des IVSC und deren Anwendbarkeit nach IFRS. In:Zeitschrift für internationale und kapitalmarktorientierte Rechnungslegung (KoR), Heft 06/2008, Düsseldorf, S. 388-400.

Fockenbrock, Dieter (2008): Professoren machen Front gegen Fair Value. In Handelsblatt, Düsseldorf, 19.11.2008. http://www.handelsblatt.com/professoren-machen-front-gegen-fair-value;2092598 (25.09.2011).

Frambach, Hans (2010): Neue Institutionenökonomik – Einige Überlegungen zur Bedeutung, Funktionsweise und Entstehung von Institutionen. In: Innovation und Internationalisierung – Festschrift für Norbert Koubek. Baumann, Wolfgang/Braukmann, Ulrich/Matthes, Winfried (Hrsg.), Wiesbaden, 2010, S. 639-658.

Frambach, Hans (2009): Mikroökonomik, 2. durchges. Aufl., Konstanz, 2009.

Frambach, Hans/Eissrich, Daniel (2002): Transaktionskosten – konzeptionelle Überlegungen zu einem fundamentalen und kontrovers diskutierten Ansatz der Neuen Institutionenökonomik. In: Institutionenökonomie: theoretische Konzeptionen und empirische Studien. Ipsen, Dirk/Peukert, Helge (Hrsg.): Frankfurt, 2002, S. 43-65.

Francke, Hans-Hermann (2008): Immobilien als Vermögensgüter und Besonderheiten von Immobilieninvestitionen. In: Immobilienökonomie Bd. 4 – Volkswirtschaftliche Grundlagen. Schulte, Karl-Werner (Hrsg.), München, Wien, 2008, S. 29-41.

Francke, Hans-Hermann (2005): Immobilienbewertung im Lichte rationaler Kapitalanlageentscheidungen. In: Immobilienmärkte und Immobilienbewertung. Francke, Hans-Hermann/Rehkugler, Heinz (Hrsg.), München, 2005, S. 287-302.

Francke, Hans-Hermann (2001): Anmerkungen zu einigen grundsätzlichen Problemen in der Immobilienbewertung. In: Festschrift zum 70. Geburtstag von Erwin Sailer. Kippes, Stefan (Hrsg.), Stuttgart u.a., 2001, S. 45-56.

gif (2010): Büromarkterhebung 2009 – Stand 05.02.2010, Wiesbaden, 2010. https://www.gif.ev.de/publikationen/presse/pressemitteilungen/2010/gif%20stellt%20Ergebnisse%20der%20Buromarkterhebung%202009.pdf (03.07.2011).

gif (2008) – Definition Anfangsrenditen (Kurzfassung) – Stand September 2008, Wiesbaden, 2008.

Glaum, Martin/Mandler, Udo (1996): Rechnungslegung auf globalen Kapitalmärkten: HGB, IAS und US-GAAP. Wiesbaden, 1996.

Göbel, Elisabeth (2002): Neue Institutionenökonomik – Konzeption und betriebswirtschaftliche Anwendungen, Stuttgart, 2002.

Großfeld, Bernhard/Diekmann, Hans (1988): Gemeinsame Grundlagen des europäischen Bilanzrechts. In: Die Wirtschaftsprüfung (WPg). Heft 14/1988, Düsseldorf, S. 419-429.

Hayek, Friedrich August von (1976): Individualismus und wirtschaftliche Ordnung, 2. erw. Aufl., Salzburg, 1976.

Hayek, Friedrich August von (1945): The Use of Knowledge in Society. In: The American Economic Review, Vol. XXXV, No. 4, September 1945, S. 519-530.

Henselmann, Klaus (2010): Jahresabschluss nach IFRS und HGB. 2. Aufl., Norderstedt, 2010.

Herrmann-Pillath, Carsten (2002): Grundriß der Evolutionsökonomik, München, 2002.

Herzig, Norbert (2004): Internationalisierung der Rechnungslegung und steuerliche Gewinnermittlung. In: Herausforderungen und Chancen durch weltweite Rechnungslegungsstandards – Kapitalmarktorientierte Rechnungslegung und integrierte Unternehmenssteuerung. Küting, Karlheinz/Pfitzer, Norbert/Weber, Claus-Peter (Hrsg.), Stuttgart, 2004, S. 173-201.

Heumann, Rainer (2005): Value Reporting in IFRS-Abschlüssen und Lagerberichten. In. Schriften zum Revisionswesen. Baetge, Jörg/Kirsch, Hans-Jürgen (Hrsg.), Düsseldorf 2005. zugl.: Münster, Univ., Diss., 2005.

Heuser, Paul J./Theile, Carsten (2007): IFRS Handbuch – Einzel- und Konzernabschluss. 3. neu bearb. Aufl., Köln, 2007.

Hitz, Jörg-Marcus: Rechnungslegung zum *fair value* – Konzeption und Entscheidungsnützlichkeit. In: Betriebswirtschaftliche Studien, Rechnungs- und Finanzwesen, Organisation und Institution – Bd. 70. Ballwieser, Wolfgang/Kuhner, Christoph, Ordelheide, Dieter (Hrsg.), Frankfurt am Main u.a., 2005. zugl.: Köln, Univ., Diss., 2005.

Hoffmann, Wolf-Dieter/Freiberg, Jens (2009): § 16 Als Finanzinvestition gehaltene Immobilien (Investment-Properties) In: Haufe IAS/IFRS-Kommentar. Lüdenbach, Norbert/Hoffmann, Wolf-Dieter (Hrsg.), 7. Aufl., Freiburg u.a., 2009, S. 693-744.

Hoffmann, Wolf-Dieter (2009)a: § 4 Ereignisse nach dem Bilanzstichtag. In: Haufe IAS/IFRS-Kommentar. Lüdenbach, Norbert/Hoffmann, Wolf-Dieter (Hrsg.), 7. Aufl., Freiburg u.a., 2009, S. 187-296.

Hoffmann, Wolf-Dieter (2009)b: § 8 Anschaffungs- und Herstellungskosten, Neubewertung. In: Haufe IAS/IFRS-Kommentar. Lüdenbach, Norbert/Hoffmann, Wolf-Dieter (Hrsg.), 7. Aufl., Freiburg u.a., 2009, S. 315-359.

Hold-Paetsch, Christiane (2009): IAS 40 – Im Bau befindliche als Finanzinvestition gehaltene Immobilien. In: IFRS Änderungskommentar. Vater, Hendrik et. al. (Hrsg.), 2. Aufl., 2009, S. 211-214.

Horn, Norbert (1995): Einleitung – Geschichte des Handelsrechts. In: Handelsgesetzbuch (ohne Seerecht). Horn, Norbert (Hrsg.), neubearb. u. erw. Aufl., Bd. 1, Berlin, New York, 1995, S. 62-78.

Hossfeld, Christopher (2005): Fair Value-Bewertung und Ausschüttung. In: Fair Value – Bewertung in Rechnungswesen, Controlling und Finanzwirtschaft. Bieg, Hartmut/Heyd, Reinhard (Hrsg.), München, 2005, S. 155-177.

Huschke, Christian (2007): Immobilienbewertung im Kontext der IFRS – Eine deduktive und empirische Untersuchung der Vorziehenswürdigkeit alternativer Heuristiken hinsichtlich Relevanz und Zuverlässigkeit bei der Fair Value-Ermittlung von Investment Properties. Wiesbaden, 2007. zugl.: Berlin, Freie Univ., Diss., 2007.

IAS 40 BC (2000): IAS 40 BC – Basis for Conclusions on IAS 40 (2000) *Investment Propertie* In: International Reporting Financial Standards (IFRSs®) including International Accounting Standards (IASs®) and Interpretations as approved at 1 January 2009, London, S. 2328-2344.

IASB (2010): About the IFRS Foundation and the IASB. In: http://www.iasb.org/The+organisation/IASCF+and+IASB.htm (27.07.2011).

IDW (2008): Besondere Prüfungsfragen im Kontext der aktuellen Wirtschafts- und Finanzmarktkrise. Stand 19.12.2008, Düsseldorf, 2008.

Ifo (2005): Ifo - Institut für Wirtschaftsforschung e.V. - Volker Rußig: Die volkswirtschaftliche Bedeutung der Immobilienwirtschaft: Gutachten im Auftrag der gif – Gesellschaft für Immobilienwirtschaftliche Forschung e.V., Kurzfassung von Bulwien, Hartmut. In: Zeitschrift für Immobilienökonomie. Sonderausgabe, Wiesbaden, 2005. Kurzfassung: S. 5-14. Hauptgutachten: S. 14- 154.

The International Valuation Standards (IVS) (2011): http://www.ivsc.org/standards/index.html (27.07.2011).

The International Valuation StandardsCouncil (IVSC) (2011): http://www.ivsc.org/about/index.html (27.07.2011).

Ingold, Martin (2006): Anwendungsbereiche und Abgrenzungsfragen bei der Bilanzierung von Immobilien nach IFRS. In: Praxis der internationalen Rechnungslegung (PiR), Heft 07/2006, Herne, S. 111-117.

Jensen, Michael C./Meckling, William H. (1992): Specific and General Knowledge, and Organizational Structure. In: Contract Economics. Werin, Lars/Wijkander, Hans (Hrsg.), Oxford, Blackwell, S. 251-274.

Jones Lang LaSalle (2011): E-Mail-Korrespondenz mit Matthias Barthauer. Jones Lang LaSalle E-Mail Entwicklung Spitzenmieten, Spitzenrenditen Frankfurt am Main in den letzten 10 Jahren.pdf (14.10.2011) mit Anhang Jones Lang LaSalle Preisentwicklung Immobilie.xlsx (14.10.2011).

Jones Lang LaSalle (2011): pulse – Jones Lang LaSalle Frankfurt Office Market Profile – Q 2: Frankfurt, Eschborn und Offenbach-Kaiserlei. London, 2011. http://www.joneslanglasalle.de/Germany/DE-DE/Pages/Research_OfficeMarketProfiles.aspx (10.08.2011).

JonesLangLaSalle (2010): pulse - Jones Lang LaSalle Büroimmobilienuhr- Q 3: Vorsichtiges Agieren auf europäischen Immobilienmärkten. London, 2010. http://www.joneslanglasalle.de/Germany/DE-DE/Documents/Presseinformationen%202010/JLL_Germany_Europ%C3%A4ische_B%C3%BCro-Immobilienuhr_Q32010_Kommentar_1.pdf (10.08.2011).

Jost, Peter-J. (2001): Der Transaktionskostenansatz im Unternehmenskontext. In: Der Transaktionskostenansatz in der Betriebswirtschaftslehre. Jost, Peter-J. (Hrsg.), Stuttgart, 2001, S. 9-74.

Kasper, Wolfgang/Streit, Manfred E. (1999): Institutional Economics – Social Order and Public Policy. Cheltenham, Northhampton, 1999.

Kirchgässner, Gebhard (2000): Homo oeconomicus: das ökonomische Modell individuellen Verhaltens und seine Anwendung in den Wirtschafts- und Sozialwissenschaften. 2. erg. und erw. Aufl., Tübingen, 2000.

Kleiber, Wolfgang (2010): Verkehrswertermittlung von Grundstücken – Kommentar und Handbuch zur Ermittlung von Marktwerten (Verkehrswerten), Versicherungs- und Beleihungswerten unter Berücksichtigung der ImmoWertV. 6. vollst. neu bearb. Aufl., Köln, 2010.

Kleiber, Wolfgang (2005): Immobilienbewertung in der Bundesrepublik Deutschland. In: Immobilienmärkte und Immobilienbewertung. Francke, Hans-Hermann/Rehkugler, Heinz (Hrsg.), München, 2005, S. 173-207.

Kleinewefers, Henner (2008): Einführung in die Wohlfahrtsökonomie – Theorie-Anwendung-Kritik. Stuttgart, 2008.

Kley, Karl-Ludwig (2003): Informationsvermittlung durch Value-Reporting. In: Der Betrieb, Heft 16/2003, Düsseldorf, S. 840-843.

Kley, Karl-Ludwig (2001): Die *fair value*-Bilanzierung in der Rechnungslegung nach den International Accounting Standards (IAS). In: Der Betrieb, Heft 43/2001, Düsseldorf, S. 2257-2262.

Knight, Frank H. (1921): RISK, UNCERTAINTY AND PROFIT – With an Introduction by George J. Stigler., Nachdr. 1971, Chicago, London.

KoR (2008)a: Aktuelle Praxis: Die Bewertung von Immobilien, insbesondere von Investment-Properties nach IAS 40 – Regelungslücken und Anwendungsprobleme bei der Ermittlung des Fair Value (Teil 1). In: Zeitschrift für internationale und kapitalmarktorientierte Rechnungslegung (KoR) – IFRS Info Dienst. Akademie für Internationale Rechnungslegung (Hrsg.), Heft 07/2008, Düsseldorf, S. 11-24.

KoR (2008)b: Aktuelle Praxis: Die Bewertung von Immobilien, insbesondere von Investment-Properties nach IAS 40 – Regelungslücken und Anwendungsprobleme bei der Ermittlung des Fair Value (Teil 2). In: Zeitschrift für internationale und kapitalmarktorientierte Rechnungslegung (KoR) – IFRS Info Dienst. Akademie für Internationale Rechnungslegung (Hrsg.), Heft 08/2008, Düsseldorf, S. 14-36.

Kormaier, Benedikt (2006): Eignung des Income Capitalisation Model zur Fair-Value-Ermittlung von Investment Properties nach IAS 40. In: Zeitschrift für internationale und kapitalmarktorientierte Rechnungslegung (KoR), Heft 06/2006, Düsseldorf, S. 378-385.

Kümmel, Jens (2002): Grundsätze für die Fair-Value-Ermittlung mit Barwertkalkülen – Eine Untersuchung auf der Grundlage des Statement of financial accounting concepts No. 7. Düsseldorf, 2002. zugl.: Münster, Univ., Diss., 2002.

Kümpel, Thomas/Becker, Michael (2006): Besonderheiten bei der Klassifizierung von Immobilien-Leasingverhältnissen im IFRS-Regelwerk. In: Praxis der internationalen Rechnungslegung (PiR), Heft 06/2006, Herne, S. 81-87.

Küting, Karlheinz/Trappmann, Helmut/Ranker, Daniel (2007): Gegenüberstellung der Bewertungskonzeption von beizulegendem Wert und Fair Value im Sachanlagevermögen. In: Der Betrieb, Heft 32/2007, Düsseldorf, 2007, S. 1709-1716.

Küting, Karlheinz/Lauer, Peter (2009): Der Fair Value in der Krise. In: Betriebswirtschaftliche Forschung und Praxis (BFuP). Heft 04/2009, Herne, S. 547-568.

Kußmaul, Heinz/Weiler, Dennis (2009)a: Fair Value-Bewertung im Licht aktueller Entwicklungen (Teil 1). In: Zeitschrift für internationale und kapitalmarktorientierte Rechnungslegung (KoR), Heft 03/2009, Düsseldorf, S. 163-171.

Kußmaul, Heinz/Weiler, Dennis (2009)b: Fair Value-Bewertung im Licht aktueller Entwicklungen (Teil 2). In: Zeitschrift für internationale und kapitalmarktorientierte Rechnungslegung (KoR). Heft 04/2009, Düsseldorf, S. 209-216.

Leffson, Ulrich (1987): Die Grundsätze ordnungsmäßiger Buchführung. 7. Aufl., Düsseldorf, 1987.

Lenz, Thomas: (2009): Die Bilanzierung von Immobilien nach IFRS. In: Rechnungslegung und Wirtschaftsprüfung – Bd. 20. Baetge Jörg/Kirsch, Hans-Jürgen/Thiele, Stefan (Hrsg.), Lohmar, Köln, 2009. zugl.: Bochum, Univ., Diss., 2009.

Leopoldsberger, Gerrit/Thomas, Matthias/Naubereit, Phillip (2008): Immobilienbewertung. In: Immobilienökonomie Bd. 1 – Betriebswirtschaftliche Grundlagen. Schulte, Karl-Werner (Hrsg.), München, Wien, 2008, S. 453-528.

Lindemann, Jens (2004): Rechnungslegung und Kapitalmarkt – Eine theoretische und empirische Analyse. In: Rechnungslegung und Wirtschaftsprüfung – Bd. 5. Baetge Jörg/Kirsch, Hans-Jürgen/Thiele, Stefan (Hrsg.), Lohmar, Köln, 2004. zugl.: Gießen, Univ., Diss., 2004.

Löchel, Horst (1995): Institutionen, Transaktionskosten und wirtschaftliche Entwicklung: ein Beitrag zur neuen Institutionenökonomik und zur Theorie von Douglass C. North. Berlin, 1995. zugl.: Frankfurt, Univ., Diss., 1994.

Lorson,Peter/Gattung, Andreas (2007): Die Forderung nach einer „Faithful Representation". In: Zeitschrift für internationale und kapitalmarktorientierte Rechnungslegung (KoR). Heft 12/2007, Düsseldorf, S. 657-665.

Lüdenbach, Norbert/Hoffmann, Wolf-Dieter (2009): § 1 Rahmenkonzept (Framework). In: Haufe IAS/IFRS-Kommentar. Lüdenbach, Norbert/Hoffmann, Wolf-Dieter (Hrsg.), 7. Aufl., Freiburg u.a., 2009, S. 27-78.

Maenning, Wolfgang/Mayer, Annette (2008): Demographische Entwicklung und die Immobilienwirtschaft. In: Immobilienökonomie Bd. 4 – Volkswirtschaftliche Grundlagen. Schulte, Karl-Werner (Hrsg.), München, Wien, 2008, S. 306-330.

Mantzavinos, Chrysostomos (2007): Individuen, Institutionen und Märkte. In: Die Einheit der Gesellschaftswissenschaften –Bd. 137. Homann, Karl (Hrsg.), Tübingen, 2007.

Mantzavinos, Chrysostomos (1993): Wettbewerbstheorie – Eine kritische Auseinandersetzung. Tübingen, 1994. zugl.: Tübingen, Univ., Diss., 1992.

Milleker, David F. (2004): Internationale Immobilienmärkte: Zyklus, Überbewertung oder Blase? In Wirtschaft und Märkte – Spezialthemen 05/2004. Allianz Economic Resarch & Corporate Development (Hrsg.), S. 26-30.

Moitzi, Bernhard (2007): Fair Value und Anreizwirkungen. In: Betriebswirtschaftliche Studien, Rechnungs- und Finanzwesen, Organisation und Institution – Bd. 77. Ballwieser, Wolfgang/Kuhner, Christoph, Ordelheide, Dieter (Hrsg.), Frankfurt am Main u.a., 2007. zugl.: Graz, Univ., Diss., 2006.

Moll-Amrein, Marianne (2009): Der Liegenschaftszinssatz in der Immobilienwertermittlung und seine institutionelle Implementierung – Ein deutscher Sonderweg. Wiesbaden, 2009. zugl.: Freiburg, Univ., Diss., 2009.

Moxter, Adolf (1984): Bilanzlehre: Einführung in die Bilanztheorie – Bd. 1. 3. vollst. umgearb. Aufl., Wiesbaden, 1984.

Moxter, Adolf (1983): Bedeutung und Methodik betriebswirtschaftlicher Gewinnermittlung. In: Der Betrieb. Heft 03/1983, Düsseldorf, S. 133-134.

Muller, Karl A./Riedl, Edward J./ Sellhorn, Thorsten (2008): Mandatory Fair Value Accounting and Information Asymmetry: Evidence from the European Real Estate Industry. Harvard Business School Finance Working Paper 09-033.

Neus, Werner (2009): Einführung in die Betriebswirtschaftslehre aus institutionenökonomischer Sicht. 6. überarb. Aufl., Tübingen, 2009.

Neus, Werner (2001): Finanzierung. In: Der Transaktionskostenansatz in der Betriebswirtschaftslehre. Jost, Peter-J. (Hrsg.), Stuttgart, 2001, S. 106-154.

North, Douglass C. (1993): Institutions and Credible Commitment. In: Journal of Institutional and Theoretical Economics (JITE) – Zeitschrift für die gesamte Staatswissenschaft. Richter, Rudolf/Schlicht, Ekkehart (Hrsg.), Bd. 149/1, Tübingen, 1993, S. 11-23.

North, Douglass C. (1990): Institutions, Institutional Change and Economic Performance, Cambridge, 1990.

North, Douglass C./Thomas, Robert P. (1973): The Rise of the Western World – A new Economic History. Cambridge, 1973.

o.V. (1993): Immobilien – „Es wird bald krachen". In: Der Spiegel. Heft 44/1993 vom 01.11.1993, S. 128-130.

Obermaier, Robert (2009): Fair Value-Bilanzierung nach IFRS auf Barwertkalkülen. In: Zeitschrift für internationale und kapitalmarktorientierte Rechnungslegung (KoR), Heft 10/2009, Düsseldorf, S. 545-544.

Olbricht, Michael/Brösel, Gerrit (2007): Inkonsistenzen der Zeitwertbilanzierung nach IFRS: Kritik und Abhilfe. In: Der Betrieb. Heft 29/2007, Düsseldorf, S. 1543- 1549.

Patel, Kanak (2006): Mikroökonomische Immobilienmarktprozesse. In: Praxishandbuch Immobilienzyklen. Rottke, Nico/Wernecke, Martin (Hrsg.), Köln, 2006, S. 32-46.

Pellens, Bernhard et. al. (2008)a: Internationale Rechnungslegung – IFRS 1 bis 8, IAS 1 bis 41, IFRIC-Interpretationen, Standartentwürfe. 7. überarb. und erw. Aufl., Stuttgart, 2008.

Pellens, Bernhard et. al. (2008)b: Fair Value-Bilanzierung und Ergebnisspaltung. In: Private und öffentliche Rechnungslegung – Festschrift für Hannes Streim zum 65. Geburtstag. Wagner, Franz W./Schildbach, Thomas/Schneider, Dieter (Hrsg.), Wiesbaden, 2008, S. 279-296.

Petersen, Karl/Zirner, Christian (2008): Zur Bedeutung der Fair Value-Bewertung in der deutschen Bilanzierungspraxis – Dargestellt am Beispiel von Investment Properties nach IAS 40. In: Praxis der internationalen Rechnungslegung (PiR). Heft 07/2008, Herne, S. 218-227.

Pfaff, Dieter/Kukule, Wilfried (2006): Wie fair ist der Fair Value? In: Zeitschrift für internationale und kapitalmarktorientierte Rechnungslegung (KoR), Heft 09/2006, Düsseldorf, S. 542-549.

Picot, Arnold/Dietl, Helmut/Franck, Egon (2008): Organisation – Eine ökonomische Perspektive. 5. aktual. und überarb. Aufl., Stuttgart, 2008.

Pies, Ingo (2009): Theoretische Grundlagen demokratischer Wirtschafts- und Gesellschaftspolitk – Der Ansatz von Douglass North. In: Douglass Norths ökonomische Theorie der Geschichte. Pies, Ingo/Leschke, Martin (Hrsg.), Tübingen, 2009, S. 1-33.

Pies, Ingo (2001): Theoretische Grundlagen demokratischer Wirtschafts- und Gesellschaftspolitik – Der Beitrag Oliver Williamsons. In: Oliver Williamsons Organisationsökonomik. Pies, Ingo/Leschke, Martin (Hrsg.), Tübingen, 2001, S. 1-27.

Pies, Ingo (2000): Theoretische Grundlagen demokratischer Wirtschafts- und Gesellschaftspolitik – Der Beitrag von Ronald Coase. In: Ronald Coase' Transaktionskosten-Ansatz.Pies, Ingo/Leschke, Martin (Hrsg.), Tübingen, 2000, S. 1-29.

Polster, Dirk (2001): Finanzintermediation und institutioneller Wandel – Finanzsystem, Universalbanken, Kreditgenossenschaften. In: Münstersche Schriften zur Kooperation – Bd. 50. Theurl, Theresia (Hrsg.), Aachen. zugl.: Münster, Univ., Diss., 2001.

Preface to IFRSs – In: International Reporting Financial Standards (IFRSs®) including International Accounting Standards (IASs®) and Interpretations as approved at 1 January 2009, London, S. 67-72.

Preuß, Norbert/Schöne, Lars Bernhard (2009): Real Estate und Facility Management – Aus Sicht der Consultingpraxis. 3. vollst. neu bearb. u. erw. Aufl., Heidelberg, 2010.

PwC (2010): Bilanzierung von Investment Properties im Bau – Ein Praxisleitfaden. PricewaterhouseCoopers (Hrsg.), 2010. http://fs-blog.pwc.de/files/investment-properties-im-bau_2010_august.pdf (27.08.2011).

Ranker, Daniel (2006): Immobilienbewertung nach HGB und IFRS – Auslegung, Konzeption und Einzelfragen der Bilanzierung des Anlagevermögens. In: Bilanz-, Prüfungs- und Steuerwesen – Bd. 3. Küting, Karlheinz, Weber, Claus-Peter, Kußmaul, Heinz (Hrsg.), Berlin 2006. zugl.: Saarbrücken, Univ., Diss., 2006.

Rehkugler, Heinz (2005)a: Die Bewertung von Immobiliengesellschaften. In: Immobilienmärkte und Immobilienbewertung. Francke, Hans-Hermann/Rehkugler, Heinz (Hrsg.), München, 2005, S. 303-330.

Rehkugler, Heinz (2005)b: Fair Value-Bewertung bei investment property. In: Fair Value – Bewertung in Rechnungswesen, Controlling und Finanzwirtschaft. Bieg, Hartmut/Heyd, Reinhard (Hrsg.), München, 2005, S. 263-285.

Rehkugler, Heinz (2003): Die Immobilien-AG – Chancen für Unternehmen und Investoren. In: Die Immobilien-AG – Bewertung und Marktattraktivität. Rehkugler, Heinz (Hrsg.), München, 2003, S. 3-32.

Rehkugler, Heinz/Soleto, Ramon (2009): Verbriefte Immobilienanlagen als Kapitalmarktprodukte – eine Einführung. In: Die Immobilie als Kapitalmarktprodukt. Rehkugler, Heinz (Hrsg.), Müchen, 2009, S. 4-35.

Richter, Rudolf/Furubotn, Eirik G. (2003): Neue Institutionenökonomie. Eine Einführung und kritische Würdigung. 3., überarb. u. erw. Aufl., Übers. aus dem Engl. von Monika Streissler, Tübingen, 2003.

RICS (1994): Understanding the Property Cycle. Main Report: Economic Cycles and Property Cycles. London, 1994.

RICS at a Glance (2011): RICS at a glance_Who we are_Royal Institution of Chartered Surveyors.pdf (27.07.2011).

RICS Europe (2011): RICS Europe_Die RICS weltweit.pdf (27.07.2011).

Rottke, Nico/Wernecke, Martin (2002): Management im Immobilienzyklus. Folge 1-16, Fachbeiträge aus der Immobilienzeitung von Juni 2001 bis Januar 2002. In: Immobilien Zeitung, Nachdruck RE 125, Wiesbaden 2002, S. 1-50.

Rottke, Nico (2008): Immobilienzyklen. In: Immobilienökonomie Bd. 4 – Volkswirtschaftliche Grundlagen. Schulte, Karl-Werner (Hrsg.), München, Wien, 2008, S. 172-197.

Rottke, Nico (2006): Zukünftige Bedeutung von Immobilienzyklen in Deutschland. In: Praxishandbuch Immobilienzyklen. Rottke, Nico/Wernecke, Martin (Hrsg.), Köln, 2006, S. 437-449.

Rottke, Nico/Wernecke, Martin (2006): Marktzyklen in Deutschland. In: Praxishandbuch Immobilienzyklen. Rottke, Nico/Wernecke, Martin (Hrsg.), Köln, 2006, S. 74-94.

Ruhnke, Klaus (2008): Rechnungslegung nach IFRS und HGB –Lehrbuch zur Theorie und Praxis der Unternehmenspublizität mit Beispielen und Übungen. 2. überarb. u. erw. Aufl., Stuttgart, 2008.

Schierenbeck, Henner (2005): Bilanzierung von Immobilien im Spannungsfeld kontinentaleuropäischer und internationaler Rechnungslegungsvorschriften. In: Immobilienmärkte und Immobilienbewertung. Francke, Hans-Hermann/Rehkugler, Heinz (Hrsg.), München, 2005, S. 331-351.

Schildbach, Thomas (2009)a: Fair-Value Bilanzierung und Unternehmensbewertung. In: Betriebswirtschaftliche Forschung und Praxis (BFuP), Heft 04/2009, Herne, S. 371-388.

Schildbach, Thomas (2009)b: Fair-Value Statik und Information des Kapitalmarktes. In: Betriebswirtschaftliche Forschung und Praxis (BFuP), Heft 06/2009, Herne, S. 581-599.

Schmidt, Reinhard H./Terberger, Eva (1997): Grundzüge der Finanzierungs- und Investitionstheorie. 4. aktual. Aufl., Wiesbaden, 1997.

Schulte, Karl-Werner (2000): Das Fachgebiet Immobilienökonomie in Wissenschaft und Praxis: Immobilienökonomie – ein innovatives Lehr- und Forschungskonzept! In: Festschrift – 10 Jahre ebs Immobilienakademie. Schulte, Karl-Werner (Hrsg.), Frankfurt, 2000, S. 36-47.

Schulte, Karl-Werner (2007): Immobilienbewertung und Immobilien-Portfolio-bewertung. In: Rechnungslegung und Wirtschaftsprüfung – Festschrift zum 70. Geburtstag von Jörg Baetge. Thiele, Stefan/Kirsch Hans-Jürgen (Hrsg.), Düsseldorf, 2007, S. 559-588.

Schulte, Karl-Werner/Sturm, Verena/Wiffler, Matthias (2008): Volkswirtschaftslehre und Immobilienökonomie. In: Immobilienökonomie Bd. 4 – Volkswirtschaftliche Grundlagen. Schulte, Karl-Werner (Hrsg.), München, Wien, 2008, S. 2-25.

Schulte, Karl-Werner/Holzmann, Christoph (2006): Zyklen in der Immobilienökonomie. In: Praxishandbuch Immobilienzyklen. Rottke, Nico/Wernecke, Martin (Hrsg.), Köln, 2006, S. 18-28.

Schumpeter, Joseph Alois (1961)a: Konjunkturzyklen: Eine theoretische, historische und statische Analyse des kapitalistischen Prozesses. *Übersetzung ausdem Amerikanischen – Originaltitel: Business Cycles. A Theoretical, Historical, and Statistical Analysis of Capital Process.New York, London, 1939.*1. Bd., Göttingen, 1961.

Schumpeter, Joseph Alois (1961)b: Konjunkturzyklen: Eine theoretische, historische und statische Analyse des kapitalistischen Prozesses. *Übersetzung am dem Amerikanischen – Originaltitel: Business Cycles. A Theoretical, Historical, and Statistical Analysis of Capital Process. New York, London, 1939.* 2. Bd., Göttingen, 1961.

Simon, Herbert Alexander (1991): bounded rationality. In: The new Palgrave a Dictionary of Economics, 1. Vol., London u.a., 1991, S. 266-268.

Simon, Herbert Alexander (1976): Administrative Behavior – A Study of Decision-Making Process in Administrative Organization. 3. Ed. with new Introduction, New York, 1976.

Simon, Herbert Alexander (1955): A Behavioral Model of RationalChoice. In: The Quarterly Journal of Economics (QJE), Vol. 69, No. 1., 1 February 1955, Cambridge, S. 99-118.

Sommer, Goetz/Kröll, Ralf (2010): Lehrbuch zur Immobilienbewertung – Unter Berücksichtigung der ImmoWertV 2010, 3. Aufl., Köln, 2010.

Spindler, Daniel (2004): Zeitwertbilanzierung nach dem ADHGB von 1861 und den IAS/IFRS – eine empirische Analyse aus Kapitalgebersicht. In: Schriftenreihe Betriebswirtschaftliche Steuerlehre Rechnungswesen und Finanzen –Bd. 10.

Lehmann, Matthias/Altenburger, Otto (Hrsg.), Sternenfels, 2005. zugl.: Wien, Univ., Diss., 2004,

Spremann, Klaus/Gantenbein, Pascal (2005): Kapitalmärkte. Stuttgart, 2005.

Streim, Hannes (1995): Zum Stellenwert des Lageberichts im System der handelsrechtlichen Rechnungslegung. In: Unternehmenstheorie und Besteuerung – Festschrift zum 60. Geburtstag von Dieter Schneider. Elschen, Rainer/Siegel, Theodor/Wagner, Franz W. (Hrsg.), Wiesbaden, 1995, S. 703-723.

Streim, Hannes/Bieker, Marcus/Esser, Maik (2005): Fair Value Accounting in der IFRS-Rechnungslegung – eine Zweckmäßigkeitsanalyse. In: Kritisches zu Rechnungslegung und Unternehmensbesteuerung – Festschrift zur Vollendung des 65. Lebensjahres von Theodor Siegel. Schneider, Dieter et. al. (Hrsg.), Berlin 2005, S. 87-109.

Streim, Hannes/Bieker, Marcus/Esser, Maik (2004): Der schleichende Abschied von der Ausschüttungsbilanz – Grundsätzliche Überlegungen zum Inhalt einer Informationsbilanz. Steuern, Rechnungslegung und Kapitalmarkt – Festschrift für Franz W. Wagner zum 60. Geburtstag. Dirrigl, Hans/Wellisch, Dietmar/Wegner, Ekkehard (Hrsg.), Wiesbaden, 2004, S. 229-244.

Streim, Hannes/Bieker, Marcus/Esser, Maik (2003): Vermittlung entscheidungsnützlicher Informationen durch Fair Value – Sackgasse oder Licht am Horizont? In: Betriebswirtschaftliche Forschung und Praxis (BFuP). Heft 04/2003, Herne, S. 457-479.

TEGoVA (2010)a: The European Group of Valuers' Associations (TEGoVA) – *About TEGoVA*, 2010. http://www.tegova.de(27.07.2011) und http://www.tegova.org/en/p48e32a519bec9 (27.07.2011).

TEGoVA (2010)b: The European Group of Valuers' Associations (TEGoVA) –*European Valuation Standards (EVS), 2010.* http://www.tegova.org/en/p4912ae3909e49.(27.07.2011)

Teichmann, Ulrich (1997): Grundriß der Konjunkturpolitik – Wachstum in Stabilität und Zeit. 5. verb. und erw. Aufl., München 1997.

Thalmann, Philippe (2010): Schwankungen an den Immobilienmärkten –Zyklen oder Blasen. In: Die Volkswirtschaft – Das Magazin für Wirtschaftspolitik. Juli/August 2010. Bern, S. 4-8. http://www.dievolkswirtschaft.ch/de/editions/201007/pdf/Thalmann.pdf (27.07.2011).

Theile, Carsten (2007): Systematik der Fair Value-Ermittlung. IFRS, SFAS und das Discussion Paper des IASB. In: Praxis der internationalen Rechnungslegung (PiR), Heft 01/2007, Herne, S. 1-10.

Thiele, Stefan (2007): Zeitbewertung und Rechnungslegungsgrundsätze – Hat der Fair Value eine Chance? In: Rechnungslegung und Wirtschaftsprüfung – Festschrift zum 70. Geburtstag von Jörg Baetge. Thiele, Stefan/Kirsch Hans-Jürgen (Hrsg.), Düsseldorf, 2007, S. 625-644.

Vogel, Martin (2009): Immobilienleasingverhältnisse (IAS 17). In: IFRS Immobilien – Praxiskommentar der wesentlichen immobilienrelevanten International Financial Reporting Standards. Weber, Ernst/Baumunk, Henrik/Pelz Jürgen A. (Hrsg.), 2. Aufl., Köln, 2009, S. 171-212.

Voigt, Stefan (2002): Institutionenökonomik, München, 2002.

Vollmer, Robert (2008): Rechnungslegung auf informationseffizienten Märkten. Wiesbaden, 2008. zugl.: Bochum, Univ., Diss., 2008.

Wagenhofer, Alfred (2008): Fair Value-Bewertung: Führt sie zu einer nützlicheren Finanzberichterstattung? In: Schmalenbachs Zeitschrift für betriebswirtschaftliche Forschung (zfbf), Heft 03/2008, Düsseldorf, S. 185-194.

Wagenhofer, Alfred/Ewert, Ralf (2007): Externe Unternehmensrechnung. 2. überarb. und erw. Aufl., Berlin u.a., 2007.

Weimann, Joachim (2009): Wirtschaftspolitik – Allokation und kollektive Entscheidung. 5. verb. Aufl. Berlin, Heidelberg, 2009.

Welfens, Paul J. J. (2005): Grundlagen der Wirtschaftspolitik – Institutionen, Makroökonmik, Politkkonzepte. 2. vollst. überarb. Aufl., Berlin, Heidelberg, 2005.

Wernecke, Martin (2004): Büroimmobilienzyklen – Eine Analyse der Ursachen, der Ausprägungen in Deutschland und der Bedeutung für Investitionsentscheidungen. In: Schriften zur Immobilienökonomie – Bd. 31. Schulte, Karl-Werner (Hrsg.), Köln, 2004. zugl.: Reichartshausen, European Business School, Diss., 2004.

White, Darron et. al. (2003): Internationale Bewertungsverfahren für das Investment in Immobilien – Praktische Anwendung internationaler Bewertungsstandards. 3. aktual. Aufl., Wiesbaden, 2003.

Williamson, Oliver E. (1996): Transaktionskostenökonomik. Übers. aus dem Engl., Dietl, Helmut/Erlei, Mathias (Hrsg.), Hamburg, 1996. Engl. Fassung (1989): Transaction Cost Economics. In: Handbook of Industrial Organization – Vol. I, Schmalensee, Richard/Willig, Robert (Hrsg.), Amsterdam, 1989, S. 135-182.

Williamson, Oliver E. (1991): Comparative Economic Organization: The Analysis of Discrete Structural Alternatives. In: Administrative Science Quarterly, Vol. 36, No. 2, June 1991, Cornell, 1991, S. 269-296. (

Williamson, Oliver E. (1990): Die ökonomischen Institutionen des Kapitalismus – Unternehmen, Märkte, Kooperationen. Übers. aus dem Engl., Dietl, Helmut/Erlei, Mathias (Hrsg.), Tübingen, 1990. Engl. Fassung (1985): The economic institutions of capitalism – Firms, Markets, Relational Contracting. London, New York, 1985.

Williamson, Oliver E. (1985): The economic institutions of capitalism – Firms, Markets, Relational Contracting. London, New York, 1985.

Williamson, Oliver E. (1975): Markets and hierarchies, analysis and antitrust implications. London, New York, 1975.

Wittmann, Waldemar (1959): Unternehmung und unvollkommene Information: Unternehmerische Voraussicht – Ungewissheit und Planung. Köln, Opladen, 1959.

Wöhle, Claudia (2005): Moderne Immobilienbewertung mit Hilfe der Discounted Cashflow-Verfahren. In: Immobilienmärkte und Immobilienbewertung. Francke, Hans-Hermann/Rehkugler, Heinz (Hrsg.), München, 2005, S. 209-303.

Wüstemann, Jens (2002): Institutionenökonomik und internationale Rechnungslegungsordnungen. In: Die Einheit der Gesellschaftswissenschaften – Bd. 119. In: Homann, Karl (Hrsg.), Tübingen, 2002.

Zimmermann, Jochen/Schymczyk, Johannes: Economic cycle reserving in den Stricken der IFRS-Rechnungslegung.In: Zeitschrift für internationale und kapitalmarktorientierte Rechnungslegung (KoR), Heft 09/2009, Düsseldorf, S. 506-511.

Zülch, Henning (2008): IAS 40 – Als Finanzinvestition gehaltene Immobilien. In: Internationales Bilanzrecht – Rechnungslegung nach IFRS. Thiele, Stefan/Keitz von, Isabel/Brücks, Michael (Hrsg.), 1. Aufl., Grundwerk, Bonn, 2008.

Zülch, Henning (2005): Investment Properties: Begriff und Bilanzierungsregeln nach IFRS. In: Praxis der internationalen Rechnungslegung (PiR), Heft 05/2007, S. 67-74.

Zülch, Henning (2003): Die Bilanzierung von Investment Properties nach IAS 40. In: Schriften des Institutes für Revisionswesen der Westfälischen Wilhelms-Universität Münster. Baetge, Jörg (Hrsg.), Düsseldorf, 2003. zugl.: Münster, Univ., Diss., 2002.

EINZELSCHRIFTEN

Thorsten Böth und Matthias Meyer-Schwarzenberger (Hrsg.)
Klimawandel und nachhaltige Ökonomie – Problemkontext und Perspektiven – Konferenzbeiträge zum 3. Internationalen Ökonomentag
Lohmar – Köln 2012 ♦ 116 S. ♦ € 42,- (D) ♦ ISBN 978-3-8441-0210-9

Martin Wehrfritz
Nationale Prägung der IFRS-Anwendung – Empirische Erkenntnisse für Deutschland und Großbritannien
Lohmar – Köln 2012 ♦ 416 S. ♦ € 67,- (D) ♦ ISBN 978-3-8441-0212-3

Christian Neßler und Katja Bartelt
Die Bedeutung eines nachhaltigen SCM für die Umsetzung von CSR in der Unternehmensstrategie
Lohmar – Köln 2013 ♦ 84 S. ♦ € 37,- (D) ♦ ISBN 978-3-8441-0221-5

Thomas Holtfort
Moderne Finanzanalyse – Von der Fundamentalanalyse zur Biofinance
2., erweiterte Auflage
Lohmar – Köln 2013 ♦ 104 S. ♦ € 38,- (D) ♦ ISBN 978-3-8441-0223-9

Holger Berg
Transitions of Energy Regimes – An Evolutionary Economic Interpretation
Lohmar – Köln 2013 ♦ 352 S. ♦ € 64,- (D) ♦ ISBN 978-3-8441-0225-3

Andreas Kadner
Harmonisierung von internem und externem Rechnungswesen – Kritische Analyse der Harmonisierbarkeit der Einzelabschlüsse deutscher mittelständischer Unternehmen
Lohmar – Köln 2013 ♦ 272 S. ♦ € 58,- (D) ♦ ISBN 978-3-8441-0232-1

Jens Winkel
Institutionenökonomische Analyse des fair value von Investment Properties
Lohmar – Köln 2013 ♦ 228 S. ♦ € 55,- (D) ♦ ISBN 978-3-8441-0234-5